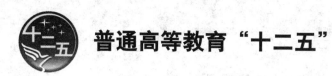

普通高等教育"十二五"

工业自动化网络

编著　冯冬芹　王　酉　谢　磊

主审　仲崇权

中国电力出版社
CHINA ELECTRIC POWER PRESS

内 容 提 要

本书为普通高等教育"十二五"规划教材。

本书除了第 1 章概述外,其他内容可以大体分为五部分。第一部分为网络基础知识部分,即第 2 章,介绍了通信技术基础。第二部分为计算机局域网部分,即第 3、4 章,介绍了计算机领域的常用局域网技术和标准。第三部分为传统现场总线部分,即第 5~9 章,重点介绍了工业应用领域比较典型且技术特点鲜明的现场总线技术,如 HART、MODBUS、CAN、FF、PROFIBUS 等。第四部分为工业以太网部分,即第 10 章,在介绍了工业以太网、实时以太网概念的基础上,重点介绍了 EPA、Ethernet/IP、EtherCAT 等工业实时以太网技术。第五部分为工业无线局域网部分,即第 11 章,主要包含了无线局域通信技术、蓝牙技术、Zigbee 通信技术、WiFi 通信技术、ISA100、无线 HART 协议、EPA 无线通信技术等。上述五个部分,第一部分是全书的基础,第二、三、四部分是全书的主题,第五部分是全书的延伸。

本书可作为普通高等院校自动化类、仪器仪表类、计算机类等相关专业的研究生和本科生教材,也可供从事网络控制工程工作的技术人员参考。

图书在版编目(CIP)数据

工业自动化网络/冯冬芹,王酉,谢磊编著.—北京:中国电力出版社,2011.9(2020.3 重印)

普通高等教育"十二五"规划教材

ISBN 978-7-5123-1992-9

Ⅰ.①工… Ⅱ.①冯… ②王… ③谢… Ⅲ.①工业企业-以太网-高等学校-教材 Ⅳ.①TP393.18

中国版本图书馆 CIP 数据核字(2011)第 157003 号

中国电力出版社出版、发行

(北京市东城区北京站西街 19 号 100005 http://www.cepp.sgcc.com.cn)

北京雁林吉兆印刷有限公司印刷

各地新华书店经售

*

2011 年 9 月第一版 2020 年 3 月北京第五次印刷

787 毫米×1092 毫米 16 开本 17.25 印张 417 千字

定价 30.00 元

前　言

随着信息技术的迅速发展，现代工业生产正朝着规模化、自动化和信息化方向发展，人们对生产过程的安全、高效、优质、低耗、环保的要求不断提高，以追求更大的经济效益，从而推动了工业自动化网络的产生与发展。

自 20 世纪 80 年代中期开始，以现场总线、工业以太网、工业无线网络技术为代表的工业自动化网络对工业自动化仪表、控制系统的发展起着越来越重要的作用，并引导着工业控制系统朝着数字化、网络化、智能化、开放与集成化方向发展。

为了使自动化类、仪器仪表类、计算机类等专业的研究生和本科生、工程技术人员、科研工作者对现场总线技术有比较全面的了解，很多老师（如阳宪惠老师、甘永梅老师、刘泽祥老师、郑文波老师等）倾注了很多心血进行了研究，并出版了一些比较有影响的著作，成为很多大专院校的教材或教学参考书。

作者通过多年的现场总线本科生教学实践以及与其他部分院校老师的交流发现，由于条件限制，目前国内大多数院校尚未配备足够的现场总线实验装置与实验手段，这很容易使得学生对现场总线的理解局限在概念阶段，无法对其进行深入的理解和掌握。

基于此，作者结合近十年来的科研开发、标准制定与本科生教学经验，参考目前市场上已出版的相关书目、科研成果以及最新修订的国际标准，选取了目前在工业控制领域应用比较广泛、具有典型特点的局域网、现场总线、工业以太网、工业无线通信技术，从技术特点和工作原理的角度，进行解析、归纳与整理，并对一些细节性、比较抽象以及共有的技术进行了简化、概括，试图使这些技术易于读者的理解和掌握，也希望为读者今后可能进行的研究与学习提供一些参考和启示。

本书由浙江大学智能系统与控制研究所组织编写，其中，第 1、2、3、10、11 章由冯冬芹负责编写，第 4、5、6、7 章由王酉负责编写，第 8、9 章由谢磊负责编写。在教材编写过程中，得到了研究所所长褚健教授的关心与支持，同时作者的研究生来晓、张赫男、高汉荣、鲁立、贾凯丽、赵飞翔、陈鹏、田民杰等参与了部分章节的资料搜集与整理。本书由大连理工大学仲崇权教授主审，提出了宝贵的修改意见。在此一并向他们表示衷心的感谢。

本教材是基于大量的参考文献编写而成的，为此，对本书所参考的所有文献的作者表示诚挚的谢意。

由于时间仓促及作者知识的局限，加之当今自动化网络发展迅速，书中难免有不足或疏漏，敬请读者批评指正。

作者　于求是园

2011 年 6 月

目　录

第1章 概 述

随着微电子技术、计算机技术、通信技术以及自动控制技术的不断发展，工业控制系统也朝着数字化、智能化、网络化与集成化方向不断发生着变革性的发展。本章将对工业控制系统、工业控制网络进行简单的回顾。

1.1 工业控制系统与控制网络

所谓工业控制网络，通俗地讲，是指应用于工业控制系统的网络通信技术，它是随着工业控制系统的发展而产生与发展起来的，是计算机网络技术、通信技术与控制技术相结合的产物。

众所周知，控制室和现场仪表之间的信号传输经历了以 4～20mA 为代表的模拟信号传输、以内部数字信号和 RS-232、RS-485 为代表的数字通信传输、以控制网络（包括现场总线、工业以太网、工业无线网络）为代表的网络传输三个阶段，这其中的每个阶段都伴随着工业控制系统的一次变革。特别是 20 世纪 80 年代产生的现场总线和互联网技术，对自动化控制系统带来了深刻的影响，使控制系统的信息交换除了传统的测量、控制数据外，更是扩展到了设备管理、档案管理、故障诊断、生产管理等管理数据领域，覆盖从工厂的现场设备层到控制、管理的各个层次，从工段、车间、工厂、企业到世界各地的市场，逐步形成了以工业控制网络为基础的企业综合自动化系统。

以现场总线和工业以太网为代表的工业控制网络已成为企业综合自动化体系的核心技术和核心部件，贯穿了整个企业综合自动化系统，如图 1-1 所示。

从企业综合自动化控制系统的角度看，工业控制网络从底向上依次为现场设备网、过程控制网、管理信息网等几个层次。

（1）现场设备网。对于分散控制系统（DCS）、可编程控制器（PLC）等传统控制设备而言，现场设备网就是系统控制器与现场输入输出设备或者卡件之间信息交换的通道，因此现场设备网又称作现场总线。现场设备是以网络节点的形式挂接在网络上，以实现控制器与现场设备、现场设备与现场设备之间的数据传输。因此，要求现场设备网必须具有可靠性高、时延确定性好、容错性好、安全性高等特点。

为满足这些特性，现场总线对 ISO/OSI 模型进行了简化，只采用其中的物理层、数据链路层和应用层，有的现场总线在应用层之上还增加了第8层（用户层），以实现特定用户信息的交换和传递。

（2）过程控制（监控）网。过程控制网又称作过程监控网，是用于连接控制室设备（如控制器、监视计算机、记录仪表等）的网络，连接在过程控制网上的设备从现场设备中获取数据，完成各种运算（特别是复杂控制运算）、运行参数的监测、报警和趋势分析、历史纪录、过程报表等功能，另外还包括控制组态的设计和安装。

过程控制网对数据传输的实时性要求不高，但对于网络带宽、可靠性、网络可用性的要

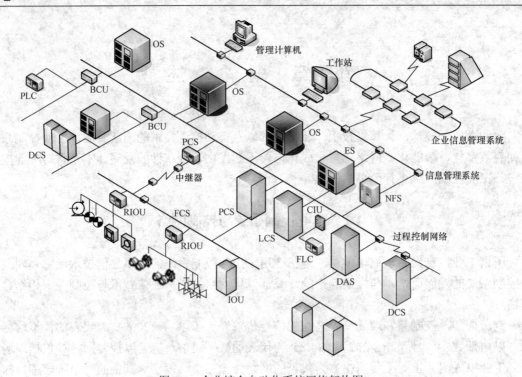

图 1-1　企业综合自动化系统网络架构图

OS—操作站；ES—工程师站；NFS—多功能计算站；BCU—总线变换单元；CIU—通信接口单元；

FCS—现场总线控制系统；PCS—现场控制站；LCS—逻辑控制站；DAS—数据采集站；

IOU—IO 单元；RIOU—远程 IO 单元

求是比较高的。20 世纪 80 年代，过程控制网一般采用 IEEE 802.4 的令牌网，而到了 90 年代末期，主流的控制系统（包括 DCS、PLC 等）一般都采用工业以太网。

（3）管理信息网。管理信息网的主要目的是在分布式网络环境下构建一个安全的网络系统。首先要将来自于过程控制网的信息转入管理层的关系数据库中，既可供企业管理层进行计划、排产、在线贸易等管理功能，又可供远程用户通过互联网了解控制系统的运行状态以及现场设备的工况，对生产过程进行实时的远程监控。

因此，管理信息网包括企业内部的局域网 Intranet 和互联网 Internet，由于涉及实际的生产过程，必须保证网络安全，可以采用的技术包括防火墙、用户身份认证以及密钥管理等。在这方面，工业以太网具有较大优势，兼容 TCP/IP，可以无缝连接 Internet，同时又不影响实时数据的传送，因此，整个控制网络可以采用统一的协议标准。

在整个工业通信网络模型中，现场设备层是整个网络模型的基础和核心，只有确保总线设备之间可靠、准确、完整的数据传输，上层网络才能获取信息以及实现监控功能。当前对现场总线的讨论多停留在底层的现场智能设备网段，但从完整的工业通信网络模型出发，在保证信息安全的前提下，应更多地考虑现场控制层与中间监控层、管理层，甚至与 Internet 层之间的数据传输与交互问题，以及实现控制网络与信息网络的紧密集成。

在以上几个层次的网络中，由于管理信息网一般采用的是互联网等公共网络资源，在本书中将不再详细介绍。因此，本书所指的工业控制网络仅包括现场设备网和过程控制网两个部分。

1.2　工业控制网络发展历程与特点

一、工业控制网络发展过程

工业控制网络的发展，经历了模拟信号传输、数字信号传输、现场总线、工业以太网，工业无线通信等几个阶段。

回顾工业控制系统的发展史可知，每一代新的控制系统的推出都是针对老一代控制系统存在的缺陷而给出的解决方案，同时也代表着技术的进步和效能的提高。

1. 模拟信号传输

20 世纪六七十年代模拟仪表控制系统占主导地位。其明显的缺点是模拟信号精度低、易受干扰。

2. 数字信号传输

20 世纪七八十年代集中式数字控制系统占主导地位。采用单片机、PLC 作为控制器使得在控制器内部传输的是数字信号，克服了模拟仪表控制系统中模拟信号精度低的缺陷，提高了系统的抗干扰能力。集中式数字控制系统的优点是易于根据全局情况进行控制、计算和判断，在控制方式、控制时机的选择上可以统一调度和安排；不足的是，对控制器本身要求很高，必须具有足够的处理能力和极高的可靠性，当系统处理任务数量增加时控制器的效率和可靠性将急剧下降。

集散控制系统（DCS）是一种比较典型的运用数字传输技术的控制系统。DCS 自 20 世纪 70 年代产生以来，在市场上一直占据着主导地位。其核心思想是集中管理、分散控制，即管理与控制相分离，上位机用于集中监视管理功能，若干台下位机分散到现场，实现分布式控制，各上、下机之间通过控制网络互联实现相互之间的信息传递。这种分布式的控制体系结构有力地克服了集中式数字控制系统中对控制器处理能力和可靠性要求高的缺陷。在集散控制系统中，分布式控制思想的实现得益于网络技术的发展和应用。遗憾的是，不同的 DCS 厂家为达到垄断经营的目的而对其控制通信网络采用专用的封闭形式，不同厂家的 DCS 系统之间以及 DCS 与上层 Intranet、Internet 信息网络之间难以实现网络互联和信息共享。因此，集散控制系统从该角度而言实质上是一种封闭或专用的不具互操作性的分布式控制系统。而且 DCS 系统造价昂贵，综合上述情况，用户对网络控制系统提出了开放性、标准统一和降低成本的迫切要求。

3. 现场总线

现场总线控制系统（FCS）顺应控制系统开放性的要求，于 20 世纪 80 年代中期产生。与此同时，国际电工委员会（IEC）着手定义现场总线协议，用现场总线这一开放的、可互操作的网络将现场各控制器及仪表设备互连，同时控制功能彻底下放到现场，降低安装成本和维护费用。因此，FCS 实质上是一种开放的、具有可操作性的、彻底分散的分布式控制系统。但是由于各方利益的不同，现场总线没有能够形成统一的意见，导致多种总线林立，互相之间无法协调工作。在 1999 年，IEC 终于通过 IEC 61158 协议第二版，这是一个包括 8 种现场总线的协议集，更加确立了多种总线共存的局面。

4. 工业以太网

正是由于多总线并存，以太网在商用领域获得了巨大的成功，并且不断向工业领域延伸，从 2000 年起，掀起了通过以太网统一现场总线的研究浪潮。以太网以其开放、高速、低成本、软硬件丰富等特点得以在工业领域广泛应用，技术标准的研究也越来越活跃，到 2007 年，包括中国制定的 EPA 在内的共 11 种工业以太网标准进入 IEC 标准体系。

5. 工业无线通信

在工业以太网获得极大发展的同时，现代数据通信系统发展的重要方向——无线局域网（Wireless LAN）技术也开始在工业控制网络中逐渐被应用。无线局域网技术可以非常便捷地以无线方式连接网络设备，在一些禁止或限制使用电缆的工业现场，无线局域网获得了一展身手的机会。虽然在商业通信领域，已经有较为成熟的无线通信技术推向市场，但在工业控制领域，无线局域网技术还处于试用阶段，通信技术和通信标准还未统一，各大公司正在加紧开发相关技术，希望在未来的市场竞争中占得先机。目前的研究方向主要集中在安全性、移动漫游、网络管理以及与 3G 等其他移动通信系统之间的关系等问题上。

二、工业控制网络特点

在网络集成式控制系统中，网络是控制系统运行的动脉，是通信的枢纽。工业控制网络作为一种特殊的网络，直接面向生产过程控制，肩负着工业生产运行一线测量与控制信息传输的特殊任务，并产生或引发物质或能量的运动和转换。

工业自动化网络作为一种特定应用的网络，和商业信息网络不同，具有自身的特点。

1. 系统响应的实时性

工业控制网络是与工业现场测量控制设备相连接的一类特殊通信网络，控制网络中数据传输的及时性与系统响应的实时性是控制系统最基本的要求。

工业控制系统的基本任务是实现测量控制，需要通过控制网络及时地传输现场过程信息和操作指令。控制系统中，有相当多的测控任务是有严格的时序和实时性要求的。若数据传输达不到实时性要求或因时间同步等问题影响了网络节点间的动作时序，就可能会造成灾难性的后果。因此不仅要求工业控制网络的传输速度快，而且还要求响应快，即响应实时性要好。

所谓实时性，是指控制系统能在较短并且可以预测确定的时间内，完成过程参数的采集、加工处理、控制运算、反馈执行等完整过程，并且执行时序满足过程控制对时间限制的要求。实时性表现在对内部和外部事件能及时地响应并做出相应的处理，不丢失信息、不延误操作。对于控制网络，处理的事件一般分为两类：一类是定时事件，如数据的定时采集、运算控制等；另一类是随机事件，如事故、报警等。对于定时事件，系统设置时钟，保证定时处理。对于随机事件，系统设置中断，并根据故障的轻重缓急预先分配中断级别，一旦事故发生，保证优先处理紧急故障。

控制网络通信中的媒体访问控制机制、通信模式、网络管理方式等都会影响到通信的实时性和有效性。

2. 开放性

这里的"开放"是指通信协议公开，不同厂商的设备可互连为系统，并实现信息交换；也指相关标准的一致性、公开性，强调对标准的共识与遵从。作为开放系统的控制网络，应该能与世界上任何地方的遵守相同标准的其他设备或系统连接。

遵循同一网络协议的测量控制设备应能够"互操作"与"互用"。"互操作"是指互连设备间可进行信息传送与沟通。"互用"则意味着不同生产厂家的性能类似的设备可实现相互替换，对于同一类型协议的不同制造商产品可以混合组态，构建成一个开放系统。

3. 极高的可靠性

工业控制网络必须连续运行，它的任何中断和故障都可能造成停产，甚至引起设备和人身事故，带来极大的经济损失。因此工业控制网络必须具有极高的可靠性，对于过程信息和操作指令等关键数据的传输，应实现"零"丢包率。

工业控制网络的高可靠性通常包含三个方面内容。

其一，可使用性好，网络自身不易发生故障。这要求网络设备质量高，平均故障间隔时间长，能尽量防止故障发生。提高网络传输质量的一个重要的技术是差错控制技术。

其二，容错能力强，网络系统局部单元出现故障，不影响整个系统的正常工作。如在现场设备或网络局部链路出现故障的情况下，能在很短的时间内重新建立新的网络链路。

在网络的可靠性设计中，主要强调的思想是尽量防止出现故障，但是无论采取多少措施，要保证网络 100%无故障是不可能的，也是不现实的。容错设计则是从全系统出发，以另一个角度考虑问题，其出发点是承认各单元发生故障的可能，进而设法保证即使某单元发生故障，系统仍能完全正确地工作，也就是说给系统增加了容忍故障的能力。

提高网络容错能力的一个常用措施是在网络中增加适当的冗余单元，以保证当某个单元发生故障时能由冗余单元接替其工作，原单元恢复后再恢复出错前的状态。

其三，可维护性强，故障发生后能及时发现和及时处理，通过维修使网络及时恢复。这是考虑当网络系统万一出现失效时，系统能够采取安全性措施，如及时报警、输出锁定、工作模式切换等，同时具备极强的自诊断和故障定位能力，且能迅速排除故障。

4. 良好的恶劣环境适应能力

控制网络还应具有对现场恶劣环境的适应性。在这一点上，控制网络明显区别于办公室环境的各种网络。控制网络工作环境往往比较恶劣温度与湿度变化范围大，空气污浊、粉尘污染大，振动、电磁干扰大，并常常伴随有腐蚀性、有毒气体等。因此，要求工业控制网络必须具有机械环境适应性、气候环境适应性、电磁环境适应性或电磁兼容性（EMC），并满足耐腐蚀、防尘、防水等要求。不同工作环境对控制网络的环境适应性有不同的要求，工业控制网络设备需要经过严格的设计和测试，例如能在高温、严寒、粉尘环境下保持正常工作，能抗振动、抗电磁干扰，在易燃易爆环境下能保证本质安全，有能力支持总线供电等。

5. 安全性

工业自动化网络的安全性包括生产安全和信息安全两方面。在工业过程控制中，当涉及到容易燃烧和爆炸的原料时，因容器破损或泄漏，空气中含有挥发的爆炸性气体、粉尘等，这些区域称为危险区域。例如，石油及其衍生物、氢气、瓦斯、面粉等物质，一旦条件合适，都会引起爆炸。这就需要工业自动化网络中的控制设备具有本质安全的性能，利用安全栅技术，将提供给现场仪表的电能量限制在既不能产生足以引爆的火花，也不能产生足以引爆的仪表表面温升的安全范围内。

信息安全也是工业控制网络中非常重要的一个方面。在各种大中型企业的生产及管理控制过程中，哪怕是一点信息的失密或者遭到病毒破坏都有可能导致巨大的经济损失。因此，信息本身的保密性、完整性以及信息来源和去向的可靠性是整个工业控制网络系统必不可少的重要组成部分。在信息安全方面，网关是整个系统的有效屏障，它可以对经过它的数据包进行过滤。同时，随着加密解密技术与网络技术的进一步融合，工业自动化网络的信息安全性也得到了进一步的保障。

1.3　常见工业控制网络

一、现场总线

现场总线是当今自动化领域技术发展的热点之一，被誉为自动化领域的计算机局域网。现场总线原本是指现场设备之间公用的信号传输线，后来又被定义为应用在生产现场，在控制设备之间实现双向串行多节点数字通信的技术。随着技术内容的不断发展和更新，现场总线已经成为工业控制网络的代名词。

在现场总线控制系统中，传统的测量控制仪表内置专用微处理器，具有了数字计算和数字通信能力，并成为能独立承担某些控制、通信任务的网络节点。现场总线把多个测量控制仪表、计算机等作为节点连接成网络系统，通过公开、规范的通信协议，在位于生产控制现场的多个微机化自控设备之间以及现场仪表与用作监控、管理的远程计算机之间，实现数据传输与信息共享。它给自动化领域带来的变化犹如计算机网络、互联网给单台计算机带来的变化，标志着一个自动化新时代的开端。

现场总线是综合运用微处理器技术、网络技术、通信技术和自动控制技术的产物。由于内置有微处理器，现场自控设备具有了数字计算和数字通信能力，一方面提高了信号的测量、控制和传输精度；另一方面也丰富了控制信息的内容，可实现异地远程自动控制，如操作远在数百千米之外的电气开关等。现场总线设备与传统自控设备相比，拓宽了信息内容，提供了传统仪表所不能提供的如阀门开关动作次数、故障诊断等信息，便于操作管理人员更好更深入地了解生产现场和自控设备的运行状态。

由于现场总线强调遵循公开统一的技术标准，因而有条件实现设备的互操作性和互换性。也就是说，用户可以把不同厂家、不同品牌的产品集成在同一个系统内，并可在同功能的产品之间进行相互替换，使用户具有了自控设备选择、集成的主动权。

与传统控制系统相比，现场总线控制系统（FCS）有如下优点。

（1）全数字化。将企业管理与生产自动化有机结合一直是工业界梦寐以求的理想，但只有在 FCS 出现以后这种理想才有可能高效、低成本地实现。在采用 FCS 的企业中，用于生产管理的局域网能够与用于自动控制的现场总线网络紧密衔接。此外，数字化信号固有的高精度、抗干扰特性也能提高控制系统的可靠性。

（2）可实现分布式测量与控制。在 FCS 中各现场设备有足够的自主性，它们彼此之间相互通信，完全可以把各种控制功能分散到各种设备中，而不再需要一个中央控制计算机，实现了真正的分布式控制。

（3）双向的数据传输。传统的 4～20mA 电流信号，一条线只能传递一路信号。现场总线设备则在一条线上既可以向上传递传感器信号，也可以向下传递控制信息。

（4）自诊断。现场总线仪表本身具有自诊断功能，而且这种诊断信息可以送到中央控制室，以便于维护，而这在只能传递一路信号的传统仪表中是做不到的。

（5）节省布线及控制室空间。传统的控制系统每个仪表都需要一条线连到中央控制室，在中央控制室装备一个大配线架。而在 FCS 系统中多台现场设备可串行连接在一条总线上，这样只需较少的线进入中央控制室，大量节省了布线费用，同时也降低了中央控制室的造价。

（6）仪表功能的多重化。数字、双向传输方式使得现场总线仪表可以摆脱传统仪表功能单一的制约，可以在一个仪表中集成多种功能，做成多变量变送器，甚至集检测、运算、控制于一体的变送控制器。

（7）开放性。现场总线不再是专有的协议，而是通过国际标准（如 IEC 61158）、地区标准、国家标准、行业标准发布的公开、开放的协议。

（8）互操作性。来自不同厂家、遵循同一协议的现场总线设备可以互操作，这样就可以在一个企业中由用户根据产品的性能、价格选用不同厂商的产品，集成在一起，避免了传统控制系统中必须选用同一厂家产品的限制，促进了有效的竞争，降低了控制系统的成本。

（9）智能化与自治性。现场总线设备能处理各种参数、运行状态信息及故障信息，具有很高的智能化，甚至在部件出现网络故障的情况下也能独立工作，大大提高了整个控制系统的可靠性。

正因为如此，现场总线技术自 20 世纪 90 年代初开始发展以来，一直是世界各国关注和发展的热点，目前具有一定规模的现场总线已有数十种之多，为了开发应用以及争夺市场的需要，世界各国所采用的技术路线基本上都在开发研究的过程中同步制定了各自的国家标准（或协会标准），同时力求将自己的协议标准转化成各区域标准化组织的标准。国际电工委员会（IEC）、国际标准化组织（ISO）、各大公司及世界各国的标准化组织对于现场总线的标准化工作都给予了极大的关注。现场总线技术在历经了群雄并起、分散割据的初始阶段后，尽管已有一定范围的磋商合并，但由于行业与地域发展等历史原因，加上各公司和企业集团受自身利益的驱使，致使现场总线的国际化标准工作进展曲曲折折。经历了十多年的纷争，1999年形成了一个由 8 个类型组成的 IEC 61158 现场总线国际标准。该标准于 2003 年启动修订，于 2007 年底发布的第 2 版本，更是包括了 16 大类，成为国际上制定时间最长、意见分歧最大的国标之一。

二、工业以太网

现场总线的出现适应了工业控制系统向分散化、网络化和智能化发展的方向，并且促使目前的自动化仪表、DCS 和可编程控制器（PLC）等产品的体系结构和功能结构产生重大变革，导致工业自动化领域的一次更新换代。但是现场总线技术在其发展过程中也存在许多不足：

（1）现有的现场总线标准过多，仅国际标准 IEC 61158 就包含了 8 个类型，未能统一到单一标准上来；

（2）不同总线之间不能兼容，不能真正实现信息透明互访，无法实现信息的无缝集成；

（3）由于现场总线是专用实时通信网络，成本较高；

（4）现场总线的速度较低，支持的应用有限，不便于和 Internet 信息集成。

另外，以以太网（Ethernet）为代表的 COTS（Commercial Off-the-Shelf）通信技术却发展得非常迅速，得到全球的技术和产品支持。因为成本低、稳定性好和可靠性高、应用广泛、共享资源丰富等优点，Ethernet 已经成为最受欢迎的通信网络之一，它不仅垄断了办公自动化领域的网络通信，而且在工业控制领域管理层和控制层等中上层的网络通信中也得到了广泛应用，并有直接向下延伸应用于工业现场设备间通信的趋势。

从技术方面来看，与现场总线相比，以太网具有以下优势。

（1）应用广泛。以太网是目前应用最为广泛的计算机网络技术，受到广泛的技术支持。几乎所有的编程语言都支持 Ethernet 的应用开发，如 Java、Visual C++、Visual Basic 等。这些编程语言由于广泛使用，并受到软件开发商的高度重视，具有很好的发展前景。因此，如果采用以太网作为现场总线，可以保证多种开发工具、开发环境供选择。

（2）成本低廉。由于以太网的应用最为广泛，因此受到硬件开发与生产厂商的高度重视与广泛支持，有多种硬件产品供用户选择。而且由于其应用广泛，硬件价格也相对低廉。目前，以太网网卡的价格只有 PROFIBUS、FF 等现场总线的 1/10，而且随着集成电路技术的发展，其价格还会进一步下降。

（3）通信速率高。目前以太网的通信速率为 10Mbit/s、100Mbit/s，1000Mbit/s 以太网技术逐渐成熟并开始广泛应用，10Gbit/s 以太网正在研究中。以太网的通信速率比目前的现场总线快得多，可以满足对带宽有更高要求的需要。

（4）控制算法简单。优先权控制是比较复杂的。以太网没有优先权控制意味着访问控制算法可以很简单。它不需要管理网络上当前的优先权访问级（而令牌环和令牌总线系统都存在这个问题）。还有一个好处是，没有优先权的网络访问是公平的，任何站点访问网络的可能性都与其他站相同，没有哪个站可以阻碍其他站的工作。

（5）软硬件资源丰富。由于以太网已应用多年，人们对以太网的设计、应用等方面有很多的经验，对其技术也十分熟悉。大量的软件资源和设计经验可以显著降低系统的开发和培训费用，从而可以显著降低系统的整体成本，大大加快系统的开发和推广速度。

（6）不需要中央控制站。我们知道，令牌环网采用了"动态监控"的思想，需要有一个站负责管理网络的各种"家务"。传统令牌环网如果没有动态监测是无法运行的，但是以太网就不需要中央控制站，不需要动态监测。

（7）可持续发展潜力大。由于以太网的广泛应用，使它的发展一直受到广泛的重视和大量的技术投入。并且，在这个信息瞬息万变的时代，企业的生存与发展将很大程度上依赖于一个快速而有效的通信管理网络，信息技术与通信技术的发展将更加迅速，也更加成熟，由此保证了以太网技术不断地持续向前发展。

（8）易于与 Internet 连接。以太网能实现办公自动化网络与工业控制网络的信息无缝集成。因此，工业控制网络采用以太网，就可以避免其发展游离于计算机网络技术的发展主流之外，从而使工业控制网络与信息网络技术互相促进、共同发展，并保证技术上的可持续发展，在技术升级方面无需单独的研究投入。

随着通信实时性和确定性问题的解决，工业以太网已成功进入现场设备层，成为现场总线标准体系中最具生命力的成员，并成为现场总线主要的发展方向。

实时以太网技术是最近两年来迅速发展起来的新型现场总线技术，这些实时以太网技术与 EPA 一起，均将成为 IEC 61158 新的现场总线类型，并均作为实时以太网应用行规国际标准 IEC 61784-2 的子集。

国际电工委员会（IEC）于 2003 年 5 月成立的 SC65C/WG11（实时以太网工作组），制定了 IEC 61784-2 "基于 ISO/IEC 8802.3 的实时应用系统中工业通信网络行规"国际标准，该标准吸收了包括浙江大学、中控集团等联合制定的 EPA（Ethernet for Plant Automation）在内的 10 种实时以太网技术，使 IEC 61158 中包含的现场总线（包括传统现场总线和实时以太网）

类型由原来的 11 种扩展到了 20 种（包括 10 种实时以太网技术）。其他的工业实时以太网协议有德国 Siemens 公司的 PROFInet IO、美国 Rockwell 公司的 Ethernet/IP、德国 Beckhoff 公司的 EtherCAT、德国赫优讯（Hilscher）自动化系统有限公司的 SERCOS-III、奥地利 B&R 公司的 PowerLink、日本横河公司的 Vnet、日本东芝公司的 TCnet、法国施耐德公司的 Modbus RTPS、丹麦的 P-NET TCP 等（见表 1-1 所示）。

表 1-1　　　　　　　　　　　　　　现场总线协议类型

类　型	技 术 名 称	类　型	技 术 名 称
Type1	TS61158 现场总线	Type11	TCnet 实时以太网
Type2	CIP 现场总线	Type12	EtherCAT 实时以太网
Type3	PROFIBUS 现场总线	Type13	Ethernet Power Link 实时以太网
Type4	P-NET 现场总线	Type14	EPA 实时以太网
Type5	FF-HSE 高速以太网	Type15	Modbus-RTPS 实时以太网
Type6	SwiftNet（被撤销）	Type16	SERCOS-Ⅰ、Ⅱ现场总线
Type7	WorldFIP 现场总线	Type17	Vnet/IP 实时以太网
Type8	INTERBUS 现场总线	Type18	CC-Link 现场总线
Type9	FFH1 现场总线	Type19	SERCOS-III实时以太网
Type10	PROFINet 实时以太网	Type20	HART 现场总线

三、工业无线通信

工业无线通信技术是最近几年迅速发展起来的新型控制网络技术。无线通信的诸多优势推动了无线通信技术在工业自动化领域的应用。无线通信技术超越地域和空间的限制，在某些远程化、移动对象等应用场合中以绝对的优势取代有线网络。特别是在某些复杂的工业应用场合，不宜或者无法架设有线网络，无线网络将依靠其无法比拟的灵活性、可移动性和极强的可扩容性给出理想的解决方案。

一般来讲，应用于工业控制网络的无线通信技术，可分为远程无线通信技术和短程无线通信技术，其中远程无线通信技术包括无线电台远传技术、GSM 远传技术、GPRS（CDMA）远传技术、3G 远传技术等，而短程无线通信技术包括 IEEE 802.11、IEEE 802.15、IEEE 802.15.4 等。其中，基于 IEEE 802.15.4 的短程无线通信技术受到了自动化领域的广泛关注，特别是由美国仪器仪表、系统与自动化协会（ISA）制定的 ISA-100 和美国 HART 基金会制定的 WirelessHART 最具代表性和竞争性。

在国家"863"计划的支持下，我国中国科学院沈阳自动化研究所、浙江大学、机械工业仪器仪表综合技术经济研究所、重庆邮电大学、上海自动化仪表所、北京科技大学、西南大学、中科博微公司、浙江中控集团、东北大学、大连理工大学等十余家单位成立了"测量、控制用无线通信技术"国家标准起草工作组，所起草的 WIA-PA 也得到了国际电工委员会的承认和接受，目前正在计划制定为国际标准。此外，由浙江大学、中控科技集团联合牵头的 EPA 标准工作组，也制定了 WirelessEPA 工业无线通信协议，实现了 EPA 有线与无线网络的无缝连接。

1.4　本 书 基 本 结 构

本书除了绪论外，其他内容可以大体分为五个部分。

第一部分为网络基础知识部分，即第 2 章，介绍了通信技术基础，重点摘录了与现场总线和工业以太网相关的计算机网络、通信、开放系统互联参考模型等基本概念和基本术语。理解这部分知识，对于掌握本书下面章节提到的各种现场总线和实时以太网可以起到积极作用。

第二部分为计算机局域网部分，即第 3、4 章，介绍了计算机领域的常用局域网技术和标准，包括 IEEE 802.3 标准与以太网、IEEE 802.5 标准与令牌环网、IEEE 802.4 标准与 ARCnet 令牌网以及 TCP/IP 协议，并对这三个主要的局域网进行了技术比较。

第三部分为传统现场总线部分，即第 5、6、7、8、9 章，重点介绍了工业应用领域主要的现场总线技术，如 HART、MODBUS、CAN、FF、PROFIBUS 等。之所以选择这几种现场总线，是因为它们具有较高的市场占有率，更重要的是它们均具有比较明显的技术特点。本教材重点是针对这些现场总线，介绍其技术特点、通信模型以及工作机理。

第四部分为工业以太网部分，即第 10 章，在介绍了工业以太网、实时以太网概念的基础上，重点介绍了 EPA、Ethernet/IP、EtherCAT 等在技术上具有代表性的工业实时以太网技术。希望读者能根据现场总线与工业以太网各自的优缺点进行比较。

第五部分为工业无线通信部分，即第 11 章。无线通信网络作为一个新兴的产业正在不断的发展，它主要包含了无线局域通信技术、蓝牙技术、Zigbee 通信技术、WiFi 通信技术，ISA100、无线 HART 协议、EPA 无线通信技术等几个方面。了解这些无线通信知识，可以帮助我们更好地理解无线通信网络；在具体实践中，还应该根据实际情况，实际分析。

上述五个部分，第一部分是全书的基础，第二、三、四部分是全书的主题，第五部分是全书的延伸。通过对本书基本结构的说明，希望给读者一定的启示。

第2章 通信系统基本概念

2.1 通信系统基本组成

通信系统是传递信息所需的一切技术设备的总和。它一般由信息源、信息接收者、发送设备、接收设备、传输介质几部分组成。单向数字通信系统的结构如图 2-1 所示。

通信是两点或多点之间借助某种传输介质以二进制形式进行信息交换的过程。将数据准确、及时地传送到正确的目的地是数据通信系统的基本任务。信息源为待传输信

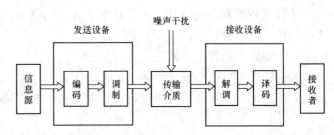

图 2-1 单向数字通信系统的结构

息的产生者。发送设备将信息变换为适合传输介质传输的信号,而接收设备的作用则与之相反。传输介质位于发送设备与接收设备之间,作为传输信号的物理介质。经过传输,在接收设备收到的信号在接收者处变换为信息。通信传输的过程中会受到噪声的干扰,而噪声往往会影响接收者正确地接收和理解所接收的信号。当然,将所接收到的信号还原为原有信息,并为接收者理解,需要一套事先约定的协议。

一、信息源与接收设备

信息源和信息接收设备是信息的产生者和使用者。在数字通信系统中传输的信息是数据,是数字化的信息。这些信息可能是原始数据,也可能是经计算机处理后的结果,还可能是某些指令或标志。

信息源可根据输出信号的性质不同分为模拟信息源和离散信息源。模拟信息源(如电话机、电视摄像机)输出幅度连续变化的信号,离散信息源(如计算机)输出离散的符号序列或文字。模拟信息源可通过抽样和量化变换为离散信息源。随着计算机和数字通信技术的发展,离散信息源的种类和数量越来越多。

二、发送设备

发送设备的基本功能是用于匹配信息源和传输介质,即将信息源产生的报文经过编码变换为便于传送的信号形式,送往传输介质,例如广播电台、电视发射塔、计算机等。

对于数字通信系统来说,发送设备的编码常常又可分为信道编码与信源编码两部分。信源编码是把连续消息变换为数字信号;而信道编码则是使数字信号与传输介质匹配,提高传输的可靠性或有效性。变换方式是多种多样的,调制是最常见的变换方式之一。

发送设备还要为达到某些特殊要求而进行各种处理,如多路复用、保密处理、纠错编码处理等。

三、传输介质

传输介质是指从发送设备到接收设备之间信号传递所经过的媒介,是系统中连接收发双

方的物理通路，是通信中实际传送信息的载体。

用于局域网的传输技术主要有有线传输和无线传输两类。有线传输的介质包括双绞线、同轴电缆和光缆；无线传输的介质为大气层，使用的技术包括微波、红外线和激光。

传输介质的选择范围受到网络拓扑结构的约束，通常也应考虑费用、容量、可靠性和环境等因素。费用指购置、安装和维护介质所需的费用。容量指介质可支持的传输速率能否满足应用的要求。可靠性指接线的可靠性、介质本身的误码率和抗干扰能力等。环境包括距离、电磁场影响等因素。传输介质的特性对系统的数据通信质量影响很大。

四、接收设备

接收设备的基本功能是接收来自发送设备的信息，并通过解调、译码、解密等，从带有干扰的信号中正确恢复出原始信息来。

在工业通信系统中，发送设备与接收设备往往都与数据源紧密连接为一个整体。许多测量控制装置既可以作为发送设备，又可以作为接收设备，一方面将本设备产生的数据发送到通信系统，另一方面也接收系统内其他设备传送给它的信号。

2.2 通信系统的性能指标

一、传输速率

通信传输速率是单位时间内传送的数据量，可以采用比特率和波特率两种方法来表征。

（1）比特率。bit（比特）是数据信号的最小单位。通信系统中的字符或者字节一般由多个二进制位即多个比特来表示。例如一个字节往往是 8 位。通信系统每秒传输数据的二进制位数被定义为比特率，单位为 bit/s。比特率的计算式为

$$S_b = \frac{1}{T} \log_2 n$$

式中：T 为发送一个代码所需要的最小单位时间；n 为信号的有效状态。

例如对串行传输而言，如果某一个脉冲只包含两种状态，则 $n=2$，$S_b = \frac{1}{T}$ bit/s。通信中常用的传输速率为 9600bit/s、19.2kbit/s、31.25kbit/s、500kbit/s、1Mbit/s、10Mbit/s、100Mbit/s 等。

例如，计算机与外设的常用串行通信速率为 19.2kbit/s，表明 PC 与外设每秒钟最多可以传输 19200 个位（bit）信息，如果采用 10 位编码（包括 1 位起始位、8 位数据位、1 位结束位）表示一个字节（byte），那么每秒钟最大可传输 1920 个字节。

（2）波特率。波特是设备（如调制解调器）每秒钟发生信号变化的度量。把每秒传输信号的个数，即每秒传输信号波形的变化次数定义为波特率，单位为 baud（波特）。比特率和波特率较易混淆，但它们是有区别的。每个信号波形可以包含一个或多个二进制位。若单比特信号的传输速率为 9600bit/s，则其波特率为 9600baud，它意味着每秒可传输 9600 个二进制脉冲。如果信号波形由两个二进制位组成，当传输速率为 9600bit/s 时，则其波特率只有 4800baud。

在讨论信道特性，特别是传输频带宽度时，通常采用波特率；在涉及系统实际数据传送能力时，则使用比特率。

二、介质带宽

通信系统中所传输的数字信号可分解成无穷多个频率、幅度、相位各不相同的正弦波。这就意味着传输数字信号相当于传送无数多个简单的正弦信号。信号所含频率分量的集合称为频谱。频谱所占的频率宽度称为带宽。发送端所发出的数字信号的所有频率分量都必须通过通信介质到达接收端，接收端才能再现该数字信号的精确拷贝。如果其中一部分频率分量在传输过程中被严重衰减，就会导致接收端信号变形。如果能接收到具有主要振幅的那部分分量，则仍可以按适当的精度复制出发送端所发出的数字信号。

以一定的幅度门限为依据，将在接收端能收到的那部分主要信号的频谱从原来的无穷大频谱中划分出来，便形成该信号的有效频谱。有效频谱的频带宽度称为有效带宽。

三、信道容量

信道指发送设备与接收设备之间用于传输信号的物理介质，即传输介质。这种媒质有很多种，如电缆、光纤、波导管等。信道可以从理解上分为狭义信道、广义信道两类。狭义信道指的是传输媒质，分为有线信道（明线、电缆、光纤、波导管等）和无线信道（长波、中波、人造卫星中继等）。广义信道除包含媒质外，还包含发送设备和接收设备。

调制信道（模拟信道）是传输模拟信号的信道；编码信道（数字信道）是传输数字信号的信道。通过分析可以看出广义信道与狭义信道的关系，即广义信道中包含狭义信道，或者说狭义信道是广义信道的一部分。

信道容量是指在某种传输介质中单位时间内可能传送的最大比特数，即该传输介质容许的最大数据传输速率。

四、信噪比

在有噪声存在的情况下，由于传递出现差错的几率更大，因而会降低信道容量，而噪声大小一般由信噪比来衡量。信噪比是指信号功率 S 与噪声功率 N 的比值。信噪比一般用 $10\lg S/N$ 来表示，单位为 dB（分贝）。

信道容量 C 跟信道带宽 W 和信噪比 S/N 之间的香农计算公式为

$$C = W\log_2(1 + S/N)$$

其单位为 bit/s。

由香农公式可以看到，提高信噪比能增加信道容量。在信道容量一定时，带宽与信噪比之间可以相互弥补。

如果介质带宽 W 为 3000Hz，当信噪比为 10dB（$S/N = 10$）时，其信道容量为

$$C = 3000\log_2(1 + 10) = 10380 \text{（bit/s）}$$

如果信噪比提高为 20dB，即 $S/N = 100$ 时，则有

$$C = 3000\log_2(1 + 100) = 19980 \text{（bit/s）}$$

可见信道容量随信噪比的提高增加了许多。

由于噪声功率 $N = Wn_0$（n_0 为噪声的单边功率谱密度），因而随着带宽 W 的增大，噪声功率 N 也会增大。所以，增加带宽 W 并不能无限制地使信道容量增大。

2.3 数 据 编 码

数据编码是指通信系统中以何种物理信号的形式表达数据。工业数据通信系统的任务是

传输数据和指令等信息，已经存在多种编码。按编码方式不同，可将数据编码分为模拟数据编码和数字数据编码。

模拟数据编码分别用模拟信号的不同幅度、不同频率、不同相位来表达数据的 0、1 状态，常用于窄带传输。数字数据编码则用高低电平的矩形脉冲信号来表达数据的 0、1 状态，常用于基带传输。

一、数字数据编码

数字信号和数位化编码的数据之间存在着自然的联系。数位化存储的数据表现为 0 和 1 的序列。由于数字信号能够在两个恒量之间交替变换，所以可以简单地把 0 赋予其中的一个恒量，而把 1 赋予另一个恒量。这里恒量的具体取值并不重要，如果是电子信号的话，这两个恒量数值相同，但符号相反。为了保持论述的普遍性，本书中把它们分别称为"高电平"和"低电平"。

不归零（Non-Return to Zero，NRZ）编码法是最简单的一种编码方案。它传送一个 0 时把电压升高，而传送一个 1 时则使用低电平。这样，通过在高低电平之间作相应的变换来传送 0 和 1 的任何序列。NRZ 指的是在一个比特位的传送时间内，电压是保持不变的（比如说，不回到零点）。图 2-2 描述了二进制串 10100110 的 NRZ 编码传输过程。

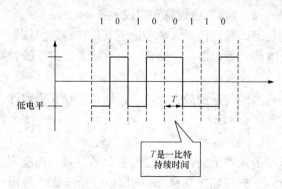

图 2-2　不归零编码传输过程

当一台设备传送 1bit 的数字信号时，这个发送设备将在一定的周期内（假定周期为 T）产生一个持续的信号，并由一个内置的时钟负责定时，接收设备必须知道信号的周期，才能在每个 T 时间单元内对信号进行采样，因此，接收设备也有一个负责定时的内置时钟，剩下的就是确保两个时钟使用同样的 T。

任何物理设备都存在着设计上的局限性和缺陷。几乎可以肯定任何两个时钟都存在着微小的差别，这使得设备无法对传输信号作十分精确的采样。通信设备也需要某种机制以使它们的定时保持一致，不变的信号不具备同步机制，但如果信号改变的话，这种改变就可以用来保持设备的同步。有些强制信号改变的编码方案就是基于这个原因。

下面讨论几种具体的数字数据编码波形。如图 2-3 所示，根据信号电平是否为单极性或者正、负两种极性，把数字数据编码分为单极性码和双极性码；根据在传输每一位二进制信息以后是否返回零电平，把数字数据编码分为归零码和不归零码。

（1）单极性不归零码。无电压表示"0"，恒定正电压表示"1"，每个码元时间的中间点是采样时间，判决门限为半幅电平。

（2）双极性不归零码。"1"码和"0"码都有电流，"1"为正电流，"0"为负电流，正和负的幅度相等，判决门限为零电平。

（3）单极性归零码。当发"1"码时，发出正电流，但持续时间短于一个码元的时间宽度，即发出一个窄脉冲；当发"0"码时，仍然不发送电流。

（4）双极性归零码。其中"1"码发出正的窄脉冲，"0"码发出负的窄脉冲，两个码元的时间间隔可以大于每一个窄脉冲的宽度，取样时间是对准脉冲的中心。

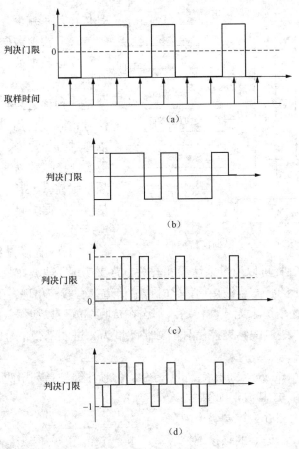

图 2-3 单、双极性的归零码和不归零码

（a）单极性不归零码；（b）双极性不归零码；（c）单极性归零码；（d）双极性归零码

　　不归零制（NRZ）传输难以决定一位的结束和另一位的开始，需要有某种方法来使发送器和接收器进行定时或同步。如果传输 1 或 0 占优势的话，那么在每位时间内将有累积的直流分量。这样，要使用变压器，并在数据通信设备和所处环境之间提供良好绝缘的交流耦合是不可能的。此外，直流分量还可使连接点产生其他损坏。克服上述缺点的一个编码方案是曼彻斯特编码，这种编码通常用于局域网络传输。在曼彻斯特编码方式中，每一位的中间有一个跳变，每个比特周期被分为两个相等的时间段。位中间的跳变既作为时钟，又作为数据；从高到低的跳变表示 1，从低到高的跳变表示 0。这种方案保证在 1bit 周期的中部总有跳变，便于发送方和接收方的同步。其缺点是所需带宽是直接二进制编码的 2 倍，因为信号脉冲宽度是数据宽度的 1/2。

　　图 2-4 所示差分曼彻斯特编码，由基本的曼彻斯特编码变化而来。在该方案中，比特间隙中间的跳变用于携带同步信息，每个比特间隙的开始位置有跳变代表比特 0，没有跳变则代表比特 1。两种情况下，都能保证在区间的中部有电压跳变。这种方案需要更复杂的设备，但是能提供更好的噪声抑制性能。由于曼彻斯特编码简单，所以所有的 IEEE 802.3 系统都采用它进行编码。其高电平为 +0.85V，低电平为 -0.85V，这样直流电压为 0V。这样做可以自带时钟码（Self-Clocking-Code）相位，相位的跳变容易判断 0 或 1，且没有直流分量，缺点

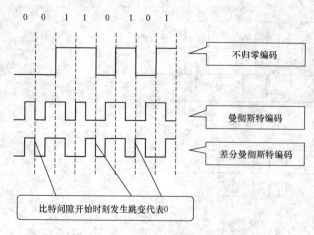

图 2-4 曼彻斯特编码和差分曼彻斯特编码

是传输效率减少一半。

二、模拟数据编码

模拟数据编码采用模拟信号来表达数据的 0、1 状态。模拟信号发送的基础就是一种称之为载波的频率恒定的连续信号，载波可用 $A\cos(\omega t+\varphi)$ 表示。可以通过改变幅度、频率、相位这 3 个参数实现模拟数据编码。幅移键控（ASK）、频移键控（FSK）和相移键控（PSK）是模拟数据编码的 3 种编码方法，如图 2-5 所示。

（1）幅移键控（Amplitude-Shift Keying，ASK）。幅移键控可以通过乘法器和开关电路来实现。载波在数字信号 1 或 0 的控制下通或断，在信号为 1 的状态载波接通，此时传输信道上有载波出现；在信号为 0 的状态下，载波被关断，此时传输信道上无载波传送。那么在接收端就可以根据载波的有无还原出数字信号的 1 和 0。对于二进制幅移键控信号的频带宽度为二进制基带信号宽度的 2 倍，波形如图 2-5 所示。

（2）频移键控（Frequency-Shift Keying，FSK）。频移键控是利用两个不同频率 f_1 和 f_2 的振荡源来代表信号 1 和 0。其波形如图 2-5 所示，用数字信号的 1 和 0 去控制两个独立的振荡源交替输出。二进制的频移键控调制方式，其有效带宽为 $B=2xF+2Fb$，xF 是二进制基带信号的带宽，也是 FSK 信号的最大频偏，由于数字信号的带宽即 Fb 值大，所以二进制频移键控的信号带宽 B 较大，频带利用率小。

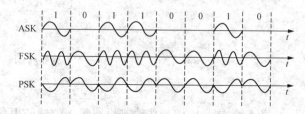

图 2-5 三种模拟数据编码调制后的信号波形

（3）相移键控（Phase-Shift Keying，PSK）。在相移键控中，载波相位受数字基带信号的控制，如在二进制基带信号中为 0 时，载波相位为 0，为 1 时载波相位为 π，载波相位和基带信号有一一对应的关系。其波形如图 2-5 所示。

上述所讨论的各种技术也可以组合起来使用。常见的组合是相移键控（PSK）和幅移键控（ASK），组合后在两个振幅上均可以出现部分相移或整体相移。

三、通信传输方式

对于点对点通信，按消息传输的方向与时间关系可分为以下几种。

（1）单工传输（Simplex Transmission）。只有一个方向不变的单向通道连接了两个设备，如打印机、广播、电视等。单工通信线路一般采用二线制。但在数据通信系统中，接收方要对接收的数据进行检验，若检出错误则要求发送方重发原信息，对于正确接收的数据也要返回确认信息，因此，就必须附有一条控制信道，传送的确认信号、请求重发信号等成为监视信号。

（2）全双工传输（Duplex Transmission）。两个设备之间可以同时在两个方向上传输数据，这里所说的两条不同方向的传输通道是个逻辑概念，如 RS-232、RS-422、蓝牙技术。全双工通信一般采用四线制，和半双工比较，全双工效率高，但结构复杂，成本也比较高。

（3）半双工传输（Half-Duplex Transmission）。两个设备之间虽然有两个通道或一个双向通道，但是在任何一段时间中，只能有一个设备发送数据，另一个设备接收数据。工业数据通信中常采用时分复用、频分复用等方法实现半双工通信，如 RS-485、对讲机。由于半双工在通信中必须频繁调换信道方向，所以效率低，但可省传输线路，广泛使用于局域网中。

单工和半双工传输可以采用一个信道支持信息的传输；对于全双工传输，则需要采用两个信道，或者利用存储技术，在一个信道上支持全双工传输。

2.4　信号传输模式

数字信号在时域上是呈离散性的且都只有两种状态 1 和 0，在短距离传送时（100m 以下）可采用基带传输，当要进行远距离传输时就要采取载波传输方式了。载波传输系统是把数字信号调制到载波上再送入传输信道中，它同基带传送的不同仅是在数字信号的输出端增加一个调制器，在数字信号输入口前增加一个解调器，而其他部分则完全相同。

一、基带传输

计算机等数字设备中，二进制数字序列最方便的电信号形式为方波，即 1、0 分别用高、低电平或低、高电平表示。人们把方波固有的频带称为基带，方波电信号称为基带信号。在信道上直接传送数据的基带信号称为基带传输。

目前大部分计算机局域网，包括控制局域网，都是采用基带传输的方式。其特点是信号按数据位流的基本形式传输，数字信号为电脉冲或者光脉冲，整个系统不用调制解调器，这使系统价格低廉。信号传输将占用整个信道的带宽。

系统可采用双绞线或同轴电缆作为传输介质，也可采用光缆作为传输介质。与宽带网相比，基带网的传输介质比较便宜，可以达到较高的数据传输速率（一般为 1~10Mbit/s），但其传输距离一般不超过 25km，数据波信号会随着距离的增加而衰减，随着频率的增加而容易发生畸变，这主要是因为线路中分布电容和分布电感的影响，传输的距离受到限制，因此它不适合高速和远距离的传输。

基带网的线路工作方式一般只能为半双工方式或单工方式。

二、窄带传输

当数字信号进行较长距离的传送时，就要采用载波传送的方式了。数字信号的载波传送与基带传送的主要区别就是增加了调制与解调的环节，即在复接器后增加了一个调制器，在分接器前增加了一个解调器而已。

数字信号只有几个离散值，这就像用数字信号去控制开关选择具有不同参量的振荡那样，为此把数字信号的调制方式称为键控。调制方式有幅移键控（ASK）、频移键控（FSK）、相移键控（PSK）。

三、宽带传输

由于基带网不适于传输语音、图像等信息，随着多媒体技术的发展，计算机网络传输数据、文字、语音、图像等多种信号的任务越来越重，因此提出了宽带传输的要求。宽带传输系统在数据通信领域则指数据传输速率超过 1Mbit/s 的传输系统。宽带传输系统传输的是模拟信号，需采用适当的调制解调技术，采用频分多路复用技术，支持多路信号传输。

一般来讲，宽带传输与基带传输相比具有以下优点：

（1）能在一个信道中传输声音、图像和数据信息，使系统具有多种用途；

（2）一条宽带信道能划分为多条逻辑基带信道，实现多路复用，因此信道的容量大大增加；

（3）宽带传输的距离比基带传输远，因为如果基带直接传送数字，传输的速率越高，传输的距离越短。

四、异步转移模式（ATM）

ATM（Asynchronous Transfer Mode）是异步转移模式的简称，用于在用户接入、传输和交换及综合处理各种通信问题，这里的转移包含传输与交换两方面的内容。它支持多媒体通信，包括数据、语音和视频信号，按需分配频带，具有低延迟特性，速率可达 155Mbit/s～2.4Gbit/s，也有速率 25Mbit/s 和 50Mbit/s 的 ATM 技术。它是一种新的传输与交换数字信息的技术，也是实现高速网络的主要技术，被规定为宽带综合业务数字网（BISDN）的传输模式。

在 ATM 网络中，所有报文以固定长度的数据单元发送，分为报文头（header）和有效信息域（payload）两部分。数据单元长度为 53 字节，报文头为 5 字节，其余 48 字节为有效信息域。有效信息域采用透明传输，不执行差错控制。数据流采用异步时分多路复用。

2.5　数据的可靠传输

信号在信道中传输时，会面临三大损害，即衰减、延迟变形和噪声。衰减（Attenuation）是指信号在传输过程中的能量损耗，通常随传输距离的增加而增加，用单位 dB/km 度量。延迟变形（Delay Distortion）是指信道对信号中的各傅里叶分量，因其频率不同所引起的衰减程度不同而造成的波形变形。噪声（Noise）是指信道上的非发送方的未曾期待能量。噪声分为热噪声、串音和脉冲噪声。其中，热噪声是由于线路（主要是电气线路）中的电子自由运动加剧而产生的能量，串音是由于临近线路上传输的信号耦合感应传递的能量。脉冲噪声是由于外界强力的电磁信号（如雷电、电力线路上的尖峰负荷等）传递的能量。

在数据通信系统中，差错的基本应对策略主要有三个方面。

（1）提高信道质量。使用高质量的信道，即使用具有热噪声小、信号屏蔽能力强的信道。使用中继器，中继器的作用是每经过一定的传输距离将数据信号重新复制一次。

（2）提高数据信号的稳健性。纠错码，为传输的数据信号增加冗余码，以便能自动纠正传输差错。检错码，为传输的数据信号增加冗余码，以便查出哪一位出错，靠重发机制保证正确传输。

（3）采用合适的差错控制协议。与检错码相比，纠错码具有自动纠错功能，但实现复杂、造价高、传输效率低。通常采用检错码检查出差错，通知发送方。

一、循环冗余码

循环冗余码（Cyclic Redundancy Code，CRC），又称多项式码。这是因为任何一个由二进制数位串组成的代码都可以和一个只含 0 和 1 两个系数的多项式建立一一对应的关系，一个 n 位帧可以看成是从 X^{n-1} 到 X^0 次多项式的系数序列，这个多项式的阶数为 $n-1$，高位（最左边）是 X^{n-1} 项的系数，下一位是 X^{n-2} 的系数，依次类推。例如，1011011 有 7 位，表

示成多项式是 $X^6+X^4+X^3+X+1$；而多项式 $X^5+X^4+X^2+X$ 对应的位串是 110110。

CRC 编码方法是将要发送的数据比特序列当作一个多项式 $f(x)$ 的系数，在发送方用收发双方预先约定的生成多项式 $G(x)$ 去除 [其中 $G(x)$ 为 $k+1$ 阶]，求得一个余数多项式。将余数多项式加到数据多项式之后发送到接收端。接收端用同样的生成多项式 $G(x)$ 去除接收数据多项式 $f'(x)$，得到计算余数多项式。如果计算余数多项式与接收余数多项式相同，则表示传输无差错；如果计算余数多项式不等于接收余数多项式，则表示传输有差错，由发送方重发数据，直至正确为止。CRC 检错能力强，实现容易，是目前应用最广泛的校验方法之一，其工作原理如图 2-6 所示。

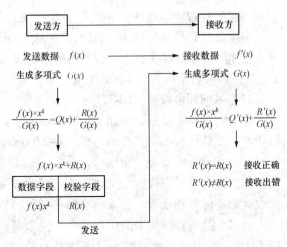

图 2-6　CRC 的工作原理

CRC 的工作过程如下：

在发送端：

（1）用发送数据多项式 $f(x)$ 乘以 x^k，其中 k 为生成多项式的最高幂值。例如 CRC-12 的最高幂值为 12，则发送 $f(x)x^{12}$；对于二进制乘法来说，$f(x)x^{12}$ 的意义是将发送数据比特序列左移 12 位，用来存入余数。

（2）将 $f(x)x^k$ 除以生成多项式 $G(x)$，得

$$\frac{f(x)\,x^k}{G(x)}=Q(x)+\frac{R(x)}{G(x)}$$

式中：$R(x)$ 为余数多项式。

（3）将 $f(x)x^k+R(x)$ 作为整体，从发送端通过通信信道传送到接收端。

在接收端：

（1）对接收数据多项式 $f'(x)$ 采用同样的运算，即

$$\frac{f'(x)\,x^k}{G(x)}=Q(x)+\frac{R'(x)}{G(x)}$$

（2）求得计算余数多项式。

接收端根据计算余数多项式 $f(x)$ 是否等于接收余数多项式 $R(x)$ 来判断是否出现传输错误。实际的 CRC 校验码生成是采用二进制模 2 算法，即减法不借位，加法不进位，这是一种异或操作。

生成多项式的结构及检错效果是经过严格的数学分析与实验后确定的。具有 r 个校验位的多项式能检出所有长度小于或等于 r 的差错。对于多项式 $G(x)$，目前已经有了 3 个国际标准，它们是

CRC-12	$G(x)=x^{12}+x^{11}+x^3+x^2+x+1$	(2-1)
CRC-16	$G(x)=x^{16}+x^{15}+x^2+1$	(2-2)
CRC-CCITT	$G(x)=x^{16}+x^{12}+x^5+1$	(2-3)

这 3 个多项式都包含了 $x+1$ 作为基本因子。当字符长度为 6 位时使用 CRC-12；其余两

个多项式在字符长度为 8 位的情况下使用。

另外，还有 CRC-32

$G(x)=x^{32}+x^{26}+x^{23}+x^{22}+x^{16}+x^{12}+x^{11}+x^{10}+x^{8}+x^{7}+x^{5}+x^{4}+x^{2}+x+1$ 在若干个数据链路控制协议中被规定为选件，并使用于 IEEE 802 和 FDDI 标准。

假设发送数据位序列为 111011，生成多项式位序列为 11001。将发送位序列 111011$f(x)$ 乘以 2^4 得 1110110000[$f(x)\times x^k$]，然后除生成多项式位序列 11001[$G(x)$]，不考虑借位，按模 2 运算，得余数位序列为 1110[$R(x)$]。

二、纵向冗余校验（LRC）

纵向冗余校验（Longitudinal Redundancy Check，LRC），是一种从纵向通道上的特定比特串产生校验比特的错误检测方法，在 Modbus 总线中被用于帧校验。

纵向冗余校验域是一个字节，包含一个 8 位二进制值。发送设备计算 LRC 值，将 LRC 值附加到报文中。在接收报文过程中，接收设备重新计算 LRC 值，并将计算值与 LRC 域中接收到的实际值相比较。如果两个值不相等，则产生错误。

计算 LRC，对报文中的所有连续 8 位字节相加，忽略任何进位，然后求出其二进制补码。LRC 是一个 8 位域，因此每个导致结果大于 255 的新的相加运算，只是简单地将域值在零“循环”。因为它没有第 9 位，自动放弃进位。

三、海明码

海明码（Hamming）是一种可以纠正一位差错的编码。两个等长码组之间对应位不同的数目称为这两个码组的海明距离（1950 年由 Hamming 提出），简称码距。如任意两个码字 10001001 和 10110001 有 3 个不同位，即其码距为 3。一般而言，码距越大，编码的检错和纠错能力越强，但是随着冗余码的增加，将带来传输效率的降低，而且过多的冗余码也增加了传输出现错误的可能性，因此选择编码还应考虑信道的误码率。

海明码是一种简单实用的 1 位纠错编码，它的码组长度、冗余校验位长度和码组中的最大数据位长度满足下列关系

$$\begin{cases} n=2^r-1 \\ k=n-r \end{cases} \tag{2-4}$$

式中：n 为码组位长度；r 是冗余校验位长度；k 是码组中的最大数据位长度。

由式（2-4）可以知道，冗余校验位长度越长，码组传输数据的效率越高。当数据长度不能满足式（2-4）的最大数据位长度值时，可以用固定的数据位填充。

在海明码的编码过程中，冗余码从左至右依次填充到 2^j（$j=0$，1，…，$r-1$）的位置上，码组中剩余位填充数据位，如图 2-7 所示。

$$\begin{matrix} 2^0 & & & 2^2 & & & & 2^3 & & & & & & & & 2^4 & & \\ p_1 & p_2 & * & p_3 & * & * & * & p_4 & * & * & * & * & * & * & * & p_5 & \cdots & p_i \end{matrix}$$

图 2-7 海明纠错码格式

* 一信息数据；p_i 一冗余码

如果冗余码的位数为 r，则存在这样一个（$2r-1$）行×r 列的编码矩阵，矩阵元素等于 0 或 1，并且每一行的元素所组成的二进制编码等于行数的二进制编码。对于海明码，要求码组数据与这一矩阵相乘满足下列关系

$$(p_1p_2*p_3***p_4**\cdots)\begin{bmatrix} \overline{b_1} & \overline{b_2} & \cdots & \overline{b_{r-1}} & b_r \\ \overline{b_1} & \overline{b_2} & \cdots & b_{r-1} & \overline{b_r} \\ \vdots & \vdots & \vdots & \vdots & \vdots \\ b_1 & b_2 & \cdots & b_{r-1} & b_r \end{bmatrix}=(l_1l_2\cdots l_{r-1}l_r) \tag{2-5}$$

式中：*和 p_i 仍为数据码和校验码；$b=1$，$\overline{b}=0$；$l_1=l_2=\cdots=l_{r-1}=l_r=0$。

根据式（2-5）可以计算出冗余校验码，这里矩阵的乘除运算与普通矩阵的乘除运算一样，加减运算为"异或"运算。

接收方收到数据后，将码组数据与发送方编码时用的编码矩阵相乘，若得到的行矩阵为零矩阵，说明传输正确，否则传输有错，且出错位是这一行的元素所组成的二进制数所对应的数据位。

下面以数据（信息）1101 为例，给出海明码编码、译码及纠错的工作过程。

（1）编码过程。根据公式 $\begin{cases} n=2^r-1 \\ k=n-r \end{cases}$，可选择数据长 $k=4$，冗余码长 $r=3$，码组长 $n=7$。

由关系式

$$(p_1 \ p_2 \ 1 \ p_3 \ 1 \ 0 \ 1)\begin{bmatrix} 0 & 0 & 1 \\ 0 & 1 & 0 \\ 0 & 1 & 1 \\ 1 & 0 & 0 \\ 1 & 0 & 1 \\ 1 & 1 & 0 \\ 1 & 1 & 1 \end{bmatrix}=(0 \ 0 \ 0)$$

可以计算出

$$\begin{cases} p_1=1 \\ p_2=0 \\ p_3=0 \end{cases}$$

所求海明编码为（1010101）。

（2）译码过程。假设接收方接收到的数据为（1010111）。

传输出错判断

$$(1 \ 0 \ 1 \ 0 \ 1 \ 1 \ 1)\begin{bmatrix} 0 & 0 & 1 \\ 0 & 1 & 0 \\ 0 & 1 & 1 \\ 1 & 0 & 0 \\ 1 & 0 & 1 \\ 1 & 1 & 0 \\ 1 & 1 & 1 \end{bmatrix}=(1 \ 1 \ 0)$$

说明传输出错，$(110)_2=6$，可以进一步判断出第 6 位出错。

（3）纠错。将接收到的编码左数第 6 位取反，恢复出正确数据，即（1010111）→（1010101）。

2.6　通信协议与网络层次分析

计算机网络是由多种计算机和各类终端通过通信线路连接起来的复合系统。在这个系统中，由于计算机型号不一，终端类型各异，加之线路类型、连接方式、同步方式、通信方式的不同，给网络中各节点之间的通信带来许多不便。由于在不同计算机系统之间，真正以协同方式进行通信的任务是十分复杂的。为了设计这样复杂的计算机网络，早在最初的 ARPANET 设计时即提出了分层的方法。"分层"可将庞大而复杂的问题，转化为若干较小的局部问题，而这些较小的局部总是比较易于研究和处理。

为了使不同体系结构的计算机网络都能互连，国际标准化组织（ISO）提出一个试图使各种计算机在世界范围内互连成网的标准框架，即著名的开放系统互连基本参考模型（Open Systems Interconnection Reference Model，OSI/RM），简称 OSI。

OSI 包括了体系结构、服务定义和协议规范三级抽象。OSI 的体系结构定义了一个七层模型，用以进行进程间的通信，并作为一个框架来协调各层标准的制定；OSI 的服务定义描述了各层所提供的服务，以及层与层之间的抽象接口和交互用的服务原语；OSI 各层的协议规范，精确地定义了应当发送何种控制信息及何种过程来解释该控制信息。

需要强调的是，OSI 参考模型并非具体实现的描述，而只是一个为制定标准而提出的概念性框架。在 OSI 中，只有各种协议是可以实现的，网络中的设备只有与 OSI 和有关协议相一致时才能互连。

如图 2-8 所示，OSI 参考模型从下到上分别为物理层（Physical Layer，PH）、数据链路层（Data Link Layer，DL）、网络层（Network Layer，NL）、传输层（Transport Layer，TL）、会话层（Session Layer，SL）、表示层（Presentation Layer，PL）和应用层（ApplicationLayer，AL），各层的数据流向如图 2-9 所示。

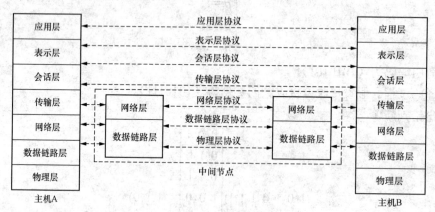

图 2-8　OSI 参考模型

一、物理层

物理层是 OSI/RM 的第一层，是整个开放系统的基础。物理层考虑的问题是怎样才能在连接各种计算机的传输媒体上传输数据的比特流，而不是指连接计算机的具体物理设备或传输媒体。物理层涉及在信道上传输的原始比特流，设计时必须保证一方发出二进制"1"，在另一方收到的也是"1"而不是"0"。物理层必须考虑的问题至少有：①用多少伏特的电压表

示 "1"，多少伏特表示 "0"；②一个比特持续的时间；③传输是单向，还是双向的；④最初的物理连接如何建立和完成通信后连接如何终止；⑤接线器的形状和尺寸、引线数目和排列、固定和锁定装置等。

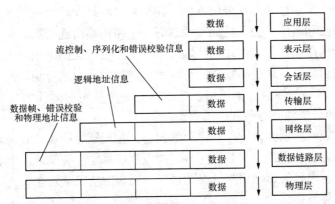

图 2-9 各层功能以及数据流向示意图

归结起来，可以将物理层的主要任务描述为确定与传输媒体的接口的一些特性，即机械特性、电气特性、功能特性以及规程特性。

尽管通信媒体不属于物理层，但一般的做法是将其放在物理层一起讨论。目前，主要的通信媒体有双绞线、同轴电缆、光纤等有线通信线路，或微波、通信卫星等无线通信线路。

物理层的主要功能包括：

（1）为数据终端设备提供传送数据的通路。数据通路可以是一个物理媒体，也可以由多个物理媒体连接而成。一次完整的数据传输，包括激活物理连接、传送数据和终止物理连接。

（2）传输数据。物理层要形成适合数据传输需要的实体，为数据传送服务。一是要保证数据能在其上正确通过；二是要提供足够的带宽，以减少信道上的拥塞。传输数据的方式能满足点到点、一点到多点、串行或并行、半双工或全双工、同步或异步传输的需要。

（3）完成物理层的一些管理工作。

综上所述，物理层提供为建立、维护和拆除物理链路所需要的机械的、电气的、功能的和规程的特性。物理层接口的例子有 EIA RS-232、RS-422、RS-530、USB 接口、10Mbit/s 以太网的 RT-45 接口以及各种光接口。

二、数据链路层

数据链路层的主要作用是通过数据链路层协议（即链路控制规程），把相邻两个节点间不可靠的物理链路变成可靠无差错的逻辑链路，包括比特流进行分帧、排序、设置检错、确认、重发、流量控制等功能。数据链路层传输数据的单位是帧（frame），每帧包括一定数量的数据和一些必要的控制信息，在每帧的控制信息中，包括同步信息、地址信息、差错控制信息、流量控制信息等。同物理层相似，数据链路层负责建立、维护和释放数据链路。

数据链路层把一条有可能出差错的实际链路，转变成为让网络层向下看起来好像是一条不出差错的链路。为了完成这一任务，数据链路层还要解决代码透明性和流量控制等问题。

对于局域网来说，数据链路层又分为逻辑链路控制（Logical Link Control，LLC）子层和介质访问控制（Media Access Control，MAC）子层。逻辑链路控制子层的功能相当于数据链路层的功能，用于提供两个节点之间的可靠数据传输；而介质访问控制子层则用于控制局域网中的多个节点如何访问共享介质。

三、网络层

网络层传送的数据单位是报文分组或包。在计算机网络中进行通信的两个计算机之间可能要经过许多个节点和链路，也可能还要经过好几个路由器所连接的通信子网。网络层的任务就是要选择最佳的路由，使发送站的传输层所传下来的报文能够正确无误地按照目的地址找到目的站，并交付给目的站的传输层。这就是网络层的路由选择功能。路由选择的好坏在很大程度上决定了网络的性能，如网络吞吐量（在一个特定的时间内成功发送数据包的数量）、平均延迟时间、资源的有效利用率等。

路由选择是广域网和网际网中非常重要的问题，在局域网中则比较简单，甚至可以不需要路由选择功能。路由选择的定义是根据一定的原则和算法在传输通路上选出一条通向目的节点的最佳路径。一个好的路由选择具有传送时间短、网络负载均衡、通信量均匀、路由选择算法简单易实现等特点。

另外，在网络层还要解决拥塞控制问题。在计算机网络中的链路容量、交换节点中的缓冲区和处理机等，都是网络资源。在某段时间，若对网络中某一资源的需求超过了该资源所能提供的可用部分，网络的性能就要变坏，这种情况叫拥塞。网络层也要避免这种现象的出现。

网络层负责信息寻址，将逻辑地址和名字转化为物理地址，交给数据链路层处理。通常 Internet 所采用的 TCP/IP 协议中的 IP（网际协议）协议就属于网络层。而登录 NOVELL 服务器所必须使用的 IPX/SPX 协议中的 IPX（网际包交换协议）协议也属于网络层。

四、传输层

传输层是 OSI 中最重要、最关键的一层，是唯一负责总体的数据传输和数据控制的一层。传输层提供端到端的交换数据的机制。传输层对会话层等高三层提供可靠的传输服务，对网络层提供可靠的目的地站点信息。

传输层的主要功能是为端到端连接提供可靠的传输服务和为端到端连接提供流量控制、差错控制、服务质量等管理服务。传输层屏蔽了通信子网的不同，使高层用户感觉不到通信子网的存在。它完成资源子网中两节点的直接逻辑通信，实现通信子网中端到端的透明传输。传输层信息的传送单位是报文。传输层从会话层接收数据报文，当所发送的报文较长时，在传输层先要把它分割成若干个报文分组，然后再交给它的下一层（即网络层）进行传输。另外，这一层还负责报文错误的确认和恢复，以确保信息的可靠传递。

传输层在高层用户请求建立一条传输的虚拟连接时，通过网络层在通信子网中建立一条独立的网络连接，但如果高层用户要求比较高的吞吐量，那么传输层也可以同时建立多条网络连接来维持一条传输连接请求，这种技术叫做"分流技术"。有时为了节省费用，对速度要求不是很高的高层用户请求，传输层也可以将多个传输通信合用一条通信子网的网络连接，这种技术叫做"复用技术"。传输层除了有以上功能和作用外，还要处理端到端的差错控制和流量控制问题。

通常，互联网所采用的 TCP/IP 协议中的 TCP（传输控制协议）协议就属于传输层。而登录 NOVELL 服务器所必须使用的 IPX/SPX 协议中的 SPX（顺序包交换协议）协议也属于传输层。

五、会话层

如果不看表示层，在开放式系统互连模型中的会话层就是用户和网络的接口，它是进程到进程之间的层次。会话层允许不同机器上的用户建立会话关系，目的是完成正常的数据交换，并提供了对某些应用的增强服务会话，也可被用于远程登录到分时系统或在两个机器间传递文件。会话层对高层提供的服务主要是"管理会话"。一般，两个用户要进行会话，首先双方都必须接受对方，以保证双方有权参加会话；其次是会话双方要确定通信方式，即会话允许信息同时双向传输或任一时刻仅能单向传输，若是后者，会话层将记录此刻由哪一个用户进程来发送数据，为了保证单向传输的正确性，即在某一个时刻仅能一方发送，会话层提供了令牌管理。令牌可以在双方之间交换，只有持有令牌的一方才可以执行发送报文这样的操作。会话层提供的另一种服务叫"同步服务"。综上所述，会话层的主要功能归结为允许在不同主机上的各种进程间进行会话。

六、表示层

在计算机与计算机的用户之间进行数据交换时，并非是随机地交换数据比特流，而是交换一些有具体意义的数据信息。这些数据信息有一定的表示格式，例如表示人名用字符型数据，表示货币数量用浮点数据等。那么不同的计算机可能采用不同的编码方法来表示这些数据类型和数据结构。为了使采用不同编码方法的计算机能够进行交互通信，能相互理解所交换数据的值，可以采用抽象的标准法来定义数据结构，并采用标准的编码形式。

表示层管理这些抽象数据结构，并且在计算机内部表示和网络的标准表示法之间进行转换，使不同类型的计算机对数据信息的不同表示方法可以相互理解，也即表示层关心的是数据传送的语义和语法两个方面的内容。但其仅完成语法的处理，而语义的处理是由应用层来完成的。

表示层的另一功能是数据的加密和解密。为了防止数据在通信子网中传输时被窃听和篡改，发送方的表示层将要传送的报文进行加密后再传输；接收方的表示层在收到密文后，对其进行解密，把解密后还原成的原始报文传送给应用层。

表示层所提供的功能还有文本的压缩功能。文本压缩的目的是把文本非常大的数据量利用压缩技术尽可能地减小，以满足一般通信带宽的要求，提高线路利用率，从而节省经费。

综上所述，表示层为上层提供共同需要数据或信息语法的表示变换。

七、应用层

应用层是 OSI 网络协议体系结构的最高层，是计算机网络与最终用户的界面，为网络用户之间的通信提供专用的程序。OSI 的 7 层协议从功能划分来看，下面 6 层主要解决支持网络服务功能所需要的通信和表示问题，应用层则提供完成特定网络功能服务所需要的各种应用协议。应用层的一个主要功能是解决虚拟终端的问题。

众所周知，世界上有上百种互不兼容的终端，要把它们组装成网络，即让一个厂家的主机与另一个厂家的终端通信，就不得不在主机方设计一个专用的软件包，以实现异种机、不同终端的连接。如果一个网络中有 N 种不同类型的终端和 M 种不同类型的主机，为实现它们之间的交互通信，要求每一台主机都得为每一种终端设计一个专用的软件包，最坏情况下，需要配置 $M \times N$ 个专用的软件包，显然这种方法实现起来很困难。为此，可采用建立一个统一的终端协议方法，使所有不同类型的终端都能通过这种终端协议与网络主机互连。这种终端协议就称为虚拟终端协议。

应用层的另一个功能是文件传输协议（FTP）。计算机网络中各计算机都有自己的文件管理系统，由于各台机器的字长、字符集、编码等存在着差异，文件的组织和数据表示又因机器而各不相同，这就给数据、文件在计算机之间的传送带来不便，因此有必要在全网范围内建立一个公用的文件传送规则，即文件传送协议。应用层还有电子邮件的功能。电子邮件系统是用电子方式代替邮局进行传递信件的系统。信件泛指文字、数字、语音、图形等各种信息，利用电子手段可将其由一处传递至另一处或多处。

目前 OSI 协议标准已经很少引用，TCP/IP 是目前应用最广泛的网络通信协议。

2.7　网络互连设备

在网络互连时，通常要使用一些中间设备来实现网络之间的物理连接和协议转换，这些中间设备统称为网络互连设备。网络互连的层次不同，所使用的网络互连设备也不同。ISO/OSI七层模型和网络互连设备之间的关系见表 2-1。

一、中继器

中继器（Repeater）又称重发器，是一种低层网络互连设备。它工作在 OSI 参考模型的物理层，使网络在物理层实现互连。中继器一般用于延长局域网的缆段长度，以扩大局域网的覆盖范围。

中继器是最简单的网络互连设备，主要完成物理信号的放大与再生功能。中继器可以接收网上的所有信号，并将其放大、再生和重定时，让信号保持与原数据相同，再转发到其他缆段上去。它可以驱动信号在长电缆上传输，延伸电缆长度，扩展网络覆盖的范围。中继器可以将不同传输介质的同类局域网连接在一起。

中继器对物理层以上各层协议（数据链路层到应用层）完全透明，也就是说，中继器支持数据链路层及其以上各层的任何协议。

中继器最典型的应用是连接两个以上的以太网电缆段，其目的是为了延长网络的长度。但延长是有限的，中继器只能在规定的信号延迟范围内进行有效的工作。如在 10Base-5 粗缆以太网的组网规则中规定，最多可用 4 个中继器连接 5 个电缆段，延长后的最大网络长度为2500m。

表 2-1　　　　　　　　　　　网络互连设备与 ISO/OSI 七层模型

层号	名称	网络互连设备		基本功能
7	应用层	网关（Gateway）		用于连接高层协议不同网络
6	表示层			
5	会话层			
4	传输层			
3	网络层	路由器（Router）		连接不同类型网络
2	数据链路层	网桥（Bridge）	交换机（Switch）集线器（Hub）	连接相似类型网络
1	物理层	中继器（Repeater）、收发器		支持相同类型的网络

二、网桥

网桥（Bridge）又称桥接器，是工作在 OSI 参考模型数据链路层的网络互连设备。网桥是一种存储转发设备。它在相同或不同类型的局域网之间转发数据帧，提供数据链路层的协议转换，并不对网络层的头部进行检查，因此可以转发任何网络数据分组（IP、IPX 或 OSI）。

网桥常用来互连同类局域网和异类局域网，以扩展网络规模和扩大网络覆盖的地理范围。所谓同类局域网指的是使用相同的 MAC 协议的局域网，如同是 IEEE 802.3 以太网；异类局域网指的是 LLC 子层协议相同，而 MAC 子层协议不同的网络，如 IEEE 802.3 以太网和 IEEE 802.5 令牌环网。

网桥的工作原理为：网桥接收到一个整帧，然后分析每一个进入的帧，根据帧中的目的地址（MAC 地址）段，查找 MAC 地址与网桥端口对应表（即内部转发地址表），来决定是删除帧，还是转发帧。如果目的站点和发送站点在同一个局域网，换句话说，就是源局域网和目的局域网是同一个物理网络，即在网桥的同一边，网桥则删除帧，不进行转发；如果目的局域网和源局域网不在同一个物理网络时，网桥则进行路径选择，并按着指定的路径将帧转发给目的局域网。不同类型桥的路径选择方法不同。透明桥通过逆向学习的方法，建立一个 MAC 地址与网桥的端口对应表，通过查表获得路径信息；源路由桥的路径选择是根据每一个帧所包含的路由信息段的内容而定。

网桥工作在数据链路层，它对高层协议是透明的，这就意味着，网桥与网络层以上协议无关，能转发任何网络层协议的数据流，如 TCP/IP、DECNET、Appletalk、IPX 等。

三、交换机

交换技术是相对于共享技术而言的。共享技术是指多个计算机或设备共享一个传输介质。连接在集线器（Hub）中的一个节点发送数据时，将以广播方式将数据传送到 Hub 的每一个端口。这样，当有多个设备同时发送数据时，就会产生冲突。交换式局域网从根本上改变了"共享介质"的工作方式，它是"有目的地"转发数据，通过交换机（Switch）端口之间的数据交换，形成多个并发连接，从一个端口进入的数据被送到相应的目的端口，不影响其他端口，因而不会发生冲突。

一个交换式局域网的交换设备——交换机必须保证两项基本的操作，即交换数据帧和维护交换地址表。

交换机的工作过程分为四步：第一步，过滤同网段帧。如果会话的节点属于同一局域网段，就不予理睬。第二步，转发异网段帧。若帧的信宿与信源不属于同一局域网段，就予以转发。第三步，广播未知帧。若无法判断会话的节点是否属于同一局域网段，就在除接收接口外的所有接口进行广播。第四步，自学信源地址。仔细倾听网络中的所有会话（包括同一网段中进行的会话），对交换地址表（过滤表）不断进行更新。

四、路由器

路由器（Router）又称为选径器，是工作在 OSI 参考模型网络层的网络互连设备，可实现网络层及以下各层的协议转换。路由器能够在不同的网络之间转发数据包，并为数据转发智能地选择最佳路径。路由器主要用于同类或不同类局域网及广域网之间的互连，而这些网络都有不同的网络号，属于不同的逻辑网络。因此，路由器是连接不同逻辑子网的设备，其互连模型如图 2-10 所示。

从概念上讲，路由器与网桥相类似，但它们之间有本质的区别。首先，网桥工作在数据链路层，路由器工作在网络层。网桥基于数据链路层的物理地址（即 MAC 地址）来确定是否转发数据帧；路由器是根据网络层逻辑地址（IP 地址）中的目的网络地址，决定数据转发

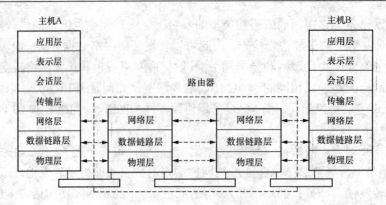

图 2-10　路由器互连模型

的路径，进行数据分组的转发。因此，用网桥互连起来的网络只能属于一个单个的逻辑网，而由路由器互连的是多个不同的逻辑网（子网）。每个逻辑子网具有不同的网络地址。一个逻辑子网可以对应一个独立的物理网段，也可以不对应（如虚拟网）。其次，由于网桥作用于数据链路层，因此它没有隔离广播信息的能力；路由器可以隔离广播信息，抑制广播风暴。因此，路由器比网桥和其他网络互连设备具有更高的智能、更丰富的功能、更强的异种网互连能力和更好的安全性，并为网络互连提供了更多灵活性，是应用最为广泛的网络互连设备。即使是在今天的交换网络环境中，路由器技术仍然是一种不可缺少的技术。

路由器连接的物理网络层可以是同类网，也可以是异类网。使用路由器能够很容易地实现 LAN-LAN，LAN-WAN，WAN-WAN 和 LAN-WAN-LAN 等多种网络互连形式。国际互联网 Internet，就是使用路由器加专线技术将分布在全世界各个国家的成千上万个计算机网络互连在一起的。

由于路由器作用在网络层，因此它比网桥具有更强的异种网互连能力、更好的隔离能力、更强的流量控制能力、更好的安全性和可管理维护性。因此，路由器不仅适合在中、小型局域网中应用，同时，也适合在广域网和大型、复杂的互联网环境中应用。

五、网关或网间协议转换器

网关（Gateway）也叫网间协议变换器或信关。网关是比网桥和路由器更复杂的网络互连设备，可以实现不同协议网络之间的互连，包括不同网络操作系统的网络之间互连，也可以实现局域网与主机、局域网与远程网之间的互连。

为了实现不同协议的网络之间互连，网关应实现不同网络协议之间的转换，在具体实现技术上与它互连的两个具体网络的协议相关。支持不同网络协议之间转换的网关是不相同的。

2.8　介质访问控制方法

介质访问控制方法，也就是信道访问控制方法，可以简单地把它理解为如何控制网络节点、何时能够发送数据、如何传输及怎样在介质上接收数据的。常用的介质访问控制方法有时分多路复用、载波监听多路访问/冲突检测（CSMA/CD）和令牌环（Token Ring）。下面将详细介绍各种方法。

一、时分多路复用

时分多路复用（Time Division Multiplexing，TDM）将一条物理线路的传输时间分成若干个时间片，按一定的次序轮流给各个信号源使用。使用 TDM 的前提是物理线路所能达到的数据率超过各路信号源所需的数据率。

时分多路复用方法，其信号分割的参量是信号占用的时间，因此，必须使复用的各路信号在时间上互不重叠。在传输时把时间分成小的时间片，每一时间片由复用的一个信号占用，每一瞬时只有一个信号占用信道。从性质上说，时分复用更适合于数字信号。

时分多路复用一般按照字符传输，即当时间片轮到某一路时，则利用本路的时钟连续向线路移入字符，然后就轮到下一路。要求每一路把一个字符作为一个整体来保存。例如，从终端来的数据，按字节交叉多路复用进行传输是很方便的。时分多路复用传送的各路信号在宏观上（报文级）是并行的，但在微观上（字符级）是串行的。

根据时间片的分配方法，TDM 可分为同步 TDM（Synchronous TDM）和异步 TDM（Asynchronous TDM），异步 TDM 也称为统计 TDM（Statistic TDM）。在同步 TDM 中，时间片是预先分配好的，而且是固定不变的，即每个时间片与一个信号源对应，而不管此时是否有信息发送。在接收端，根据时间片序号可判断出是哪一路信号。同步 TDM 是目前电信网络中应用广泛的多路复用技术。

二、CSMA/CD

CSMA/CD（Carrier Sense Multiple Access/Collision Detect）是具有冲突检测（CD）功能的载波监听多路访问（CSMA）介质访问控制方法，被应用于著名的以太网家族的 MAC 子层，是 IEEE 802.3 的核心协议。CSMA/CD 技术由施乐公司开发并获得专利，是典型的随机访问的争用型技术。CSMA/CD 主要是为解决如何争用一个广播型的共享传输信道而设计的，能够决定该谁占用信道。

三、令牌环

令牌环（Token Ring）技术最初是在 1969 年由 IBM 公司提出的，1985 年 IEEE 802 委员会以 IBM 令牌环网为模制定了 IEEE 802.5 环型局域网标准。目前，令牌环技术已成为流行的环访问技术。这种介质访问控制方法的基础是令牌（Token）。令牌是一种特殊的帧（3 字节），用于控制网络站点的发送权，只有持有令牌的站点才能发送数据。由于发送站在得到发送权后就将令牌删除，在环路上不会再有令牌出现，其他站点也不可能再得到令牌，保证在环中只有一个站点在发送，因此令牌技术不存在争用现象，是一种典型的无争用型介质访问控制方法。

思　考　题

（1）通信系统由哪些基本模块组成？

（2）选择传输介质应该考虑哪些因素？同其他传输介质相比，双绞线具有怎样的特点？

（3）曼彻斯特编码的特点是什么？

（4）一传输二进制信号的信道，带宽为 3kHz，信噪比为 20dB，则该信道的最大数据传输速率是多少？

（5）如何评价一个通信系统的性能？试举例说明信噪比与信道容量之间的关系。

（6）二进制数据为 00100110，分别画出其经过 NRZ 编码、曼彻斯特编码和差分曼彻斯特编码后的码型。

（7）举例说明 CRC 检错码的工作原理。

（8）简述 OSI 参考模型的组成及各层的主要功能，如何理解层次间的接口和数据封装。

（9）比较三种常用的介质访问控制方法，阐述各自的优缺点。

第3章 局域网技术

3.1 局域网定义与分类

局域网（LAN）是将分散在有限地理范围内（如一栋大楼、一个部门、一个控制装置）的多台计算机通过传输媒体连接起来的通信网络，能够通过功能完善的网络软件，实现计算机之间的相互通信和共享资源。

美国电气与电子工程师协会（IEEE）于 1980 年 2 月成立局域网标准化委员会（简称 802 委员会）专门对局域网的标准进行研究，并提出了 LAN 的定义。

局域网 LAN 是允许中等地域内的众多独立设备通过中等速率的物理信道直接互连通信的数据通信系统。

中等地域：表明网络覆盖的范围有限，一般在 1～25km（典型的为几千米）内，通常在单个建筑物内，或者一组相对靠近的建筑群内。

独立设备：设备的含义是广义的，包括计算机和通信设备；独立的含义是指组网的各台设备（计算机）都是独立自治的，它们处于相同的工作状态，相互之间不存在控制与被控制的关系。

中等速率：物理信道具有较宽的通信频带，通信速率一般在 1～20Mbit/s，误码率一般在 10^{-8}～10^{-11}。目前，随着通信技术的发展，光纤已被用于局域网通信，通信速率已经可达 100Mbit/s 甚至更高。

LAN 的结构主要有三种类型：以太网（Ethernet）、令牌环（Token Ring）网、令牌总线（Token Bus）。这三种局域网的骨干网通常都采用光纤分布数据接口（FDDI）技术。它们遵循的标准是为 IEEE 802 标准系列（见表 3-1），被 ISO 作为国际标准，称之为 ISO 802 标准。

表 3-1　　　　　　　　　　　IEEE 802 标 准 系 列

标　准	主　要　内　容	标　准	主　要　内　容
IEEE 802.1	网络互操作	IEEE 802.7	宽带网
IEEE 802.2	逻辑链路控制	IEEE 802.8	光线网
IEEE 802.3	CSMA/CD 及以太网	IEEE 802.9	用于电话数据通信的接口
IEEE 802.4	令牌总线网	IEEE 802.10	局域网的安全技术
IEEE 802.5	令牌环网	IEEE 802.11	无线通信
IEEE 802.6	城域网 MAN	IEEE 802.12	100Base-VG

这些标准分成几个部分。802.1 标准对这组标准做了介绍并且定义了接口原语；802.2 标准描述了数据链路层的上部，使用了逻辑链路控制（Logical Link Control，LLC）协议；802.3～802.5 分别描述了 3 个局域网标准，分别是 CSMA/CD、令牌总线和令牌环标准。

3.2 IEEE 802.3 标准与以太网

一、以太网起源与发展

Ethernet 最初是由美国 Xerox 公司于 1975 年推出的一种局域网，它以无源电缆作为总线来传送数据，并以曾经在历史上表示传播电磁波的以太（Ether）来命名。1980 年 9 月，DEC、Intel、Xerox 公司合作公布了 Ethernet 物理层和数据链路层的规范，称为 DIX 规范。IEEE 802.3 是由美国电气与电子工程师协会（IEEE）在 DIX 规范基础上进行了修改而制定的标准，并由国际标准化组织（ISO）接收而成为 ISO 802.3 标准。严格来讲，以太网标准与 IEEE 802.3 标准并不完全相同，但人们通常都将 IEEE 802.3 就认为是以太网标准。目前它是国际上最流行的局域网标准之一。

采用 IEEE 802.3 标准最典型的网络是以太网。IEEE 802.3 标准为了能支持多种传输介质，在物理层为每种传输介质制定了相应的技术规范，这些标准主要有 10Base-5、10Base-2、10Base-T、10Base-F、100Base-T、1000Base-X、1000Base-T……从图 3-1 可以看出，以太网在介质访问控制 MAC 子层采用 CSMA/CD 方法，而物理层可以任意选取以上 IEEE 标准中的一种或多种的组合，构成局域网以太网的物理结构。表 3-2 列出了各标准的详细信息。

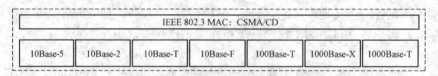

图 3-1　IEEE 802.3 标准

表 3-2　　　　　　　　　　　　　　　以太网技术标准

标　准	IEEE规范	时间（年）	速度bit/s	站数/网段	支持介质网段拓扑	网段长（m）	支持介质
10Base-5	802.3	1983	10M	100	总线型	500	50Ω 粗同轴电缆
10Base-2	802.3u	1988	10M	30	总线型	185	50Ω 粗同轴电缆
1Base-5	802.3c	1988	1M		星型	500	2 对 3 类双绞线
10Base-36	802.3b	1988	10M	100	总线	1800	75Ω 同轴电缆
10Base-T	802.3i	1990	10M	1024	星型	100	2 对 3 类双绞线
10Base-F	802.3i	1992	10M		星型	2000	多模光缆
100Base-T（TX/T4/FX）	802.3u	1995	100M		星型	100 / 100 / 2000	光缆
1000Base-X（CX/SX/LX）	802.3z	1998	1000M		星型 1000	25	双绞线
						550	多模光缆
						550/5000	多/单模光缆
10GBase-R/W/X	802.3ae	2002	10G				多/单模光缆

　　目前，以太网凭借其超过 80%的市场份额，在世界范围内的局域网市场上占有主导地位，传输速率也从原来的 10Mbit/s 发展到了 100、1000Mbit/s，更高传输速率的以太网技术正在研究和完善之中。

二、CSMA/CD 介质访问控制协议

　　国际标准 IEEE 802.3 采用的介质访问控制协议是载波监听多路访问/冲突检测协议 CSMA/CD（Carrier Sense Multiple Access/Collision Detection）。

　　CSMA/CD 就是利用冲突检测的方法来提高信道的利用率，可以形象地把 CSMA/CD 理解为"先听后说，边说边听"。

　　"先听后说"是指在发送数据之前先监听总线的状态。在以太网上，每个设备可以在任何时候发送数据。发送站在发送数据之前先要检测通信信道中的载波信号，如果检测到载波信号，说明没有其他站在发送数据，或者说信道上没有数据，该站可以发送；否则，说明信道上有数据，等待一个随机的时间后再重复检测，直到能够发送数据为止。当信号在传送时，每个站均检查数据帧中的目的地址字段，并依此判定是接收该帧还是忽略该帧。

　　由于数据在网中的传输需要时间，总线上可能会出现两个或两个以上的站点监听到总线上没有数据而发送数据帧，因此就会发生冲突。"边说边听"就是指在发送数据的过程同时检测总线上的冲突。冲突检测最基本的思想是一边将信息输送到传输介质上，一边从传输介质上接收信息，然后将发送出去的信息和接收的信息进行按位比较。如果两者一致，说明没有冲突；如果两者不一致，则说明总线上发生了冲突。一旦检出冲突以后，不必把数据帧全部发完，CSMA/CD 立即停止数据帧的发送，并向总线发送一串阻塞信号，让总线上其他各站均能感知冲突已经发生。总线上各站点"听"到阻塞信号以后，均等待一段随机的时间，然后再去重发受冲突影响的数据帧。这一段随机的时间通常由网卡中的一个算法来决定。

　　CSMA/CD 的优势在于站点无需依靠中心控制就能进行数据发送。当网络通信量较小时，冲突很少发生，这种介质访问控制方式是快速而有效的。当网络负载较重的时候，就容易出现冲突，网络性能也相应降低。如图 3-2 所示，对于基带总线而言，冲突的检测时间不会超过任意两个站之间最大的传输延迟时间的 2 倍。

　　在 CSMA/CD 算法中，当检测到冲突并发送完阻塞信号以后，为了降低再次冲突的概率，需要等待一个随机时间，然后再用 CSMA/CD 算法重新发送数据帧，如图 3-3 所示。为了决定这个随机时间，最常使用的退避算法称做二进制指数退避算法，即

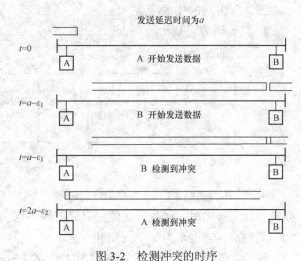

图 3-2　检测冲突的时序

$$T_N = R \times A \times 2N \tag{3-1}$$

式中：R 为随机数；A 是时间片（可选总线循环一周的时间）；N 是连续冲突的次数。

　　整个算法过程可以理解为：

　　（1）每个帧在首次发生冲突时的退避时间为 T_1；

（2）当重复发生一次冲突，则退避时间加倍；否则，组织重传数据帧；

（3）若超过最大重传次数，则该数据帧将不再重传，并报告出错。

这个算法中等待时间的长短与冲突的历史有关，一个数据帧遭遇的冲突次数越多，则等待时间越长，说明网上传输的数据量越大。由于在介质上传输的信号会出现衰减，为了正确地检测出冲突信号，以太网一般限制电缆的最大长度为500m。

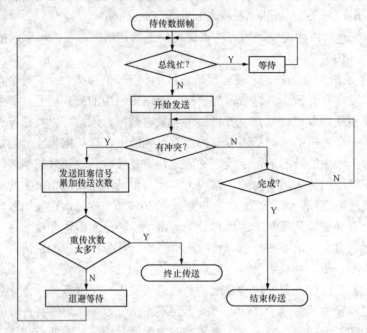

图 3-3　CSMA/CD 的传送流程

三、以太网的技术特点

1. 以太网的帧结构

以太网的帧结构如图 3-4 所示。

字节数	7	1	6	6	2	0~1500	4
	前导码	帧首定界符(SFD)	目的地址(DA)	源地址(SA)	帧长度/帧类型(L/T)	数据链路层协议数据单元(LLCPDU)	帧检验序列(FCS)

图 3-4　以太网的帧结构

前导码：它包括了 7 个字节的二进制"1"、"0"间隔的代码，即 1010…10 共 56 位。当帧在媒体上传输时，接收方就能建立起同步，因为在使用曼彻斯特编码情况下，这种"1"、"0"间隔的传输波形为一个周期性方波。

帧首定界符（SFD）：它是长度为 1 个字节的 10101011 二进制序列。此码表示一帧实际开始，以使接收器对实际帧的第一位定位。也就是说实际帧是由余下的 DA＋SA＋L＋LLCPDU＋FCS 组成。

目的地址（DA）：它说明了帧企图发往目的站的地址，共 6 个字节，可以是单址（最高位为 0，代表单个站）、多址（最高位为 1，代表一组站）或全地址（全"1"的地址，代表局域网上的所有站）。当目的地址出现多址时，即代表该帧被一组站同时接收，称为"组播"（Multicast）。当目的地址出现全地址时，即表示该帧被局域网上所有站同时接收，称为"广播"（Broadcast）。通常以 DA 的最高位来判断地址的类型，若最高位为"0"，则表示单址；为"1"，则表示多址或全地址，全地址时 DA 字段为全"1"代码。

源地址（SA）：它说明发送该帧站的地址，与 DA 一样占 6 个字节。

帧长度/帧类型 Length/Type（L/T）：共占 2 个字节。如果这个字段的值小于或等于 1500，那么该字段将用于指明 LLCPDU 的字节数；如果这个字段的值大于或等于 1536，那么 Length/Type 字段将用于指明 LLCPDU 的属性（即协议类型）。

数据链路层协议数据单元（LLCPDU）：它的范围处在 46～1500 字节之间。最小 LLCPDU 长度 46 字节是一个限制，目的是要求局域网上所有的站点都能检测到该帧，即保证网络工作正常。如果 LLCPDU 小于 46 个字节，则发送站的 MAC 子层会自动填充"0"代码补齐。

帧检验序列（FCS）：它处在帧尾，共占 4 个字节，是 32 位冗余检验码（CRC），检验除前导、SFD 和 FCS 以外的内容，即从 DA 开始至 DATA 完毕的 CRC 检验结果都反映在 FCS 中。当发送站发出帧时，一边发送，一边逐位进行 CRC 检验。最后形成一个 32 位 CRC 检验和填在帧尾 FCS 位置中一起在媒体上传输。接收站接收后，从 DA 开始同样边接收边逐位进行 CRC 检验。最后接收站形成的检验和若与帧的检验和相同，则表示媒体上传输帧未被破坏；反之，接收站认为帧被破坏，则会通过一定的机制要求发送站重发该帧。

那么一个帧的长度为

DA＋SA＋L＋LLCPDU＋FCS＝6＋6＋2＋（46～1500）＋4＝64～1518（字节）

即当 LLCPDU 为 46 个字节时，帧最小，帧长为 64 字节；当 LLCPDU 为 1500 字节时，帧最大，帧长为 1518 字节。

2. 拓扑结构

以太网的拓扑结构可分为总线型、星型。

总线型：所需的电缆较少，价格便宜，管理成本高，但是不易隔离故障点，采用共享的访问机制，易造成网络拥塞。早期以太网多使用总线型的拓扑结构，采用同轴电缆作为传输介质，连接简单，通常在小规模的网络中不需要专用的网络设备，但由于它存在的固有缺陷，已经逐渐被以集线器和交换机为核心节点的星型网络所代替。

星型：管理方便，容易扩展，需要专用的网络设备作为网络的核心节点，需要更多的网线，对核心设备的可靠性要求高。采用专用的网络设备（如集线器或交换机）作为核心节点，通过双绞线将局域网中的各台主机连接到核心节点上，这就形成了星型结构。星型结构网络虽然需要的线缆比总线型多，但布线和连接器比总线型的要便宜。此外，星型拓扑可以通过级联的方式很方便地将网络扩展到很大的规模，因此得到了广泛的应用，被绝大部分的以太网所采用。

3. 以太网的跨距

以太网系统的跨距表示了系统中任意两个站点之间的最大距离范围，媒体访问控制方式 CSMA/CD 约束了整个共享型快速以太网系统的跨距。

以太网的碰撞时间（Slot Time）为

$$Slot\ time \approx 2S/0.7c + 2t_{PHY}$$

式中：S 为以太网的跨距；t_{PHY} 为以太网信号在线缆上的传输延时；c 为光速，$c=3\times10^8$m/s。

如果考虑一段媒体上配置了中继器，且中继器的数量为 N，设一个中继器的延时为 t_r，则有

$$\text{Slot time}\approx2S/0.7c+2t_{PHY}+2N\times t_r$$

如果 $\text{Slot time}=L_{min}/R$，$L_{min}$ 称为最小帧长度，R 为传输速率，则系统跨距 S 的表达式为

$$S\approx0.35c\ (L_{min}/R-2t_{PHY}-2Nt_r)$$

式中：$L_{min}=64B=512bit$；$c=3\times10^8$m/s；在 10Mbit/s 以太网环境中，$R=10\times10^6$bit/s，在 100Mbit/s 以太网环境中，$R=100\times10^6$bit/s。

4. 传输介质

以太网可以采用多种连接介质，包括同轴电缆、双绞线和光纤等。其中双绞线多用于从主机到集线器或交换机的连接，而光纤则主要用于交换机间的级联和交换机到路由器间的点到点链路上。同轴电缆作为早期的主要连接介质已经逐渐趋于淘汰。

5. 接口的工作模式

以太网卡可以工作在两种模式下，即半双工和全双工。

半双工：半双工传输模式实现以太网载波监听多路访问冲突检测。传统的共享 LAN 是在半双工模式下工作的，在同一时间只能传输单一方向的数据。当两个方向的数据同时传输时，就会产生冲突，这会降低以太网的效率。

全双工：全双工传输是采用点对点连接，这种安排没有冲突，因为它们使用双绞线中两个独立的线路，这等于没有安装新的介质就提高了带宽。在全双工模式下，冲突检测电路不可用，因此每个全双工连接只用一个端口，用于点对点连接。标准以太网的传输效率可达到 50%～60% 的带宽，全双工在两个方向上都提供 100% 的效率。

6. 冲突/冲突域

冲突（Collision）：在以太网中，当两个数据帧同时被发到物理传输介质上，并完全或部分重叠时，就发生了数据冲突。当冲突发生时，物理网段上的数据都不再有效。

在同一个冲突域中的每一个节点都能收到所有被发送的帧。

冲突是影响以太网性能的重要因素，由于冲突的存在使得传统的以太网在负载超过 40% 时，效率将明显下降。产生冲突的原因很多，同一冲突域中节点的数量越多，产生冲突的可能性就越大。此外，诸如数据分组的长度（以太网的最大帧长度为 1518B）、网络的直径等因素也会影响冲突的产生。因此，当以太网的规模增大时，就必须采取措施来控制冲突的扩散。通常的办法是使用网桥和交换机将网络分段，将一个大的冲突域划分为若干小冲突域。

四、以太网的分类

1. 标准以太网

以太网产生之初，只有 1Mbit/s 和 10Mbit/s 的吞吐量，使用的是带有冲突检测的载波侦听多路访问（Carrier Sense Multiple Access/Collision Detection，CSMA/CD）的访问控制方法，由于 1Mbit/s 的以太网应用较少，一般都把早期的 10Mbit/s 以太网称之为标准以太网。

标准以太网可以使用粗同轴电缆、细同轴电缆、非屏蔽双绞线、屏蔽双绞线和光纤等多种传输介质进行连接，并且在 IEEE 802.3 标准中，为不同的传输介质制定了不同的物理层标准，在这些标准名称中前面的数字表示传输速度，单位是"Mbit/s"，最后的一个数字表示单段网线长度（基准单位是 100m），Base 表示"基带"的意思，Broad 代表"带宽"。

（1）10Base-5 标准： 使用直径为 0.4in、阻抗为 50Ω 的粗同轴电缆，也称粗缆以太网，最大网段长度为 500m，基带传输方法，拓扑结构为总线型。10Base-5 组网主要硬件设备有粗同轴电缆、带有 AUI 插口的以太网卡、中继器、收发器、收发器电缆、终结器等。

（2）10Base-2 标准： 使用直径为 0.2in、阻抗为 50Ω 的细同轴电缆，也称细缆以太网，最大网段长度为 185m，基带传输方法，拓扑结构为总线型。10Base-2 组网主要硬件设备有细同轴电缆、带有 BNC 插口的以太网卡、中继器、T 形连接器、终结器等。

（3）10Base-T 标准：使用双绞线电缆，最大网段长度为 100m，拓扑结构为星型。10Base-T 组网主要硬件设备有 3 类或 5 类非屏蔽双绞线、带有 RJ-45 插口的以太网卡、集线器、交换机、RJ-45 插头等。

（4）1Base-5 标准：使用双绞线电缆，最大网段长度为 500m，传输速度为 1Mbit/s。

（5）10Broad-36 标准：使用同轴电缆（RG-59/U CATV），网络的最大跨度为 3600m，网段长度最大为 1800m，是一种宽带传输方式。

（6）10Base-F 标准：使用光纤传输介质，传输速率为 10Mbit/s。

2. 快速以太网

随着网络的发展,传统标准的以太网技术已难以满足日益增长的网络数据流量速度需求。在 1993 年 10 月以前，对于要求 10Mbit/s 以上数据流量的 LAN 应用，只有光纤分布式数据接口（FDDI）可供选择，但它是一种价格非常昂贵的、基于 100Mbit/s 光缆的 LAN。1993 年 10 月，Grand Junction 公司推出了世界上第一台快速以太网集线器 Fastch10/100 和网络接口卡 FastNIC100，快速以太网（Fast Ethernet）技术正式得以应用。随后 Intel、SynOptics、3COM、BayNetworks 公司等也相继推出自己的快速以太网装置。与此同时，IEEE 802 工程组也对 100Mbit/s 以太网的各种标准，如 100Base-TX、100Base-T4、MII、中继器、全双工等标准进行了研究。1995 年 3 月 IEEE 宣布了 IEEE 802.3u 100Base-T 快速以太网标准，就这样开始了快速以太网的时代。

快速以太网与原来在 100Mbit/s 带宽下工作的 FDDI 相比具有许多的优点,最主要体现在快速以太网技术可以有效地保障用户在布线基础设施上的投资，支持 3、4、5 类双绞线以及光纤的连接，能有效地利用现有的设施。 快速以太网的不足其实也是以太网技术的不足,那就是快速以太网仍是基于 CSMA/CD 技术，当网络负载较重时，会造成效率的降低，当然这可以使用交换技术来弥补。

100Mbit/s 快速以太网标准又分为 100Base-TX 、100Base-FX、100Base-T4 三个子类。

（1）100Base-TX 标准：是一种使用 5 类数据级无屏蔽双绞线或屏蔽双绞线的快速以太网技术；它使用两对双绞线，一对用于发送，一对用于接收数据；在传输中使用 4B/5B 编码方式，信号频率为 125MHz。符合 EIA586 的 5 类布线标准和 IBM 的 SPT 1 类布线标准；使用同 10Base-T 相同的 RJ-45 连接器；它的最大网段长度为 100m，支持全双工的数据传输。

（2）100Base-FX 标准：是一种使用光缆的快速以太网技术，可使用单模和多模光纤（62.5μm 和 125μm）。多模光纤连接的最大距离为 550m，单模光纤连接的最大距离为 3000m。在传输中使用 4B/5B 编码方式，信号频率为 125MHz。它使用 MIC/FDDI 连接器、ST 连接器或 SC 连接器。它的最大网段长度为 150、412、2000m 或更长至 10km，这与所使用的光纤类型和工作模式有关。它支持全双工的数据传输。100Base-FX 特别适合于有电气干扰的环境、较大距离连接或高保密环境等情况下使用。

（3）100Base-T4 标准：是一种可使用 3、4、5 类无屏蔽双绞线或屏蔽双绞线的快速以太网技术；使用 4 对双绞线，其中的三对用于在 33MHz 的频率上传输数据，每一对均工作于半双工模式，第四对用于 CSMA/CD 冲突检测；在传输中使用 8B/6T 编码方式，信号频率为 25MHz，符合 EIA586 结构化布线标准。它使用与 10Base-T 相同的 RJ-45 连接器，最大网段长度为 100m。

3. 千兆以太网

千兆以太网（又叫 Gigabit Ethernet，吉特网）技术作为最新的高速以太网技术，给用户带来了提高核心网络的有效解决方案。这种解决方案的最大优点是继承了传统以太网技术价格便宜的优点。

千兆以太网技术仍然是以太网技术，采用了与 10Mbit/s 以太网相同的帧格式、帧结构、网络协议、全/半双工工作方式、流控模式以及布线系统。由于该技术不改变传统以太网的桌面应用、操作系统，因此可与 10Mbit/s 或 100Mbit/s 的以太网很好地配合工作。升级到千兆以太网不必改变网络应用程序、网管部件和网络操作系统，能够最大限度地保护投资。

为了能够侦测到 64B 资料框的碰撞，千兆以太网所支持的距离更短。千兆以太网支持的网络类型见表 3-3 所列。

表 3-3　　　　　　　　　　　　　千兆以太网支持的网络类型

标　准	传　输　介　质	距　离（m）
1000Base-CX	150Ω 铜质屏蔽双绞线	25
1000Base-T	铜质 EIA/TIA5 类（UTP）非屏蔽双绞线 4 对	100
1000Base-SX	多模光纤，50/62.5μm 光纤，使用波长为 850nm 的激光	220～550
1000Base-LX	单模光纤，9μm 光纤，使用波长为 1300nm 的激光	2k/15k

千兆以太网技术有两个标准：IEEE 802.3z 和 IEEE 802.3ab。IEEE 802.3z 制定了光纤和短程铜线连接方案的标准。IEEE 802.3ab 制定了 5 类双绞线上较长距离连接方案的标准。

（1）IEEE 802.3z 标准。IEEE 802.3z 工作组负责制定光纤（单模或多模）和同轴电缆的全双工链路标准。IEEE 802.3z 标准定义了基于光纤和短距离铜缆的 1000 Base-X，采用 8B/10B 编码技术，信道传输速率为 1.25Gbit/s，去耦后实现 1000Mbit/s 传输速率。

IEEE 802.3z 具有下列标准。

1）1000Base-SX 标准：只支持多模光纤，可以采用直径为 62.5μm 或 50μm 的多模光纤，工作波长为 770～860nm，传输距离为 220～550m。

2）1000Base-LX 标准：可以采用直径为 62.5μm 或 50μm 的多模光纤，工作波长范围为 1270～1355nm，传输距离为 550m；可以支持直径为 9μm 或 10μm 的单模光纤，工作波长范围为 1270～1355nm，传输距离为 5km 左右。

3）1000Base-CX 标准：采用 150Ω 屏蔽双绞线（STP），传输距离为 25m。

4）1000Base-T 标准：采用铜质 5 类无屏蔽双绞线，传输距离为 100m。

（2）IEEE 802.3ab 标准。IEEE 802.3ab 工作组负责制定基于 UTP 的半双工链路的千兆以太网标准，产生 IEEE 802.3ab 标准及协议。IEEE 802.3ab 标准定义基于 5 类 UTP 的 1000Base-T 标准，其目的是在 5 类 UTP 上以 1000Mbit/s 速率传输 100m。

IEEE 802.3ab 标准的意义主要有两点。

1）保护用户在 5 类 UTP 布线系统上的投资。

2）1000Base-T 是 100Base-T 的自然扩展，与 10Base-T、100Base-T 完全兼容。

不过，在 5 类 UTP 上达到 1000Mbit/s 的传输速率需要解决 5 类 UTP 的串扰和衰减问题，因此，IEEE 802.3ab 工作组的开发任务要比 IEEE 802.3z 工作组复杂些。

4. 万兆以太网

万兆以太网规范包含在 IEEE 802.3 标准的补充标准 IEEE 802.3ae 中，扩展了 IEEE 802.3 协议和 MAC 规范，使其支持 10Gbit/s 的传输速率。除此之外，通过 WAN 界面子层（WAN Interface Sublayer，WIS），万兆以太网也能被调整为较低的传输速率，如 9.584640 Gbit/s（OC-192），这就允许万兆以太网设备与同步光纤网络（SONET）STS -192c 传输格式相兼容。

（1）10GBase-SR 和 10GBase-SW 标准主要支持短波（850 nm）多模光纤（MMF），光纤距离为 2～300m。10GBase-SR 主要用于支持"暗光纤（dark fiber）"，暗光纤是指没有光传播并且不与任何设备连接的光纤。10GBase-SW 主要用于连接 SONET 设备，它应用于远程数据通信。

（2）10GBase-LR 和 10GBase-LW 标准主要支持长波（1310nm）单模光纤（SMF），光纤距离为 2m～10km（约 32808ft）。10GBase-LW 标准主要用于连接 SONET 设备，10GBase-LR 则用于支持暗光纤。

（3）10GBase-ER 和 10GBase-EW 标准主要支持超长波（1550nm）单模光纤（SMF），光纤距离为 2m～40km（约 131233ft）。10GBase-EW 标准主要用于连接 SONET 设备，10GBase-ER 标准则用于支持暗光纤。

（4）10GBase-LX4 标准采用波分复用技术，在单对光缆上以 4 倍光波长发送信号，系统运行在 1310nm 的多模或单模暗光纤方式下。该系统的设计目标是针对 2～300m 的多模光纤模式或 2m～10km 的单模光纤模式。

五、自协商技术

在以太网发展到快速以太网（100 Mbit/s）时，为了实现与 10 Mbit/s 以太网设备的混合通信，提出了自协商概念。自协商允许两个站点，即使在以太网设备不同时，能自动以最优性能进行通信，包括速率 （10/100 Mbit/s ）和双工模式（半/全双工）。 发展到当前正在兴起的千兆以太网时，以太网设备支持的通信容量（可以实现的通信性能）更是多种多样，自协商的协商内容也随之增加。

自协商是指本端设备在连接初期自动向对端设备发送信息通知自己的通信容量，同时检测对方端口的通信容量，协商一种双方可以接收的最大通信容量进行通信。对于以太网端口，自协商的协商优先级一般为 1000Base-T Full Duplex >1000Base-T Half Duplex >100Base-T Full Duplex >100Base-T Half Duplex>10Base-T Full Duplex >10Base-T Half Duplex。

自协商内容包括速率（（10/100/1000 Mbit/s）自协商和双工（半/全双工）模式协商；另外在千兆以太网中为了控制高速数据流的发送与接收，还增加了对称/非对称 Pause 流控制的内容。

1. 自协商帧结构

自协商支持的发送数据包含 3 种 page，即 Base page、Message page、Unformatted page。Base page 包含连续的预先定义好的 FLPs （ 快速连接脉冲）。Base page 总是第一个发送的，

表示自协商的开始，同时用来判定连接方的容量；如果设备支持 1000 Base-T，则还必须包括 Unformatted page，因为 1000Base-T 连接只能通过 Unformatted page 交换建立。Unformatted page 有两种格式，即 Message page 和 Unformatted page。在 Next Page 发送中，Message page 格式必须先发送。

（1）Base page 帧结构。不同速率的以太网设备具有不同帧结构的 Base page，但是其格式基本相同。图 3-5 所示的是配置寄存器的 Base page 帧结构，即 Config_Reg Base page。配置寄存器从本端设备传输或从对端设备接收的编码都封装在 Base page 内，其中"rsvd"表示保留位并设置为逻辑零。

D0	D1	D2	D3	D4	D5	D6	D7	D8	D9	D10	D11	D12	D13	D14	D15
rsvd					FD	HD	PS1	PS2	rsvd			RF1	RF2	ACK	NP

图 3-5　Base page 帧格式

（2）Next page 帧结构。Next page 帧结构有两种格式，即 Message page 和 Unformatted page，如图 3-6 所示。到底是哪种格式取决于帧结构中的 D13，即 MP 位的值。如果 MP 位为逻辑 1，则<D10：D0>编码域为 Message Code Field，Next page 的格式为 Message page；如果 MP 位为逻辑 0，则<D10：D0>编码域则为 Unformatted Code Field，相应的 Next page 的格式为 Unformatted page。

D0	D1	D2	D3	D4	D5	D6	D7	D8	D9	D10	D11	D12	D13	D14	D15
M0	M1	M2	M3	M4	M5	M6	M7	M8	M9	M10	T	Ack2	MP	Ack	NP

(a)

D0	D1	D2	D3	D4	D5	D6	D7	D8	D9	D10	D11	D12	D13	D14	D15
U0	U1	U2	U3	U4	U5	U6	U7	U8	U9	U10	T	Ack2	MP	Ack	NP

(b)

图 3-6　Next page 帧格式
(a) Message page；(b) Unformatted page

2. 快速连接脉冲 FLP

自协商机制主要包括接收、仲裁和传输 FLP 三种行为。如果设备只支持一种速率和双工，那么该设备只向外传输带有该种速率和双工信号的连接信息；如果设备支持多种速率，那么该设备就发送 FLPs。

具备自协商能力的端口在没有连接的情况下，每个网络设备在上电、管理命令发出、或是用户干预时发出 FLP，协商信息封装在这些 FLP 序列中。FLP 中包含着自己的连接能力信息，包括支持的速率能力、双工能力、流控能力等，这个连接能力是从协商能力寄存器中得到的。

如图 3-7 所示，一个 FLP 突发包含 33 个脉冲位置。其中 17 个奇数位置脉冲为时钟脉冲，时钟脉冲总是存在的；16 个偶数位置脉冲用来表示数据：此位置有脉冲表示 1，没有脉冲表示 0。这样 1 个 FLP 就是一个 16bit 的脉冲（LCW），从而可以传输 16bit 的数据。自协商交互数据就这样通过物理线路被传输，如图 3-8 所示。

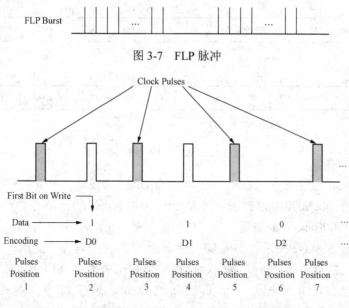

图 3-7　FLP 脉冲

图 3-8　FLP 和 NLP

图 3-9 所示为 Base LCW 的结构。在 Base LCW 字中，D0～D4 表示采用何种标准（802.3 标准或 802.9 标准）。D5～D11 表示协商的能力，有 10Mbit/s/100Mbit/s 的半双工和全双工，是否发 PAUSE 等协商信息。D12 目前被定义成"Extended Next Pages"，旨在给 10GBase-T 使用。D13、D14 和 D15 分别表示 Remote Fault、Acknowledge 和 Next Page 信息。当链路协商不成功时 RF 被置 1，当 LCW 成功协商后被清零；在成功收到三个同样的 LCW 后，设备将发送一个 ACK 置 1 的 LCW 字；当有下一页的协商需求时 NP 被置 1。一次成功的协商 LCW 至少应该被传输 6～8 次。

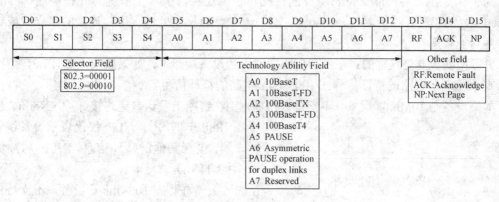

图 3-9　Base LCW 的格式

当 Base LCW 字中的 NP 被置 1 时，要求传输下一个 LCW，这种应用目前主要是用在 1000Base-T 的协商；协商 1000Base-T 时，要求双方都把 Base LCW 字中的 NP 置 1，以便双方继续就下一页进行协商。Next Page 协议由一个信息页 MP 和一个或多个 unformatted page 组成。这些页具有同 Base LCW 一样的格式，也在 FLPs 中发送。MP 和 UP 的格式如图 3-10 所示。

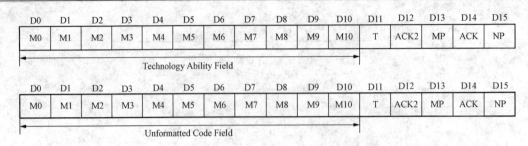

图 3-10　MP 和 UP 的格式

1000Base-T 设备通过 Base LCW、MP 和两个 UP 来协商速率、双工和主从信息：当 MP 字中的 M10~M0：00000001000 时表示将要发送 1000Base-T 协商信息。当 MP8 发送以后，第一个 UP 包含 1000Base-T 的协商信息，同时也包括 master/slave 位；第二个 UP 通过发送 seed 来确认 master 和 slave 关系（如果 UP1 中 master/slave 位有冲突的话）。

如果两端都支持自协商，则都会接收到对方的 FLP，并且把 FLP 中的信息解码出来，得到对方的连接能力，并且把对端的自协商能力值记录在自协商对端能力寄存器中（Auto-Negotiation Link Partner Ability Register，PHY 标准寄存器地址 5）；同时把状态寄存器（PHY 标准寄存器地址 1）的自协商完成 bit（bit5）置成 1。在自协商未完成的情况下，这个 bit 一直为 0。

然后各自根据自己和对方的最大连接能力，选择最好的连接方式。比如，如果双方都是既支持 10Mbit/s 也支持 100Mbit/s，则速率按照 100Mbit/s 连接；若双方都是既支持全双工也支持半双工，则按照全双工连接。一旦连接建立，FLP 就停止发送。直到链路中断，或者得到自协商 Restart 命令时，才会再次发送 FLP。

3. 并行检测机制

为了保证在对端不能支持自协商的情况下也能连接，引入了被称为并行检测（Parallel Detection）的机制。在一端打开自协商，另一端关闭自协商的情况下，连接的建立就依靠并行检测功能实现。

并行检测机制是这样的：在具有自协商能力的设备端口上，如果接收不到 FLP，则检测是否有 10Mbit/s 链路的特征信号或 100Mbit/s 链路的特征信号。

如果设备是 10Mbit/s 设备，不支持自协商，则在链路上发送普通连接脉冲（Normal Link Pulse，NLP）。NLP 仅仅表示设备在位，不包含其他的额外信息。NLP 脉冲如图 3-11 所示。

NLPs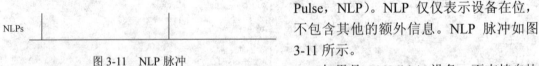

图 3-11　NLP 脉冲

如果是 100Mbit/s 设备，不支持自协商，则在没有数据的情况下，在链路上一直发送 4B/5B 编码 Idle 符号。并行检测机制如果检测到 NLP，则知道对方支持 10Mbit/s 速率；如果检测到 4B/5B 编码的 Idle 符号，则知道对方支持 100Mbit/s 速率。但是对方是否支持全双工，是否支持流控帧这些信息是无法得到的。因此在这种情况下，认为对方只支持半双工，不支持全双工，且不支持流控帧。基于以上原理，在对端不打开自协商时，打开自协商的一方只能协商成半双工模式。

802.3 协议规定，通过并行检测建立连接后，PHY 的状态寄存器（PHY 标准寄存器地址 1）的自协商完成 bit（bit5）依然要置位成 1，尽管链路上并非使用了真正的自协商操作。802.3

协议同时规定，在自协商完成 bit 为 1 的情况下，本地自协商能力寄存器（PHY 标准寄存器地址 4）和对端自协商能力寄存器（PHY 标准寄存器地址 5）是有意义的。所以，要把寄存器 5 中的数据更新。如果建立的连接为 10Mbit/s，则寄存器 5 的 10Mbit/s 能力 bit（bit5）置 1，其他 bit 置 0，表示对端只能支持 10Mbit/s 半双工；如果建立的连接为 100Mbit/s，则寄存器 5 的 100Mbit/s 能力 bit（bit7）置 1，其他 bit 置 0，表示对端只能支持 100Mbit/s 半双工。

六、共享式以太网与交换式以太网

1. 共享式以太网

以太网诞生之初，10Mbit/s 的传输速率远远超出了当时计算机的需要和性能，所以在传统以太网上的各个站点共享 10Mbit/s 带宽，这就是所谓的共享式以太网。

共享式以太网的典型代表是使用 10Base-2/10Base-5 的总线型网络和以集线器为核心的星型网络的以太网。在使用集线器的以太网中，集线器将很多以太网设备集中到一台中心设备上，这些设备都连接到集线器中的同一物理总线结构中。从本质上讲，以集线器为核心的以太网同原先的总线型以太网无根本区别。

集线器并不处理或检查其上的通信量，仅通过将一个端口接收的信号重复分发给其他所有端口来扩展物理介质。所有连接到集线器的设备共享同一介质，其结果是它们也共享同一冲突域、广播和带宽。因此集线器和它所连接的设备组成了一个单一的冲突域。如果一个节点发出一个广播信息，集线器会将这个广播信息传播给所有同它相连的节点，因此它也是一个单一的广播域。

集线器多用于小规模的以太网，由于集线器一般使用外接电源（有源），对其接收的信号有放大处理，在某些场合，集线器也被称为"多端口中继器"。集线器同中继器一样都是工作在物理层的网络设备。

共享式以太网存在的弊端是：由于所有的节点都接在同一冲突域中，不管一个帧从哪里来或到哪里去，所有的节点都能接收到这个帧；随着节点的增加，大量的冲突将导致网络性能急剧下降；而且集线器同时只能传输一个数据帧，这意味着集线器所有端口都要共享同一带宽。

2. 交换式以太网

交换式以太网是以交换式集线器（Switching Hub）或交换机（Switch）为核心设备而建立起来的一种高速网络，这种网络在近几年运用得非常广泛。

交换式以太网能同时提供多个通道，通过交换机在源端口和交换设备的目标端口间提供一个直接快速的点到点连接，通过网络分段有效增加了每个网段的带宽和吞吐量，使共享带宽变成了专用带宽。

传统的共享式 10Mbit/s/100Mbit/s 以太网采用广播式通信方式，每次只能在一对用户间进行通信，如果发生碰撞还得重试；而交换式以太网允许不同用户间进行传送，比如，一个 16 端口的以太网交换机允许 16 个站点在 8 条链路间通信。

交换机是交换式以太网的关键核心设备。以太网交换机的原理很简单，可概括为：

（1）交换机根据收到数据帧中的源 MAC 地址建立该地址同交换机端口的映射，将其写入 MAC 地址表中；

（2）交换机将数据帧中的目的 MAC 地址同已建立的 MAC 地址表进行比较，以决定由哪个端口进行转发；

（3）如数据帧中的目的 MAC 地址不在 MAC 地址表中，则向所有端口转发。这一过程称之为泛洪（flood）。广播帧和组播帧向所有的端口转发。

因此，交换机有以下三个主要功能。

（1）学习：以太网交换机了解每一端口相连设备的 MAC 地址，并将地址同相应的端口映射起来存放在交换机缓存中的 MAC 地址表中。

（2）转发/过滤：当一个数据帧的目的地址在 MAC 地址表中有映射时，它被转发到连接目的节点的端口而不是所有端口（如该数据帧为广播/组播帧，则转发至所有端口）。

（3）消除回路：当交换机包括一个冗余回路时，以太网交换机通过生成树协议避免回路的产生，同时允许存在后备路径。

交换机的每一个端口所连接的网段都是一个独立的冲突域，但交换机所连接的设备仍然在同一个广播域内，也就是说，交换机不隔绝广播（唯一的例外是在配有 VLAN 的环境中）。

交换机依据帧头的信息进行转发，因此认为交换机是工作在数据链路层的网络设备。

依照交换机处理帧的不同的操作模式，主要可分为三类。

（1）直通式：直通式的以太网络交换机可以理解为在各端口间是纵横交叉的线路矩阵电话交换机。它在输入端口检测到一个数据包时，检查该包的包头，获取包的目的地址，启动内部的动态查找表转换成相应的输出端口，在输入与输出交叉处接通，把数据包直通到相应的端口，实现交换功能。其优点是：由于不需要存储，延迟（Latency）非常小、交换非常快。其缺点是：因为数据包的内容并没有被以太网络交换机保存下来，所以无法检查所传送的数据包是否有误，不能提供错误检测能力；由于没有缓存，不能将具有不同速率的输入/输出端口直接接通；而且，当以太网络交换机的端口增加时，交换矩阵变得越来越复杂，实现起来相当困难。

（2）存储转发式：存储转发式是计算机网络领域应用最为广泛的方式，它把输入端口的数据包先存储起来，然后进行 CRC 检查，在对错误包进行处理后才取出数据包的目的地址，通过查找表转换成输出端口，送出包。其优点是：可以对进入交换机的数据包进行错误检测；尤其重要的是它可以支持不同速率的输入/输出端口间的转换，保持高速端口与低速端口间的协同工作。其缺点是存储转发式在进行数据处理时延迟大。

（3）自适应式（直通/存储转发）：这种方式中的交换机根据网络的状况自动更换数据交换方式。当网络性能好时，单位时间内出错的帧的概率小于某个阈值，采用"直通"的交换方式；当网络性能差时，单位时间内出错的帧的概率大于某个阈值，采用"存储转发"的交换方式。其特点是可以提高交换机的数据交换速率。

七、虚拟网技术

随着以太网技术的普及，以太网的规模也越来越大，从小型的办公环境到大型的园区网络，网络管理变得越来越复杂。首先，在采用共享介质的以太网中，所有节点位于同一个冲突域中，同时也位于同一个广播域中，即一个节点向网络中某些节点的广播会被网络中所有的节点所接收，造成很大的带宽资源和主机处理能力的浪费。为了解决传统以太网的冲突域问题，采用了交换机来对网段进行逻辑划分。交换机虽然能解决冲突域问题，却不能克服广播域问题。例如，一个 ARP 广播就会被交换机转发到与其相连的所有网段中，当网络上有大量这样的广播存在时，不仅是对带宽的浪费，还会因过量的广播而产生广播风暴，当交换网络规模增加时，网络广播风暴问题还会更加严重，并可能因此导致网络瘫痪。其次，在传统的以太网中，同一个物理网段中的节点也就是一个逻辑工作组，不同物理网段中的节点是不能直接相互通信的。这样，当用户由于某种原因在网络中移动但同时还要继续原来的逻辑工作组时，就必须进行新的网络连接乃至重新布线。

为了解决上述问题，虚拟局域网（Virtual Local Area Network，VLAN）应运而生。虚拟局域网是以局域网交换机为基础，通过交换机软件实现根据功能、部门、应用等因素将设备或用户组成虚拟工作组或逻辑网段的技术。其最大的特点是在组成逻辑网时无须考虑用户或设备在网络中的物理位置。VLAN 可以在一个交换机上或者跨交换机实现。

1996 年 3 月，IEEE 802 委员会发布了 IEEE 802.1Q VLAN 标准。目前，该标准得到全世界重要网络厂商的支持。

在 IEEE 802.1Q 标准中对虚拟局域网（VLAN）是这样定义的：虚拟局域网是由一些局域网网段构成的与物理位置无关的逻辑组，而这些网段具有某些共同的需求。每一个 VLAN 的帧都有一个明确的标识符，指明发送这个帧的工作站是属于哪一个 VLAN。利用以太网交换机可以很方便地实现虚拟局域网。虚拟局域网其实只是局域网给用户提供的一种服务，并不是一种新型局域网。

1. VLAN 的分类

（1）基于交换端口的 VLAN。这种方式是把局域网交换机的某些端口的集合作为 VLAN 的成员。这些集合有时只在单个局域网交换机上，有时则跨越多台局域网交换机。虚拟局域网的管理应用程序根据交换机端口的标识 ID，将不同的端口分到对应的分组中，分配到一个 VLAN 的各个端口上的所有站点都在一个广播域中，它们相互之间可以通信，不同的 VLAN 站点之间进行通信需经过路由器来进行。基于这种方式的 VLAN 的优点在于简单，容易实现，从一个端口发出的广播直接发送到 VLAN 内的其他端口，也便于直接监控。它的缺点是自动化程度低，灵活性不好。比如，不能在给定的端口上支持一个以上的 VLAN；一个网络站点从一个端口移动到另一个新的端口时，如果新端口与旧端口不属于同一个 VLAN，则用户必须对该站点重新进行网络地址配置。

（2）基于 MAC 地址的 VLAN。这种方式的 VLAN 要求交换机对站点的 MAC 地址和交换机端口进行跟踪，在新站点入网时，根据需要将其划归至某一个 VLAN。不论该站点在网络中怎样移动，由于其 MAC 地址保持不变，因此用户不需要对网络地址重新配置。所有的用户必须明确地分配给一个 VLAN，在这个初始化工作完成后，对用户的自动跟踪才成为可能。在一个大型网络中，网络管理人员要将每个用户一一划分到某一个 VLAN 中，这一过程是十分繁琐的。

（3）基于网络层协议的 VLAN。这种划分 VLAN 的方式是根据每个主机的网络层地址或协议类型（如果支持多协议）划分的。虽然这种划分方法可能是根据网络地址，比如 IP 地址，但它不是路由，不要与网络层的路由混淆。它虽然查看每个数据包的 IP 地址，但由于不是路由，所以，没有 RIP、OSPF 等路由协议，而是根据生成树算法进行桥交换。

这种方式的优点是用户的物理位置改变了，不需要重新配置他所属的 VLAN，而且可以根据协议类型来划分 VLAN，这对网络管理者来说很重要。还有，这种方式不需要附加的帧标签来识别 VLAN，可以减少网络的通信量。这种方式的缺点是效率低，因为检查每一个数据包的网络层地址是很费时的（相对于前面两种方法），一般的交换机芯片都可以自动检查网络上数据包的以太网帧头，但要让芯片能检查 IP 帧头需要更高的技术，同时也更费时。当然，这也跟各个厂商的实现方法有关。

（4）基于 IP 组播的 VLAN。IP 组播实际上也是一种 VLAN 的定义，即认为一个组播组就是一个 VLAN。这种划分的方式将 VLAN 扩大到了广域网，因此这种方式具有更大的灵活性，而且也很容易通过路由器进行扩展。当然这种方式不适合局域网，主要是效率不高，对于局域网的组播，有两层组播协议 GMRP。

2. VLAN 的实现

从实现的方式上看，所有 VLAN 均是通过交换机软件实现的。从实现的机制或策略划分，VLAN 分为静态 VLAN 和动态 VLAN。

（1）静态 VLAN。在静态 VLAN 中，由网络管理员根据交换机端口进行静态的 VLAN 分配，当在交换机上将其某一个端口分配给一个 VLAN 时，将一直保持不变直到网络管理员改变这种配置，所以又被称为基于端口的 VLAN。基于端口的 VLAN 配置简单，网络的可监控性强，但缺乏足够的灵活性，当用户在网络中的位置发生变化时，必须由网络管理员将交换机端口重新进行配置。所以静态 VLAN 比较适合用户或设备位置相对稳定的网络环境。

（2）动态 VLAN。动态 VLAN 是指以联网用户的 MAC 地址、逻辑地址（如 IP 地址）或数据包协议等信息为基础将交换机端口动态分配给 VLAN 的方式。当用户的主机连入交换机端口时，交换机通过检查 VLAN 管理数据库中相应的关于 MAC 地址、逻辑地址（如 IP 地址）或数据包协议的表项，以相应的数据库表项内容动态地配置相应的交换机端口。以基于 MAC 地址的动态 VLAN 为例，网络管理员首先需要在 VLAN 策略服务器上配置一个关于 MAC 地址与 VLAN 划分映射关系的数据库，当交换机初始化时将从 VLAN 策略服务器上下载关于 MAC 地址与 VLAN 划分关系的数据库文件，此时，若有一台主机连接到交换机的某个端口时，交换机将会检测该主机的 MAC 地址信息，然后查找 VLAN 管理数据库中的 MAC 地址表项，用相应的 VLAN 配置内容来配置这个端口。这种机制的好处在于只要用户的应用性质不变，并且其所使用的主机不变（严格地说，是使用的网卡不变），则用户在网络中移动时，并不需要对网络进行额外配置或管理。在使用 VLAN 管理软件建立 VLAN 管理数据库和维护该数据库时需要做大量的管理工作。总之，不管以何种机制实现，分配给同一个 VLAN 的所有主机共享一个广播域，而分配给不同 VLAN 的主机将不会共享广播域。也就是说，只有位于同一个 VLAN 中的主机才能直接相互通信，而位于不同 VLAN 中的主机之间是不能直接相互通信的。

3. VLAN 的优点

VLAN 具有以下优点。

（1）减少了移动和改变的代价，即所说的 VLAN 为动态管理网络，也就是当一个用户从一个位置移动到另一个位置时，其网络属性不需要重新配置，而是动态地完成。这种动态管理网络给网络管理者和使用者都带来了极大的好处，无论一个用户在哪里，他都能不做任何修改地接入网络，这种前景是非常美好的。当然，并不是所有的 VLAN 定义方式都能做到这一点。

（2）虚拟工作组。VLAN 最具雄心的目标就是建立虚拟工作组模型，例如，在校园网中，同一个系的就好像在同一个 LAN 上一样，很容易地互相访问、交流信息，同时，所有的广播包也都限制在该虚拟 LAN 上，而不影响其他 VLAN 的人。一个人如果从一个办公地点换到另外一个地点，而他仍然在该系，那么，其配置无须改变；如果一个人虽然办公地点没有变，但他换了一个系，那么，只需在网络管理处配置即可。这个功能的目标就是建立一个动态的组织环境。当然，这只是一个远大的目标，要实现它，还需要一些其他包括管理等方面的支持。

（3）限制了广播包。按照 802.1D 透明网桥的算法，如果一个数据包找不到路由，那么交换机就会将该数据包向所有其他端口发送，这就是桥的广播方式的转发，这样做会极大地浪费了带宽。如果配置了 VLAN，那么，当一个数据包没有路由时，交换机只会将此数据包发送到所有属于该 VLAN 的其他端口，而不是所有交换机的端口，这样，就将数据包限制到了一个 VLAN 内，在一定程度上可以节省带宽。

（4）安全性高。由于配置了 VLAN 后，一个 VLAN 的数据包不会发送到另一个 VLAN，这样，其他 VLAN 用户的网络上收不到任何该 VLAN 的数据包，确保了该 VLAN 的信息不会被其他 VLAN 的人窃听，从而实现了信息的保密。

3.3　IEEE 802.5 标准与令牌环网

一、令牌环网的定义

以太网中所使用的网络访问模式不是十分可靠，仍然会造成冲突，站点可能需要重试若干次之后才能成功将数据发送到链路上，这种重试可能在网络负载很重时造成无法预测的延迟。以太网中既无法预测冲突的出现，又无法预测多个站点由于同时征用链路使用权而造成的延迟。而令牌环（Token Ring）是一种非常有效的 LAN 协议，使用了与 CSMA/CD 完全不同的方法解决了共享网络介质的问题。由于种种原因，目前在商用领域已经很难见到令牌环网的踪迹，但是由于其协议具有传输延迟确定性的特点，在工业控制领域仍占有一席之地。

令牌环网协议是数据链路层上的以太网协议的一种传统替代协议。它最初由 IBM 公司开发，后被 IEEE 802 委员会采纳，作为 IEEE 802.5 标准发布。

在令牌环网中，站点之间单向循环传递特殊的数据包——令牌（Token Ring）。一个站点若要发送数据，它必须抓住并持有"令牌"。一个"令牌"在环上循环，每个节点收到令牌后转发它。拥有令牌的站点才能发送数据，数据发送后，该站点便将令牌传递给下一个站点。由于采用"轮流坐庄"的方法，所以在本质上就消除了发送冲突的所有可能性，完全不需要冲突检测机制。

令牌环网上的各个站点是以环形拓扑结构互相连接起来的（见图 3-12），但是这个环是一个逻辑环，而不是物理环。在这个环中，数据总是以一个特定方向在环中流动，每个节点从它的上游邻节点接收帧，然后将它们发送到下游邻节点。类似于以太网，环可以被看成是一个单一共享介质。令牌环与以太网有两个共同的重要特征：第一，它包括一个分布式算法，控制每个节点何时可以传输；第二，所有节点可以看到所有的帧，帧流过时，在帧头部的标识中为目的节点保留一个该帧的拷贝。

二、令牌环网物理特性

在物理结构上，令牌环网采用的是星型拓扑形式的站点，通过两对双绞线与中央集线器（称多访问单元，Multiple Station Access Unit，MSAU）相连接，一对用于接收，另一对用于发送。MSAU 负责接收从某一站点上输出端口 Ring out 发出的数据包，然后将数据报送到下一个站点的输入端口 Ring in。使用这样的配置方法，网络中的各个工作站实际上是依次串联在环网中。如果环网中有更多的站点，则需要多个 MSAU 串联成更大的一个环，每个 MSAU

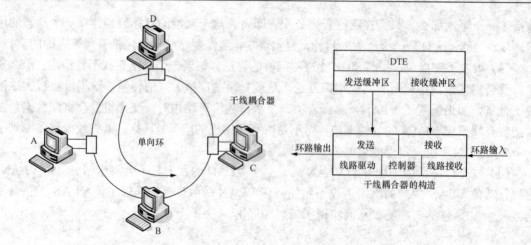

图 3-12　令牌环网拓扑结构

的 Ring in 端口连接到上一个 MSAU 的 Ring out 端口，而 Ring out 则连接到下一个 MSAU 的 Ring in 端口。连接站点与 MSAU 的电缆称为接插电缆（Lobe Cable），连接 MSAU 与相邻 MSAU 的电缆称为转接电缆（Patch Cable）。

令牌环网有两种运行速率，即 4Mbit/s 和 16Mbit/s。信号编码为曼彻斯特编码。

令牌环的长度以位为单位。由于环上每个中继器（干线耦合）将引入一个位延迟，所以环看起来更像一个循环缓冲器。环上的位数 B_r 计算式为

$$B_r = 传播时延（5\mu s/km）\times 介质长度 \times 数据速率 + \sum 中继器延迟$$

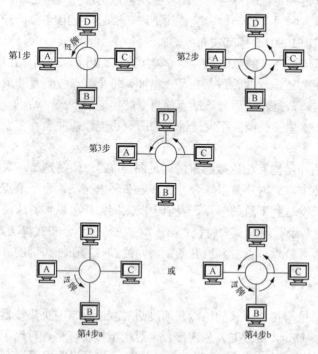

图 3-13　令牌环网操作原理

对于 1km 长、1Mbit/s 传输速率、20 个站点的令牌环网，若每个中继器引入一位延迟，则存在环上的位数为 5+20=25（bit），也可以说该环的长度为 25bit。

三、令牌环网访问模式

令牌环网的操作原理可用图 3-13 进行说明。当环上的一个工作站准备发送信息帧时，必须等待令牌。所谓令牌，是一组特殊的比特，专门用来仲裁由哪个工作站访问网环。一旦收到令牌，工作站便可启动发送帧。帧中包括接收站的地址，以标识哪一站应接收此帧。帧在环上传送时，不管帧是否是针对自己工作站的，所有工作站都进行转发，直到再回到帧的始发站，并由该始发站撤销该帧。帧的意图接收者除转发帧外，应针对自身站的帧维持一个副本，并通过在帧的尾部设置"响应比特"来指示已收到此副本。

工作站在发送完一帧后，应该释放令牌，以便出让给它站使用。出让令牌有两种方式，并与所用的传输速率相关。一种是低速操作（4Mbit/s），只有收到响应位时才释放令牌，称之为常规释放。第二种是工作站发出帧的最后一位后释放，称之为早期释放。现在就图 3-13 进行一些说明，开始时，假定工作站 A 想向工作站 C 发送帧，其过程如图中所标出的序列。

第 1 步：工作站 A 等待令牌从上游邻站到达本站，以便有发送机会。

第 2 步：工作站 A 将帧发送到环上，工作站 C 对发往它的帧进行拷贝，并继续将该帧转发到环上。

第 3 步：工作站 A 等待接收它所发的帧，并将帧从环上撤离，不再向环上转发。

第 4 步 a：当工作站接收到帧的最后 1bit 时，便产生令牌，并将令牌通过环传给下游邻站，随后对帧尾部的响应比特进行处理。

第 4 步 b：当工作站 A 发送完最后 1bit 时，便将令牌传递给下游工作站，即所谓的早期释放。

第 4 步分 a、b 两种方式，表示选择其中之一。如前所述，在常规释放时选择第 4 步 a，在早期释放时选择第 4 步 b。还应指出，当令牌传到某一工作站，但无数据发送时，只要简单地将令牌向下游转发即可。

注意，在整个过程中，任何一个站点都不允许独占令牌。为了保证这一点，每个站点中都有一个令牌控制计时器，由它来控制站点持有令牌的最长时间（称为令牌保持时间），通常令牌保持时间为 10ms。

发送站发出新的空令牌需要符合以下两个条件：①该站已完成帧的发送；②该站所发送的帧在环绕一整圈后，其前沿已经回到了本站。

如果该环的长度小于帧的长度，则第一个条件将隐含第二个条件。反之，一个站在完成发送后，从理论上讲可以立即释放一个空令牌[称为早期令牌释放（Early Token Release，ERT）技术]，但这必须在该站开始回收它自己的数据帧之前，因此，第二个条件并不是严格必须的。

由于令牌环不存在冲突，所以它能够以最大速度来运行（相比之下，CSMA/CD 只能在网络负载小于 30%时保持较好的性能）。同时，令牌环网也是一个确定性网络，即一个站点在发送数据前能够预计所要等待的最大时间，而在 CSMA/CD 中的延迟只能用统计规律来计算。

四、令牌环网的帧格式

令牌环网上有三种不同类型的帧，即数据帧、令牌帧、异常终止帧。其格式如图 3-14 所示。帧的字段描述如图 3-15 所示。

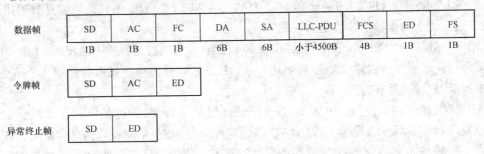

图 3-14　令牌环网的 MAC 帧格式

SD—帧首定界符；AC—访问控制字段；FC—帧控制；DA—目的地址字段；SA—源点地址字段；

LLC-PDU—信息字段；FCS—帧校验序列；ED—帧尾定界符；FS—帧状态字段

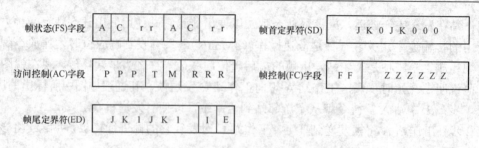

图 3-15　帧的字段描述

1. 数据帧

数据帧是令牌环网三类帧中唯一可以携带 LLC-PDU 的帧，同时也是唯一带有地址字段的帧。数据帧共有 9 个字段，分别是帧首定界符（SD）、访问控制（AC）、帧控制（FC）、目的地址（DA）、源点地址（SA）、信息字段（LLC-PDU）、帧校验序列（FCS）、帧尾定界符（ED）以及帧状态（FS）。下面分别对这九个字段进行介绍。

（1）帧首定界符（SD），表示帧开始。它故意通过违背差分曼彻斯特编码系统的原则来表示帧开始。位格式中的 J 是违规编码的 0 值，K 是违规编码的 1 值。

（2）访问控制（AC）字段由优先权比特（P）、令牌（T）和监视（M）比特以及保留比特（R）组成。由该字段的名称可知，其功能是控制对环的访问。在其出现在令牌帧时，P 比特表示令牌的优先权，因此指示工作站收到该令牌后便可发送那些帧。T 比特用来区分令牌帧和常规帧。M 比特用来防止帧绕环连续散发。R 比特用来使工作站指示高优先权帧的请求，请求发出的下一个令牌具有请求的优先权。

（3）帧控制（FC）字段定义帧的类型和控制功能。如果 FF＝00，表示该帧是 MAC 帧，环上所有工作站都对其接收和解释，并根据需要对控制比特（C）进行动作。如果 FF＝＝01，表示该帧是数据帧，控制比特由终点地址字段标识的工作站解释。6 个 Z 比特表示各种控制帧。

（4）目的地址（DA）标识此帧发往哪个站点，它可以是单个站点，也可以使用广播地址或者组播地址。

（5）源点地址（SA）字段表示发送该帧的站点，一般填入的是发送站点网卡的 MAC 地址。

（6）信息字段（LLC-PDU），包含了从网络层协议传递下来的协议数据单元，包括 DSAP、SSAP 和控制字段的标准 LLC 报文头。字段最大可以为 4500B，它的大小受令牌持有时间的限制。

（7）帧校验序列（FCS），是根据 FC、DA、SA 和 LLC-PDU 字段的内容计算得出的 32 位 CRC 值，用于检查帧的传输是否正确。

（8）帧尾定界符（ED），表示帧结束。J 和 K 的含义与帧首定界符中的相同。I 是中间位，I＝0 表示这是最后一帧，I＝1 表示后面还有帧。E 是错误检测位，如果有任何一个站点检测出帧中的错误，就把该位置为 1。

（9）帧状态（FS），字段中 A 是"地址识别指示符"，C 是"帧已拷贝"位。如果一个站点发现目的地址 DA 与自己的 MAC 地址匹配，它就把 A 位设置为 1；如果允许，它还可以把此帧拷贝到自己的接收缓存中，并设置 C 位为 1。这样，使得发送站点能区别传输三种情况：

1）目的站点不存在或者不活动（A＝0，C＝0）；

2）目的站点存在但帧未拷贝（A＝1，C＝0）；

3）帧已被目的站拷贝（A＝1，C＝1）。

由于 FS 字段在 FCS 的计算范围之外，因此 A 和 C 在 FS 字段中有两份拷贝，通过冗余的方法来保证它们的正确性。

2. 令牌帧

令牌帧是令牌环网 MAC 帧的第二种类型，只包含了三个字段，即帧首定界符（SD）、访问控制（AC）、帧尾定界符（ED）。SD 指明帧即将到来；AC 除了指明此帧是令牌之外，还包括一个优先级字段和预留字段；ED 指明帧结束。

3. 异常终止帧

异常终止帧是最简单的一种 MAC 帧。它不包含任何信息，仅仅是起始和结束分界符，只有帧首定界符(SD)帧尾定界符（ED）两个字段。它可以通过发送者来产生，用于停止自己的传输，也可以由监控站点产生，来清除线路上旧的传输。

五、令牌环网中帧的发送和接收

帧的发送和接收所遵循的规则称为 MAC 算法。下面在不考虑优先权机制的情况下，简要地介绍一下 MAC 算法。

1. 帧的发送

MAC 单元收到发送数据请求后，首先将数据封装为 MAC 帧（见图 3-14），随后 MAC 单元等待令牌到来。如果收到的第一帧的 AC 字段中的 T 位是“0”，则表明令牌已到，并通过将 T 位置“1”来抓住令牌，随后将其余字段 FC、DA、SA、I、FCS、ED 和 FS 添加在 AC 字段后，形成一个完整的帧发送到环上。同时被抓住的令牌帧中的 ED 字段被该站吸收。抓住令牌的站可连续发送数据，直至无数据可发或令牌保持计时器溢出为止。该站可通过将 ED 字段中 I 位置 1 的方法连续发送多个帧（多帧中的最后一帧除外）。发送出帧的工作站要负责清除绕环一周回至源发点的帧，并检查帧 ED 和 FS 中的状态位，判断传输结果。值得指出的是，如果状态位表明有错，MAC 并不重传，而是向高层报告，发送过程的流程图如图 3-16 所示。

2. 帧的接收

令牌环网上的工作站除对进入的信号转发外，通过识别帧首定界符（SD）来监视帧的开始。如果 FC 字段中的 F 位指示它是 MAC 帧，便对其进行拷贝，并对 FS 字段中的 C 位进行解释，然后按需要进行动作。如果该帧为常规的数据帧，并与该接收站的地址符合，帧内容将拷贝到帧缓冲器，以便进一步处理。在任何一种情况下，FS 字段中的 A 和 C 位都要在转发前根据情况进行设置。接收过程的流程图如图 3-17 所示。

前面所描述的发送和接收帧的过程是一种简化了的基本方式，在令牌环网标准 IEEE 802.5 中，还引入了优先权机制，旨在确保：

（1）优先权高于当前环服务的优先权帧能首先发送到环上；

（2）当数据站保存的帧具有相同的优先权时，这些数据站对环的访问有相等的权力。

优先权是通过 AC 字段中的 P 和 R 位来实现的。对具体实现机制有兴趣的读者可查阅 IEEE 802.5 标准。

六、令牌环网的维护

为了对环网进行维护，IEEE 802.5 定义了监控节点和控制帧。

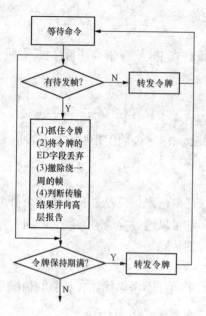

图 3-16　令牌环网中帧的发送

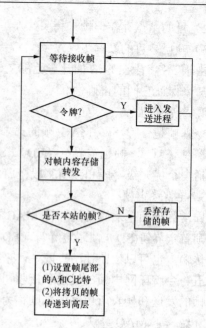

图 3-17　令牌环网中帧的接收

1. 监控节点

令牌环网中常出现以下故障：一种是令牌丢失，这可能是因为一个站点使用完令牌之后没能重传一个令牌，或者是令牌被噪声所损坏。这种情况下，环中没有令牌存在，没有一个站点可以发送数据。另一种情况是环中出现持续循环的数据帧，这可能是因为发送节点没有清除自己所发送的数据帧，或者是真的地址字段被破坏，不被别的节点所识别。

为了处理这些情况，将环中的某个节点设计为监控节点。监控节点在每次令牌经过时，就启动一个定时器计时，如果令牌在规定时间内没有重新出现，则认为是丢失了，监控节点就重新产生一个令牌，并将它引入环中。

2. 控制帧

有些故障是监控节点所无法解决的，例如本身的故障，这些问题则需要用控制帧来解决。控制帧的类型由 FC 字段来确定。

表 3-4 列出了令牌环网中定义的控制帧。下面介绍几种主要的控制帧。

表 3-4　　　　　　　　　　　　　令 牌 环 的 控 制 帧

帧 类 型	对应 FC 控制字段	功　　　能
重复地址检测帧	00000000	重复检测地址
信标帧	00000010	定位环错误
请求令牌帧	00000011	推选一个新的监控节点
清除帧	00000101	清除环
活动监控节点存在帧	00000101	通知站点一个监控节点是可操作的，并初始化邻居过程
备用监控节点存在帧	00000110	执行邻居确认过程

1）信标帧：信标帧用来通知其他节点环出问题了，令牌传输协议停止了。每个节点有一

个定时器用来检测活动监控节点存在帧的缺席。当节点收不到活动监控站存在帧时，它不知道是监控节点出了问题，还是环中出现了断点。若是后一种情况，请求令牌帧不起作用。因此，一个检测到问题的节点连续发送一些包含其上游邻居地址的信标帧，若是信标帧返回，则环上无断点或断点已被接上，该节点发送请求令牌帧；若信标帧在一定时间内未返回，则认为环上有断点，并向上层报告。若一个节点收到另一个节点的信标帧，它就暂停发送自己的信标断点，唯一发送信标帧的节点是断点下游的那个节点。

2）请求令牌帧（CT）：令牌环启动时或者监控节点失效时，必须挑选一个新的监控节点，一个或多个节点投票要成为监控节点，具有最高地址的节点将成为监控节点。为了确定这个节点，每个节点连续发送请求令牌帧。当一个节点获得一个请求令牌帧时，它将自己的地址和帧的源地址进行比较，若请求令牌帧的源地址大，则该节点停止发送自己的请求令牌帧，并转发它接收的请求令牌帧；若所收到帧中的源地址小，则该站点将此帧从环中移去，并继续发送它自己的请求令牌帧。

3）清除帧：在一个监控节点产生后，它在发出一个新的令牌之前，发送一个清除帧，同时溢出所有接收到的任何信息，包括返回的清除帧。

4）活动监控节点存在帧：当一个节点被推选为监控站后，它定期发送一个活动监控节点存在帧，通知别的节点存在一个活动监控节点。

5）备用监控节点存在帧：备用监控节点存在帧是地址识别的一部分，当监控节点发送备用监控存在帧时，它将该帧的帧状态字段中的地址识别位置为 0。第一个接收到的节点在转发这个帧之前记录源地址，并将帧状态字段中的地址识别位置为 1。这样下游节点知道其上游节点的地址。该帧将帧状态字段中的地址识别位置为 1，是告诉环上其他节点，该帧不是源自它们的上游邻居。

3.4　IEEE 802.4 标准与令牌总线

一、令牌总线的概念

在以太网中，冲突的数目是不可预测的，而且从控制中心向生产线上的计算机发送命令所需要的延迟也是不固定的。因此，在此种情况下，以太网并不是一个合适的协议。令牌环网也不合适，这是因为生产线类似于总线，而不是环。令牌总线同时具有以太网和令牌环网的特点，它将以太网的总线拓扑和令牌环网的可预测的延迟特性结合在一起。令牌总线在物理上是一条总线，而在逻辑上使用与令牌环网一样的工作原理。IEEE 802.4 标准就提出了令牌总线的媒体控制方法。它的传输媒体为 75Ω 宽带同轴电缆，基带信号需要调制数据速率为 1、5Mbit/s 或 10Mbit/s；逻辑环中，按照地址从高到低的顺序进行排列，最低地址后面紧接着是最高地址。

令牌总线是一种在总线拓扑结构中利用"令牌"作为控制节点访问公共传输介质的确定型介质访问控制方法。在采用令牌总线的局域网中，任何一个节点只有在取得令牌后才能使用共享总线去发送数据。与 CSMA/CD 方法相比，令牌总线比较复杂，需要完成大量的环维护工作，包括环初始化、新节点加入环、节点从环中撤出、环恢复和优先级服务。

二、令牌总线工作原理

令牌总线媒体访问控制是将物理总线上的节点构成一个逻辑环，每一个节点都在一个有序的序列中被指定一个逻辑位置，而序列中最后一个成员又跟着第一个成员，每个站都知道在其之前和之后的站标识（见图3-18）。从图3-18可看出，在物理结构上它是一个总线结构局域网，但是，在逻辑结构上，又成了一种环型结构的局域网。它和令牌环网一样，节点只有取得令牌，才能发送帧，令牌在逻辑环上依次（A→D→B→C→A）传递。

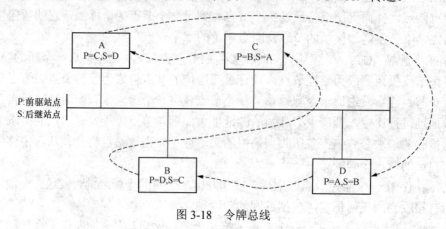

图3-18　令牌总线

正常运行时，当节点做完该做的工作或者时间终了时，它将令牌传递给逻辑序列中的下一个节点。从逻辑上看，令牌是按地址的递减顺序传至下一个节点；但从物理上看，带有目的地址的令牌帧广播到所有的节点，当目的节点识别出符合它的地址，即把该令牌帧接收。应该指出，总线上的实际顺序与逻辑顺序并无关系。

只有收到令牌帧的节点才能将信息帧送到总线上，它不像CSMA/CD访问方式那样，令牌总线不可能产生冲突。由于不可能产生冲突，令牌总线的信息帧长度只需根据要传送信息的长度来确定，也没有最小分组长度的要求。而对于CSMA/CD访问控制，为使最远距离的节点也能检测到冲突，需要在实际的信息长度后加填充位，以满足最小信息长度的要求。一些用于控制领域的令牌总线帧长度可以设置得很短，开销减少，相当于增加了网络的容量。

取得令牌的节点若有报文要发送，则可立即发送，随后，将令牌传递给下一个节点。如果取得令牌的节点没有报文发送，则立刻把令牌传递到下一个节点。由于节点接收到令牌的过程是顺序依次进行的，因此令牌总线控制的另一特点是节点有公平的访问权，即对所有节点都有公平的访问权。

令牌总线控制的优越之处还表现在每个节点传输之前必须等待的时间总量总是确定的。这是因为每个节点发送帧的最大长度可以加以限制。此外，当所有节点都有报文要发送，则最坏的情况下等待取得令牌和发送报文的时间应该等于全部令牌传送时间和报文发送时间的总和。另一方面，如果只有一个节点有报文要发送，则最坏情况下时间只是全部令牌传递时间之总和，而平均等待时间是它的一半，实际等待时间在这一区间范围内。

逻辑环上的每个节点由三个地址决定它的位置，即本节点地址 Ts、前趋地址 Ps 和后继地址 Ns。前趋地址 Ps 和后继地址 Ns 可以动态地设置和保持。

1. 环初始化

令牌总线方案要求较多的操作，当 LAN 刚开始运行或者令牌丢失，一个或多个节点在一段时间内没有检测到任何环获得，开始环初始化过程。如果令牌持有者出了故障，令牌也将丢失，也将开始环初始化过程。

环初始化就是生成一个顺序访问的顺序。网络开始启动时，或由于某种原因，在运行中所有节点不活动的时间超过规定的时间，都需要进行逻辑环的初始化。初始化的过程是一个争用的过程，争用结果是只有一个节点能取得令牌，其他的节点用节点插入的算法插入。

初始化操作实质上是增加一个新站的特例，其操作过程如下：每个站设置一个环不活动计时器，当某个节点的环不活动计时器超时，则发一个请求令牌"Claim-Token"MAC 控制帧，控制帧带有一个信息域 DATA，信息域长度取决于节点地址的高二位。类似于节点插入环的操作，当多个节点同时试图进行初始化操作时，用基于地址的争用算法，争用结果是只能允许一个节点获得令牌。

2. 令牌传递

逻辑环按递减的节点地址次序组成，刚发完帧的节点 Ts 将令牌传递给后继站 Ns，后继节点 Ns 应立即发送数据或令牌帧，Ts 监听到总线上的信号，便可确认后继节点 Ns 已获得令牌。图 3-19 所示为该算法的流程图。

（1）Ts 在发送完数据帧之后，发送带有地址 DA＝Ns 的"TOKEN"MAC 控制帧，将令牌传递给下一个节点，DA 为目的地址。Ts 监听总线，如监听到的信息为有效帧，则传递令牌成功。

（2）如 Ts 未监听到总线上的有效帧，且已超时，则重复第（1）步。

（3）如 Ts 仍未监听到有效帧，即第二次令牌传递仍然失败，则原发送节点判定后继站 Ns 有故障，就发送"Who-Follows"MAC 控制帧，并将它的后继地址 Ns 放在数据字段。所有节点与它相比较，若某节点的前趋节点是发送节点的后继节点，则该站发"Set-Successor"MAC 控制帧来响应"Who-Follows"帧，在"Set-Successor"帧中带有该节点的地址，于是该站点取得令牌。如此，将故障的节点排除在逻辑环之外，建立了一个新的连接次序，然后进行第（1）步。

（4）如 Ts 未监听到响应"Who-Follows"控制帧的"Set-Successor"帧，则重复第（3）步，再发"Who-Follows"帧。

（5）如果第二次"Who-Follows"帧发出后，仍得不到响应，则该站就尝试另一策略来重建逻辑环。该站发送请求后继节点"Solicit-Successor"MAC 控制帧，并将本节点地址作为 DA 和 SA 放入控制帧内，询问环中哪一个节点要响应它。收到该询问请求就会有响应节

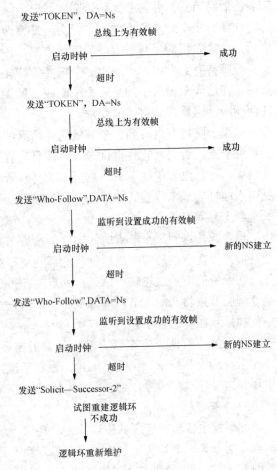

图 3-19 令牌传递原理

点，然后，使用响应窗口处理算法来重新建立逻辑环，最后返回第（1）步。

如果"Solicit-Successor-2"控制帧发出后，仍无响应，则断定发生了故障。故障的原因是多种多样的，或者是所有其他的节点都发生故障，或者所有站和逻辑环脱开了，或者是总线断开了，或者是发送站接收机部分损坏了，因而收不到响应，此时便需要维护逻辑环，使其重新正常工作。

3. 添加站点

添加节点，即新的节点插入环，逻辑环上的每个节点应周期性地使新的站有机会插入环中。当同时有几个节点要插入时，可以采用带有响应窗口的争用处理算法。

令牌持有者会定期发送"请求后继帧"，给出发送者以及后继者的地址。在这两个地址之间的站点可以申请加入环。

令牌持有者发送"请求后继帧"后等待一个"响应窗口"或者时间槽时间（等于媒体上两个距离最远的站点来回传输的时间），如果无节点要求加入，该站点继续进行正常工作，把令牌传给后继节点；如果正好有一个站点希望加入，则该节点被插入环中，成为当前令牌持有者的后继节点，并将令牌传给它。

如果有多个站点要求加入，帧会因冲突而作废，令牌持有者会发现出现了冲突。发生冲突后，总线采用的是基于地址的竞争方案。该方案具体如下：

令牌持有者发出一个解决竞争帧并等待 4 个响应窗口，每个请求者将按照自己的地址的前两位在这 4 个窗口中的某一个中响应。如果一个请求者在属于它的时间窗到来之前监听到任何响应，它就抑制自己的要求。

如果令牌持有者收到一个有效的置后继帧，则该站点被插入环中，成为当前令牌持有者的后继节点；否则，它将再试一次，而且只有那些在第一轮中响应过的节点被允许在本轮再次响应。这一过程继续下去，直至令牌持有者收到一个有效的置后继帧、无响应或者已经达到节点地址的最末位置。如果是后两种情况，令牌持有者将停止重试并传送令牌。

4. 移去站点

当令牌传送到某个节点时，向它的前方节点发出一个包括其后继地址的置后继帧，这会使其前任更新它的后继节点地址，然后它将令牌传给它的后继节点。

在令牌的下一次轮转中，退出站点的前方节点将会把令牌传给退出节点的后继节点。收到令牌的节点将其前方节点地址更新为传给它令牌的那个节点的 MAC 地址，这样退出的节点就被排除在环之外了。

移去站点有两个方案。方案一：要退出环的站 Ts 接收到令牌后，发送一个设置后继"Set-Successor"MAC 控制帧给 Ps，设置后继站为 Ns，并将令牌传递给 Ns。方案二：要退出环的站 Ts 接收令牌，Ps 发"Who-Follows"MAC 控制帧，Ns 站响应。

5. 令牌逻辑环的恢复

如果发生传输或者硬件错误，逻辑环或令牌就可能出现故障。比如节点想向已经关闭的站点发送令牌，令牌传出之后，该节点观察其后继节点是否传出一帧或者交出令牌。如果二者均未发生，那么令牌持有者就再次递交令牌。如果第二次仍然失败，节点发送"Who-Follows"帧，该帧中指明了其后继节点的地址。当出错节点的后继节点看到"Who-Follows"帧中给出的地址为自己的前方节点地址时，它就给出错节点的前方节点发送一个"Set-Successor"帧作为响应，申明自己将成为新的后继节点。这样出错的节点就从环中移走了。

假定一个节点不能将令牌传递给他的后继节点以及它的后继节点的后继节点，它将采取一种新的策略，通过发送"Solicit-Successor-2"帧来判明是否有其他节点仍然正常工作，然后所有要入环的节点仍旧使用标准的竞争协议入环，这样最终环会重新建立。

三、令牌总线的帧格式和优先级

1. 令牌总线的帧格式

令牌总线 MAC 帧格式如图 3-20 所示。

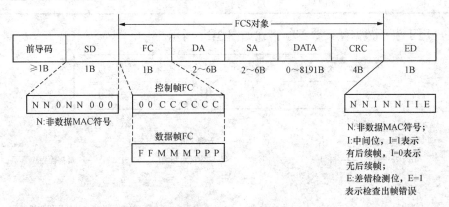

图 3-20　令牌总线 MAC 帧格式

（1）前导码。前导码为一个或多个字节，用于接收时钟同步。开始定界符和结束定界符用作帧边界标志。这两个字段内是符号的模拟编码而不是 0 和 1，所以它们不会偶然出现在数据中。因此，也就无需帧长字段。

（2）SD。SD 是帧的起始分界符，占 1 个字节（1B）。

（3）帧控制字段 FC。FC 用于区别数据帧与控制帧。数据帧的该字段带有该帧的优先级别。该字段也可带一指示标识，要求目的站点确认该帧是否正确被接收。假如没有这个标识，目的站点就会因为无令牌而不能发送任何消息。控制帧的类型包括令牌传递以及各种维护帧，包括让新站加入环的机制，允许站点脱离环的机制等。

FC 为帧控制字段，占 1 个字节（1B），表示帧的类别，包括 MAC 帧控制、LLC 数据帧和站管理数据帧。

1）FC 用于表示控制帧。在令牌网络上，通常节点的地址决定了顺序，但是站点又是如何互相通告它们在哪儿的呢？每一个站点又是如何确定它的前驱和后继的呢？使这些问题更加困难的是没有站点全面了解所有情况。每个节点仅知道它自己所有的那部分以及到达帧中有什么东西。在没有中央控制的情况下，节点必须相互交换信息，并且就顺序达成某种共识。这有点类似于一个无政府的社会，在没有与任何中央政府达成共识的情形下建立了某种秩序。

对这些问题的解答在于不同的控制帧和使用它们的规则。表 3-5 显示了不同的令牌总线控制帧、它们的帧控制字段以及对其功能的简介。

表 3-5　　　　　　　　　控制帧的类型字段及功能

帧 类 型	帧控制字段	功　　能
申请令牌帧	00000000	在一个协议中用来建立谁先获得令牌
解决竞争帧	00000100	当两个或更多的节点想要同时进入逻辑环时，用于一个随机性协议

帧 类 型	帧控制字段	功　　能
设置后继帧	00001100	用来删除后继节点
请求后继 1 帧	00000001	用在一个协议中邀请某些节点进入逻辑环
请求后继 2 帧	00000010	同请求后继 1 帧，但是与不同的节点有关
令牌	00001000	此帧的拥有者允许传输数据
寻找后继帧	00000011	用于寻找一个后继节点

2）FC 用于表示数据帧。数据帧格式如图 3-21 所示。

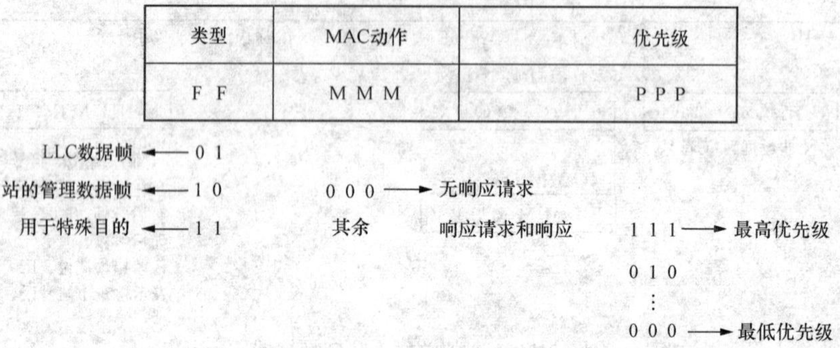

类型	MAC动作		优先级
F F	M M M		P P P

LLC数据帧 ←——— 0 1

站的管理数据帧 ←——— 1 0　　　　0 0 0 ——→ 无响应请求

用于特殊目的 ←——— 1 1　　　　其余　　　响应请求和响应　　1 1 1 ——→ 最高优先级

0 1 0

⋮

0 0 0 ——→ 最低优先级

图 3-21　数据帧格式

（4）DA。DA 为目的地址，占 2～6B；同一电缆上要么所有都用 2B 地址，要么所有都用 6B 地址，而不能混合使用。

（5）SA。SA 源地址，占 2～6B；同一电缆上要么所有都用 2B 地址，要么所有都用 6B 地址，而不能混合使用。

（6）DATA。DATA 为数据字段，有 3 类数据，分别为 LLC 协议数据单元、MAC 管理数据和用于 MAC 控制帧的数据；使用 2B 地址时最大的数据长度为 8182B，而使用 6B 地址的最大值为 8174B。

（7）CRC。CRC 是 4B 的循环冗余校验码，校验范围是 SD 和 ED 质检的信息。

（8）ED。ED 是帧结束分界符，占 1B。

2. 令牌总线优先级定义

对于应用于控制过程的局域网，这个等待访问时间是一个很关键的参数，可以根据需求，选定网中的节点及最大的报文长度，从而保证在限定的区间内，任一节点可以取得令牌权。令牌总线访问控制还提供了不同的服务级别，即不同优先级。

令牌总线的 LLC 层请求 MAC 层提供 8 个服务级别，但这些级别是指优先级，也就是每个帧的优先级由 M-DATA Request 原语中指定的服务级别确定。因此从理论上讲，M-DATA Request 帧的优先级可设立 8 种。不过访问令牌总线的优先级共设 4 种，称为"访问优先级"，从低到高依次为 0，2，4，6。

MAC 层将 LLC 层请求服务级映射为三位介质优先级，放在数据帧控制部，然后将低位忽略，变为 MAC 的四个"访问级别"，即 111/110 变为 110（6 类），101/100 变为 100（4 类），011/010 变为 2 类，001/000 变为 0 类。

优先级为 6 的帧总是优先发送的，但为防止某个节点独占网络带宽，规定每个节点有一个最大令牌持有时间，超过这个时间便不能再发，必须将令牌传递给下一个节点。

对于不同的优先级，具有不同的令牌保持时间 T_K，则有

$$T_K = \begin{cases} 定常时间，用T_6表示 & (K=6) \\ \text{Max}(0, T_{\text{TRT}} - T_{\text{RTC}})，用N表示 & (K=4, 2, 0) \end{cases}$$

式中：T_{TRT} 为设定令牌目标循环时间；T_{RTC} 为实际测量的令牌循环时间，等于本站自上次接收到令牌至当前所经过的时间。

四、ARCnet

ARCnet 是典型的令牌总线网络，1977 年由美国 Datapoint 公司研制；1981 年，美国 SMC 公司和 NCR 公司开始提供专用芯片，并成为事实上的令牌总线网标准。事实上，ARCnet 的帧结构和控制方式与 ISO 8802/4 或者 IEEE 802.4 有一定的差异，相互之间并不完全兼容。

ARCnet 使用 RG-62 同轴电缆，而这种电缆刚好与 IBM3270 终端和 IBM 主机相连的电缆相同，所以这种网络在大量 IBM 机的使用基地得到广泛应用。ARCnet 现在也可使用双绞线和光纤。新型的 ARCnet plus 速率已从原来的 2.5Mbit/s 增加到 100Mbit/s（使用光纤时）。

1. ARCnet 帧结构

象 Ethernet 一样，ARCnet 传输单位也称为帧。其帧结构如图 3-22 所示。

ARCnet 帧不管是哪种帧，都由 ALERT 引导，类似于 Ethernet 中使用的前导码。ALERT 由 6bit 间隔的传号（1）组成。传号（1）由正脉冲后跟负脉冲组成的双脉冲表示。空号（0）由无脉冲表示。EOT 是 ASCII 码中的传输结束控制符（04hex）。后跟的两个字节都是 DID（终点标识符），即后继工作站的信息。重复使用 DID 的目的是增加可靠性。

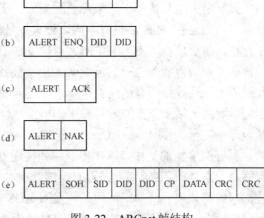

图 3-22 ARCnet 帧结构
(a) ITT 帧；(b) FBE 帧；(c) ACK 帧；
(d) NAK 帧；(e) PAC 帧

图 3-22（a）所示为邀请发送（ITT）令牌帧，总是传递给它的后继工作节点。

图 3-22（b）是空闲缓冲器询问（FBE）帧。ENQ 是 ASCII 字符集中的询问字符（05hex）。它后跟的两个字节 DID 是想通过询问了解空闲缓冲器状态的工作节点标识。DID 重复使用也是为提高寻找终点工作节点的可靠性。

图 3-22（c）所示为 ACK（确认）帧，它由 ALERT 和 ACK 组成。ALERT 的构成前面已有叙述，ACK 是 ASCII 字符集中的确认字符（06hex）。当响应 FBE 帧而发送 ACK 时，表示接收工作节点具有可供使用的缓冲器空间。ACK 帧之所以没有 DID 字段，是因为这种帧是作为广播方式发送的。

图 3-22（d）所示为 NAK（否认）帧。NAK 是 ASCII 字符集中的否认字符（15hex）。当响应 FBE 帧而发送 NAK 时，表示接收工作节点不具有可供使用的缓冲空间。NAK 帧也没有 DID 字段，其原因与 ACK 帧相同。

图 3-22（e）所示为数据帧。帧中 SOH（标题开始）是 ASCII 字符集中的标题开始字符

（01hex）。SID（源点 ID）和 DID（终点 ID）表示源点和终点工作站的地址。CP（连续指针）字段指示工作站在存储器中找到的传输数据的起点。数据字段 Data 具有可变长度，处于 1～508B 之间，用以携带用户数据。2B 的 CRC 字段由发送站添加，用来保护 Data 字段。

2. 操作过程

在启动时，首先要构成逻辑次序，即逻辑环。每个节点都不断跟踪保持其前驱工作节点和后继工作节点的节点标识。关于前驱和后继工作节点地址的规定见表 3-6，每个工作节点将其自身的后继者（NID）设置为自身节点地址（ID）加 1，并按下述公式设置超时值（TimeOut）

$$TimeOut = 146 \times (255 - ID)（\mu s）$$

表 3-6　　　　　　　　　　　　　工作站的前驱节点和后继节点地址

工作节点地址	前驱工作节点地址（P）	后继工作节点地址（S）
1	255	10
10	1	25
25	10	255
255	25	1

具有最大地址值的工作节点首先超时，于是它创建 ITT 帧，并将该令牌帧发送给它的后继节点。如果在 74μs 后没有响应，最大地址值的工作节点便认为具有后继 NID 地址的节点不存在，随后便将 NID 值增加 1，再次发送 DID 为新值的 ITT。这种过程重复直至该最大地址值的工作节点找到自己的后继者为止。被找到的后继工作节点像前驱工作节点一样，重复此过程。一旦找到所有活动工作节点，正常的令牌传递操作便可开始。配置时间在 24～61μs 之间，取决于活动节点的数目和工作节点地址的值。为使 TimeOut 初始值为 0 和将配置时间减至最小，至少将一个 ARCnet 工作节点地址设置为 255。

具有 ITT 帧的工作节点在将令牌帧传递给后继节点之前最多发送一帧。在数据帧被发送到终点节点之前，必须询问是否有足够的缓冲空间来接收帧。执行这种询问功能的是 FBE 帧。被询问的站如果有缓冲器可用，便发回 ACK 帧，否则发回 NAK 帧。发送 FBE 帧后一旦收到 ACK 帧，便可发送数据帧 PAC。如果因为故障破坏了令牌的正确传递，网络必须进行重新配置。产生另一种重新配置的情况是在令牌传递环上增加工作站或去掉工作节点，因此重新配置是难以避免的事情。

如果一个活动工作节点在 840ms 后未接收到 ITT 帧，由 8 个传号间隔组成的 RECON 图样，后跟一个空号便发送 765 次。RECON 图样持续 2754μs，以确保破坏传输中的任何令牌帧，其结果是使令牌帧丢失。78μs 无活动后，所有工作节点都会认识到正在进行重新配置，于是每个节点都将其自身的后继者设置为自身地址（ID）加 1，并设置超时值。以后的过程与启动时一样。

在 ARCnet 技术中，删除一个工作节点是一个较简单的过程，不需调用全部重新配置机制。如果地址为 10 的工作节点从环上已撤离，而且只要对其前驱者工作节点 1 发来的 ITT 帧不响应的时间超过 74μs，工作站 1 便认为工作节点 10 不再存在，工作站 1 便对其 NID 值增加 1（新值为 11），并将 ITT 发到工作节点 11。如果在 74μs 后还是没有响应，则重复上述过程。如果下一个节点地址为 25，工作节点 1 需要（25−10）×74μs＝1.1ms 的时间，才能发现它的后继工作节点为 25。如果工作节点 10 想重新进入环，它必须等待令牌的时间为 840ms。

如果它还未经过 ITT 帧被邀请发送，它必须调用全部重新配置机制。

ARCnet 的工作过程相对简单，此处仅以发送数据帧时的动作为例（逻辑环上的各个节点监听环路，并获得帧）。

（1）如果为令牌帧，并且宿地址为本地节点地址（本节点获得令牌）。

（2）如果本节点无数据可发，传递令牌。

（3）如果本节点有数据可发，发送 ENQ 帧（探询接收节点的接收能力）。

（4）收 ACK 帧（表示对方有接收能力）；发送 DATA，并等待响应。

（5）收到 ACK（表示对方收妥数据帧），传递令牌。

（6）超时（表示对方未收到数据帧），传递令牌（等待下次尝试）；若尝试次数超过某域值，报告高层用户。

（7）收到 NAK 帧（表示对方暂无接收能力），传递令牌（等待下次尝试）。

（8）超时（表示接收地址有错），报告高层用户，传递令牌。

（9）传递令牌后，等待后继节点对令牌的确认。

（10）收到 ACK 帧（表示后继节点已经掌握令牌），退出对总线的控制。

（11）超时（表示后继节点已经退出环路），重构环路，寻找新的后继（地址加 1），传递令牌，直至获得 ACK 帧（找到新的后继，并且该后继已经掌握令牌），退出对总线的控制。

ARCnet LAN 的站传输像总线型 LAN 那样是广播式的，但对总线的访问取决于令牌。为说明这种网络的操作机制，假定在一条总线上有 4 个节点，其地址分别为 1、10、25 和 255。

在启动网络时，这 4 个工作节点形成一个逻辑环。每个节点都跟踪两个信息，即谁是后继者和谁是前驱者。

这两种信息分别由字母 S（后继者）和 P（先驱者）代表。一个工作节点的后继者定义为逻辑环上具有较高地址的节点，先驱者则定义为逻辑环上具有较低地址的节点。

在 ARCnet 中，节点地址 0 用于广播地址，因此最小节点地址为 1，最大节点地址为 255。在构成逻辑环时规定，工作节点地址为 255 的后继站地址为 1，节点地址为 1 的前驱节点地址为 255。工作节点前驱者和后继者的地址见表 3-6。

ARCnet 网络特点如下：

（1）采用令牌传递的方法使得所有节点可对传输媒体进行有序地访问；

（2）网络中可以传输多种类型的帧，控制方式相对复杂；

（3）整个网络具有最小的传输延时；无数据可传输的节点，仍然需要进行令牌的传递和进行环路维护工作；

（4）可以估算整个网络具有的最大发送延时；在规定了帧的长度、最大令牌占有时间的入网的节点个数之后，可以估算出每个节点的最大发送延时。这使得令牌总线网非常适合具有一定实时性要求的环境。

3. ARCnet 网络的设计

ARCnet 布缆方式有两种，一种是总线型，另一种是星形总线型。

（1）总线型。总线型布缆与 Ethernet 细缆方式相类似。ARCnet 总线最大长度为 305m，可连接的设备最多 8 个。设备与总线的连接通过 T 形连接器，该连接器的顶部与电缆相连，底部与网卡相连。电缆两端必须用 93Ω 的电阻终接。

以上是使用同轴电缆的情况，如果使用双绞线，上述规定会有一定变化。在使用双绞线情况下使用级联结构，适合双绞线媒体的网卡有两个端口：一个用于连接服务器，另一个用于连接下一个 PC 机。如此级联时最多可连接 10 个 PC 机，双绞线最大距离不超过 122m（400ft）。第一个网卡和第二个网卡都必须用 93Ω 终结器终接。

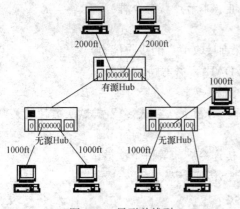

图 3-23　星形总线型

（2）星形总线结构。这种物理布线是以 Hub 为中心，形成一种多星型互连在一起的结构，如图 3-23 所示。这种结构之所以称为总线，是因为所有工作站共享公共电缆。

这种布缆方式可用于电缆布缆，也可用于双绞线布缆。在用于电缆布缆时，星形总线通过使用 Hub 分裂信号来形成。Hub 可以是有源的，也可以是无源的。如果使用有源 Hub，有源电缆便插入其端口之一，其余的端口连接工作站。工作站与有源 Hub 的最大距离为 610m（2000ft）。当使用双绞线时，需要使用有源 Hub，Hub 与文件服务器相连，工作站也与其直接相连。在这种方式下，服务器或工作站与有源 Hub 之间的距离最大可为 1220m（4000ft）。网卡上不用的端口必须用 93Ω 的终结器短接。

ARCnet 可以多种方式配置，这里只能给出典型使用情况下的配置方式。由于使用双绞线和同轴电缆有不同的规范，因此布线规则将分别加以说明。然而，不管使用哪种媒体，ARCnet 应遵循下述通用规则。

1）有源 Hub 可以连接到其他有源 Hub 或无源 Hub，也可连接到工作站。

2）无源 Hub 可连接到有源 Hub 和工作站，但不能直接连接到其他无源 Hub。

3）在 ARCnet 中不能形成环路。所谓环路，是指一根电缆出自某一 Hub，经其他 Hub，最后又连回到起始 Hub。

4）必须对无源 Hub 不使用的端口进行终接。

（3）ARCnet 同轴电缆总线设计规则。ARCnet 使用总线结构时，在 305m（1000ft）的最大距离上使用 RG-62 型电缆最多可级联 8 个工作站。在总线结构下，使用 T 形连接器连接工作站，一个总线段必须用 93Ω 的终结器在两端加以终接。

ARCnet 同轴电缆可与有源 Hub 提供的星形结构相结合。在这种情况下，总线一端连接到有源 Hub 上。一个 8 端口的有源 Hub 可连接的工作站总数为 8×8＝64（个）。如果要连接两个有源 Hub，每个有源 Hub 的一个端口可用来连接有源 Hub，那么每个有源 Hub 可支持 56 个工作站，两个有源 Hub 则可支持 112 个工作站。表 3-7 列出了同轴电缆总线的配置规范。

表 3-7　　　　　　　　　　ARCnet 同轴电缆总线的配置规范

参　　数	规　　范
电缆类型	RG-62
电缆物理布局	星形总线
最大节点数	254 个
最大有源 Hub 数	每有源电缆一个
有源 Hub 和节点间的最大距离	610m（2000ft）

续表

参　　数	规　　范
有源 Hub 和无源 Hub 间的最大距离	30.5m（100ft）
无源 Hub 和节点间的最大距离	30.5m（100ft）
数据传输速率	2.5Mbit/s

（4）ARCnet 双绞线总线设计规则。首先指出，使用双绞线在功能和逻辑上都等价于同轴电缆总线。用于双绞线的网板备有两个 6 插针的模块化插座，用来级联 ARCnet 网板，最大可级联 10 个工作站，长度不超过 122m（400ft）。工作站之间的最小间隔为 1.8m（6ft）。

双绞线结构可与有源 Hub 提供的星形拓扑结构组合，将总线的一端连接到有源 Hub 便可进行这种组合。

表 3-8 列出了 ARCnet 双绞线总线的配置规范。

表 3-8　　　　　　　　　　ARCnet 双绞线总线的配置规范

参　　数	规　　范	参　　数	规　　范
电缆类型	双绞线	最大有源 Hub 数	10
电缆物理结构	星形总线	有源 Hub 和节点间的最大距离（m）	122（400ft）
最大节点数	254		

ARCnet 作为 Net ware LAN 的敷缆系统，目前仍有较大的使用范围。

在构造 ARCnet 网络时，需要以下几种配件。

第一种构件是 Hub。Hub 分两种，其一是有源 Hub（直接与服务器相连），其二是无源 Hub。由于没有放大功能，无源 Hub 的电缆长度远不如有源 Hub。

第二种构件是 ARCnet 网卡。

第三种构件是 93Ω 的终接器。使用同轴电缆时，任何不用的无源 Hub 端口或电缆都要用终接器终接；使用双绞线时，终接器插入位于电缆末端的网卡上。

3.5　三类局域网的比较

一、普通以太网

优点：协议简单、安装容易、总线可靠性高，在局域网中获得了广泛应用。以太网给用户提供均等的访问权，在轻负载情况下，CSMA/CD 具有良好的延迟特性和吞吐能力。

缺点：必须进行冲突检测，而且对最小帧长度有一定限制，因而对短报文存在带宽浪费现象。CSMA/CD 随负载的增加，冲突增加，性能迅速下降。由于随机竞争发送和延迟等待，无法预知数据传输的最大延迟，又没有优先级，因此不适用于实时系统。

二、令牌环网

优点：可使用多种传输介质，可采用全数字技术，支持优先级，支持短帧；将令牌环网做成星型环可自动检测和隔离电缆故障；在高负载下可以获得很高的传输效率。

缺点：在低负载下延迟较大；由于采用集中式控制，对监控站的可靠性要求较高。

三、令牌总线

优点：具有极好的吞吐能力，而且其吞吐量随数据传输速率增加而增加，并随介质饱和而稳定下降。它不需冲突检测，可以调节对介质的访问权，既可以公平地访问，又可以提供优先级，而且可以预知数据在网中的最大延迟，适用于实时系统。

缺点：要进行逻辑环的维护，而且物理层规范复杂，在轻负载情况下可能要等待许多无用的令牌帧传递，从而降低了对信道的利用率。

表 3-9 列出了这三类局域网的比较。

表 3-9　　　　　　　　　　　　三 类 局 域 网 比 较

项　　目	普 通 以 太 网	令 牌 环 网	令 牌 总 线
IEEE 802 标准	802.3	802.4	802.5
介质访问方法	简单、采用 CSMA/CD 技术	较复杂、采用令牌	较复杂、采用令牌
访问冲突	有	无	无
发送延迟	不确定	确定	确定
优先级设置	无	有	有
网络效率	轻负荷有效	重负荷时效率高	重负荷时效率高
传输介质	同轴电缆、双绞线	UTP、CATV 电缆	双绞线、光纤
速率（Mbit/s）	1～20，通常为 10	1～10，通常为 10	1～4，通常为 4

第 4 章 TCP/IP 协 议 集

4.1 TCP/IP 协议集的特点和结构

一、特点

很多不同的厂家生产各种不同型号的计算机，它们运行于完全不同的操作系统，但 TCP/IP 协议允许它们互相进行通信。

TCP/IP 协议集是一个工业标准协议套件，是为大型互联网络设计的。从 1969 年至今，TCP/IP 协议集已经成为计算机网络中使用最广泛的结构体系之一。TCP/IP 是 Internet 上使用的协议。它是一个真正的开放系统，因为协议集的定义及其多种实现可以不用花钱或花很少的钱就能公开地得到。它成为"全球互联网"或称"因特网（Internet）"的基础。

TCP/IP 协议集是在请求注释（RFC）文档中发布的。RFC 描述了 Internet 的内部工作情况。有些 RFC 描述了网络服务或协议及它们的实现，有些则总结了各种方法。TCP/IP 协议集总是发布于 RFC，虽然并不是所有的 RFC 都制定成标准。尽管 TCP/IP 协议集是由美国国防部开发的，而以太网则是源于 Xerox 公司，但是只经过了很短的时间，TCP/IP 协议集与以太网便可联系在一起。由于进行 Internet 连接需要 TCP/IP，因而大量连接 Internet 的组织对 TCP/IP 协议集越来越关注。

TCP/IP 协议有一些重要的特点，以确保在特定的时刻能满足一种重要的需求，即世界范围的数据通信。其特点包括：

（1）开放式协议标准。可免费使用，且与具体的计算机硬件或操作系统无关。之所以它受到如此广泛的支持，是因为即使不通过 Internet 通信，利用 TCP/IP 来统一不同的硬件和软件也是很理想的。

（2）与物理网络硬件无关。这就允许 TCP/IP 可以将很多不同类型的网络集成到一起，它适用于以太网、令牌环网、拨号线、X.25 网络以及任何其他类型的物理传输介质。

（3）通用的寻址方案。该方案允许任何 TCP/IP 设备唯一地寻址整个网路中的任何其他设备，该网络甚至可以像全球 Internet 那样大。

（4）各种标准化的高级协议，可广泛而持续地提供多种用户服务。

二、结构

网络协议通常分不同层次进行开发，每一层分别负责不同的通信功能。TCP/IP 是最早指定的分层通信协议之一，是一组不同层次上的多个协议的组合，它将功能按网络的层次定义进行分组。

图 4-1 显示了 TCP/IP 协议集及其在 OSI 参考模型中提供的服务之间的关系。分析图 4-1 可以注意到，在理论上数量达数百个的 TCP/IP 应用服务在图上仅显示了七个。由于 TCP/IP 是在 OSI 参考模型出现之前制定的，而其制定者将对应于现在的 OSI 参考模型的第五层至第七层的会话层、表示层和应用层组合至一个更高的层中。因此，和 OSI 参考模型相比，TCP/IP 应用通常被认为是与该模型的高三层对应。

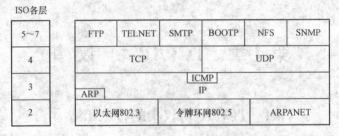

图 4-1　TCP/IP 协议集与 OSI 参考模型对照

TCP/IP 协议集被设计成四层概念模型，这四层分别是应用层、传输层、网络层和数据链路层（相当于 OSI 参考模型中的数据链路层和物理层）。按照 OSI/RM 的分层方法一般分为如图 4-2 所示的层次模型。

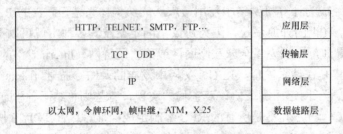

图 4-2　TCP/IP 协议集模型及其主要协议

TCP/IP 协议集每一层负责不同的功能，现简述如下。

1. 数据链路层

数据链路层有时也称做链路层或网络接口层，通常包括操作系统中的设备驱动程序和计算机中对应的网络接口卡。

数据链路层负责把 TCP/IP 数据包发送到网络传输介质上，以及从网络传输介质上接收 TCP/IP 数据包。TCP/IP 协议集对于 MAC 帧格式及传输介质并没有特殊要求，能够适应不同的帧格式和传输介质，从而可以用来连接不同类型的网络，包括局域网（如以太网、令牌环网等）和广域网（如 X.25、帧中继等），并可以独立于任何特定的网络体系结构，使得 TCP/IP 协议集能适应新的体系结构。实际上，TCP/IP 并没有为该层定义任何协议，仅仅定义了如何与不同的网络进行接口，所以这一层有时又称为网络接口层。也正因如此，数据链路层在 TCP/IP 协议中被认为是不可靠的，网络层并不利用数据链路层可能存在的序号和应答服务。保证可靠地通信在 TCP/IP 中是传输层的任务。

2. 网络层

网络层有时也称做互联网层，处理分组在网络中的活动，例如分组的选路。网络层的主要功能是寻址、打包、路由选择功能。在 TCP/IP 协议集中，网络层的核心协议为 IP 协议（网际协议），其他辅助协议包括了 ICMP 协议（互联网控制报文协议），以及 IGMP 协议（Internet 组管理协议）、ARP（地址解析协议）等。

3. 传输层

传输层主要为两台主机上的应用程序提供端到端的通信。为保证数据传输的可靠性，传输层协议规定接收端必须发回确认，并且假定分组丢失，必须重新发送。传输层还要解决不同应用程序的标识问题，因为在计算机中，常常是多个应用程序同时访问网络。为区别各个应用程序，传输层在每一个分组中增加了用于识别信源和信宿的应用程序标记。另外，传输层的每一个分组均附带校验和，以便目的主机检查接收到的分组的正确性。

在 TCP/IP 协议族中，有两个互不相同的传输协议，即 TCP（传输控制协议）和 UDP（用户数据报协议）。

TCP 为两台主机提供高可靠性的数据通信。它所做的工作包括：把应用程序交给它的数据分成合适的小块交给下面的网络层，确认接收到的分组，设置发送最后确认分组的超时时钟等。TCP 还要进行流量控制，以防止接收方由于来不及处理发送方发来的数据而造成的缓冲区溢出。由于传输层提供了高可靠性的端到端的通信，因此应用层可以忽略所有这些细节。

而另一方面，UDP 则为应用层提供一种非常简单的服务。它只是把称做数据包的分组从一台主机发送到另一台主机，但并不保证该数据报能到达另一端。任何必需的可靠性必须由应用层来提供。

这两种传输层协议分别在不同的应用程序中有不同的用途，这一点将在后面介绍。

4. 应用层

应用层给应用程序提供访问其他层服务的能力并定义应用程序用于交换数据的协议。根据用户对网络使用需要不同，已经制定了非常丰富的应用层协议，并且不断有新的应用协议的加入。

几乎各种不同的 TCP/IP 实现都会提供下面这些通用的应用程序。

（1）FTP 文件传输协议。

（2）SMTP 简单邮件传送协议。

（3）HTTP 超文本传送协议。

（4）Telnet 远程登录。

这几个应用协议将在后面小节介绍。

4.2 IP 协 议

IP 协议是 TCP/IP 协议集中最为核心的协议。所有的 TCP、UDP、ICMP 及 IGMP 数据都以 IP 数据报格式传输，许多刚开始接触 TCP/IP 的技术人员对 IP 提供不可靠、无连接的数据报传送服务感到很奇怪，特别是那些具有 X.25 或 SNA 背景知识的技术人员。

不可靠（Unreliable）的意思是它不能保证 IP 数据报能成功地到达目的地。IP 仅提供最好的传输服务。如果发生某种错误时，如某个路由器暂时用完了缓冲区，IP 有一个简单的错误处理算法，即丢弃该数据报，然后发送 ICMP 消息报给信源端。任何要求的可靠性必须由上层来提供（如 TCP）。

无连接（Connectionless）这个术语的意思是 IP 并不维护任何关于后续数据报的状态信息。每个数据报的处理是相互独立的。这也说明，IP 数据报可以不按发送顺序接收。如果一信源向相同的信宿发送两个连续的数据报（先 A，然后 B），每个数据报都是独立地进行路由选择，可能选择不同的路线，因此 B 可能在 A 到达之前先到达。

本节从 IP 地址、IP 数据报格式以及 IP 路由三方面来介绍 IP 协议的基本内容。

一、IP 地址及子网

1. IP 地址

一般情况下，一台主机只有一条链路与网络相连，当主机中的网络层实体发送数据报时，必定使用该链路。主机与链路之间的边界称为接口。而路由器却有很大不同，由于路由器的任务是在"进线"上接收数据，然后在"出线"上进行转发。那么路由器至少要连接两条以上链路。路由器与链路之间的边界也称为接口。由于主机和路由器都可以接收 IP 数据报，而 IP 协议要求每个接口都需要一个 IP 地址。所以从技术上讲，IP 地址只是与接口有关，而不是与主机或路由器有关。

因特网上，主机与网络的每个接口都必须有唯一的 IP 地址，任何两个不同接口的，IP 地址也是不同的。因此，如果一套主机或路由器与因特网有多个接口，则它可以拥有多个 IP 地址，每个接口对应一个 IP 地址。

所谓 IP 地址就是给每个连接在 Internet 上的主机分配的一个 32bit 地址。为了方便书写与记忆，通常将每个字节用一个十进制数来表示，字节之间用句点分隔，如 202.38.76.80。

IP 地址共五类，如图 4-3 所示。每个地址的最高几位为类型标志（如 A 类地址最高位为 0 作为标志）。地址其余位分为网络地址和主机地址两部分，网络地址用于唯一地标识一个网络，而主机地址说明其在网络中的编号，全 0 和全 1 地址具有特殊含义。E 类地址作为保留。D 类地址用于组播业务。A 类～C 类地址根据网络规模来使用，通常 A 类、B 类地址用于大型网络，C 类地址用于局域网。一般来说，每个中断只分配一个 IP 地址，而连接不同网络的路由器，要分别拥有一个它所在网络的 IP 地址。

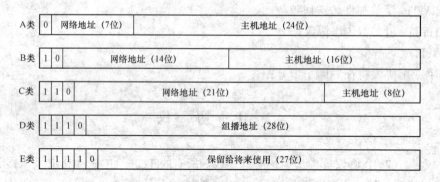

图 4-3　IP 地址分类

（1）A 类 IP 地址。一个 A 类 IP 地址由 1B 的网络地址和 3B 主机地址组成，网络地址的最高位必须是"0"，地址范围 1.0.0.1～126. 255.255.254（二进制表示为 00000001 00000000 00000000 00000001～ 01111110 11111111 11111111 11111110）。可用的 A 类网络有 126 个，每个网络能容纳 16777214 个主机。

（2）B 类 IP 地址。一个 B 类 IP 地址由 2B 的网络地址和 2B 的主机地址组成，网络地址的最高位必须是"10"，地址范围 128.1.0.1～191.255.255.254（二进制表示为 10000000 00000001 00000000 00000001～10111111 11111111 11111111 11111110）。可用的 B 类网络有 16384 个，每个网络能容纳 65534 个主机。

（3）C 类 IP 地址。一个 C 类 IP 地址由 3B 的网络地址和 1B 的主机地址组成，网络地址的最高位必须是"110"，地址范围 192.0.1.1～223.255.255.254（二进制表示为 11000000 00000000 00000001 00000001～11011111 11111111 11111111 11111110）。C 类网络可达 2097150个，每个网络能容纳 254 个主机。

（4）D 类 IP 地址。D 类 IP 地址第一个字节以"1110"开始，它是一个专门保留的地址，并不指向特定的网络，目前这一类地址被用在多点广播（Multicast）中。多点广播地址用来一次寻址一组计算机，它标识共享同一协议的一组计算机。地址范围 224.0.0.1～239.255.255.254。

（5）E 类 IP 地址。E 类 IP 地址以"1111"开始，为将来使用保留。E 类地址保留，仅作实验和开发用。全零（"0. 0. 0. 0"）地址指任意网络。全"1"的 IP 地址（"255.255.255.255"）是当前子网广播地址。

所有的 IP 地址都由国际组织 NIC（Network Information Center）负责统一分配，目前全世界共有三个这样的网络信息中心。

（1）InterNIC：负责美国及其他地区。

（2）ENIC：负责欧洲地区。

（3）APNIC：负责亚太地区。我国申请 IP 地址要通过 APNIC，APNIC 的总部设在澳大利亚布里斯班。

2. 子网

在实际应用中，仅靠这五类地址来划分网络会有很多问题，比如 A 类地址和 B 类地址都允许一个网络中包含大量的机器，但实际不可能将这么多机器都连接到一个单一的网络中，这会给网络寻址和管理带来很大的困难。解决这个问题需要在网络中引入子网。

在一个网络中引入子网，就是将主机地址域进一步划分为子网地址和主机地址，通过灵活定义子网地址的位数，可以控制每个子网的规模。将一个大网络划分成若干个相互独立又相互联系的子网后，对外仍是一个单一的网络，网络外部并不需要知道网络内部子网划分细节，但网络内部各个子网实行独立寻址和管理。子网间通过跨子网的路由器相互连接，以便解决网络寻址和网络安全问题。

判断两台机器是否在同一个子网中，需要用到子网掩码。子网掩码同 IP 地址一样是一个 32bit 的二进制数，只是其主机标识部分全为 0，其网络标识部分全为 1。A、B、C 三类 IP 地址的子网掩码分别为 a.b.c.d/8、a.b.c.d/16、a.b.c.d/24。

尽管 IP 地址一般以点分十进制方法表示，但是子网掩码却经常用十六进制来表示，特别是当界限不是一个字节时，因为子网掩码是一个比特掩码。

给定 IP 地址和子网掩码以后，主机就可以确定 IP 数据报的目的地。这些目的地是：①本子网上的主机；②本网络中其他子网中的主机；③其他网络上的主机。如果知道本机的 IP 地址，那么就知道它是否为 A 类、B 类或 C 类地址（从 IP 地址的高位可以得知），也就知道网络号和子网号之间的分界线。而根据子网掩码就可知道子网号与主机号之间的分界线。

概括地讲，判断两个 IP 地址是不是在同一个子网中，只要判断这两个 IP 地址与子网掩码做逻辑与运算的结果是否相同即可，相同则说明在同一个子网中。举例说明如下：

假设我们的主机地址是 140.252.1.1（一个 B 类地址），而子网掩码为 255.255.255.0（其中 8bit 为子网号，8bit 为主机号），如图 4-4 所示。

（1）如果目的 IP 地址是 140.252.4.5，则 B 类网络号是相同的（140.252），但是子网号是不同的（1 和 4）。用子网掩码在两个 B 类 IP 地址之间的比较如图 4-4 所示。

（2）如果目的 IP 地址是 140.252.1.22，那么 B 类网络号还是一样的（140.252），而且子网号也是一样的（1），但是主机号是不同的。

（3）如果目的 IP 地址是 192.43.235.6（一个 C 类地址），那么网络号是不同的，因而进一步的比较就不用再进行。

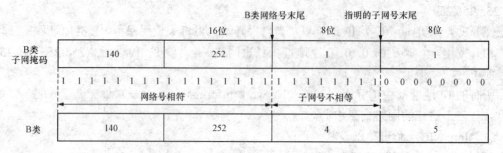

图 4-4　使用子网掩码的两个 B 类地址之间的比较

二、IPv4 与 IPv6

现有的互联网是在 IPv4 协议的基础上运行的。IPv6 是下一版本的互联网协议，也可以说是下一代互联网的协议，它的提出最初是因为随着互联网的迅速发展，IPv4 定义的有限地址空间将被耗尽，而地址空间的不足必将妨碍互联网的进一步发展。为了扩大地址空间，拟通过 IPv6 以重新定义地址空间。IPv4 采用 32 位地址长度，只有大约 43 亿个地址，估计在 2005～2010 年间将被分配完毕，而 IPv6 采用 128 位地址长度，几乎可以不受限制地提供地址。按保守方法估算 IPv6 实际可分配的地址，整个地球的每平方米面积上仍可分配 1000 多个地址。在 IPv6 的设计过程中除解决了地址短缺问题以外，还考虑了在 IPv4 中解决得不好的其他一些问题，主要有端到端 IP 连接、服务质量（QoS）、安全性、多播、移动性、即插即用等。

与 IPv4 相比，IPv6 主要有如下一些优势。

（1）明显地扩大了地址空间。IPv6 采用 128 位地址长度，几乎可以不受限制地提供 IP 地址，从而确保了端到端连接的可能性。

（2）提高了网络的整体吞吐量。由于 IPv6 的数据包可以远远超过 64kB，应用程序可以利用最大传输单元（MTU），获得更快、更可靠的数据传输，同时在设计上改进了选路结构，采用简化的报头定长结构和更合理的分段方法，使路由器加快数据包处理速度，提高了转发效率，从而提高了网络的整体吞吐量。

（3）使得整个服务质量得到很大改善。报头中的业务级别和流标记通过路由器的配置可以实现优先级控制和 QoS 保障，从而极大改善了 IPv6 的服务质量。

（4）安全性有了更好的保证。采用 IPSec 可以为上层协议和应用提供有效的端到端安全保证，能提高在路由器水平上的安全性。

（5）支持即插即用和移动性。设备接入网络时通过自动配置可自动获取 IP 地址和必要的参数，实现即插即用，简化了网络管理，易于支持移动节点。而且 IPv6 不仅从 IPv4 中借鉴了许多概念和术语，还定义了许多移动 IPv6 所需的新功能。

（6）更好地实现了多播功能。在 IPv6 的多播功能中增加了"范围"和"标志"，限定了路由范围和可以区分永久性与临时性地址，更有利于多播功能的实现。

随着互联网的飞速发展和互联网用户对服务水平要求的不断提高，IPv6 在全球将会越来越受到重视。

三、IP 数据报

IP 数据报的格式如图 4-5 所示。普通的 IP 数据报首部长为 20B，除非含有选项字段。

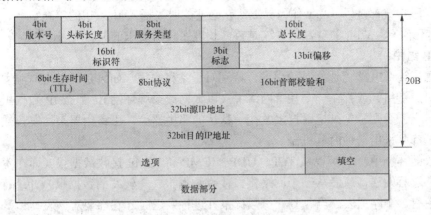

图 4-5　IP 数据报的格式

版本号：4bit 的版本字段用于表示建立数据报的 IP 协议版本。当前的 IP 协议版本是 4，并以二进制 0100 编码。下一代的 IP 协议版本是 6，以二进制 0110 编码。

头标长度和总长度：头标长度字段跟在版本号字段之后并同样为 4bit 长，该字段只是头标的长度。总长度则指的是数据报的全长，包括头标与高层信息。使用 16bit 用于全长字段，使 IP 数据包的长度最大可为 216B 或 65535B。

服务类型：服务类型字段标识如何处理数据报，该字段的 8bit 中的 3bit 用于表示分配给发送者的优先级或者重要程度。因此，该字段提供了选路 IP 数据报的优先级。

标识符：标识符字段标识每一份数据报或者分段数据报。如果数据报已经被分段，则偏移量字段说明承载数据在原数据报中的偏移量。实际上，该字段指示在完整消息中该分段的位置。

生存时间：生存时间（TTL）规定数据报可以生存的最长时间。由于精确的时间难以测量，几乎所有路由器均在数据报在网络间传送时对该字段的值减一，该字段值达到零时则放弃该数据报。因此，该字段更确切的名称为跳次计数字段。可以将该字段看成失效—安全机制，因为它可以防止地址错误的数据报在因特网上不停地被传送。

8bit 协议：协议字段说明用于生成该数据报所承载的消息的高层协议。例如，值为十进制 6 时指明是 TCP，而值为十进制 17 时则指明是 UDP。

源/目的地址：源/目的地址长度均为 32bit，每一个地址代表一个网络及该网络上的一台主机。

最后一个字段是任选项，是数据报中的一个可变长的可选信息。目前，这些任选项定义如下：

（1）安全和处理限制（用于军事领域）；

（2）记录路径（让每个路由器都记下它的 IP 地址）；

（3）时间戳（让每个路由器都记下它的 IP 地址和时间）；

（4）宽松的源站选路（为数据报指定一系列必须经过的 IP 地址）；

（5）严格的源站选路（与宽松的源站选路类似，但是要求只能经过指定的这些地址，不能经过其他的地址）。

这些选项很少被使用，并非所有的主机和路由器都支持这些选项。

选项字段一直都是以 32bit 作为界限，在必要的时候插入值为 0 的填充字节。这样就保证了 IP 首部始终是 32bit 的整数倍（这是首部长度字段所要求的）。

四、IP 路由

从概念上说，IP 路由选择是简单的，特别对于主机来说。如果目的主机与源主机直接相连（如点对点链路）或都在一个共享网络上（以太网或令牌环网），那么 IP 数据报就直接送到目的主机上。否则，主机把数据报发往一默认的路由器上，由路由器来转发该数据报。大多数的主机都是采用这种简单机制。

在一般的体制中，IP 可以从 TCP、UDP、ICMP 和 IGMP 接收数据报（即在本地生成的数据报）并进行发送，或者从一个网络接口接收数据报（待转发的数据报）并进行发送。IP 层在内存中有一个路由表。当收到一份数据报并进行发送时，它都要对该表搜索一次。当数据报来自某个网络接口时，IP 首先检查目的 IP 地址是否为本机的 IP 地址之一或者 IP 广播地址。如果确实是这样，数据报就被送到由 IP 首部协议字段所指定的协议模块进行处理。如果数据报的目的 IP 地址不是这些地址，那么，如果 IP 层被设置为路由器的功能，那么就对数据报进行转发，否则，数据报被丢弃。

路由表中的每一项都包含下面这些信息。

（1）目的 IP 地址。它既可以是一个完整的主机地址，也可以是一个网络地址，由该表目中的标志字段来指定。主机地址有一个非 0 的主机号，用以指定某一特定的主机；而网络地址中的主机号为 0，用以指定网络中的所有主机（如以太网、令牌环网）。

（2）下一站（或下一跳）路由器（Next-hop Router）的 IP 地址。下一站路由器是指一个在直接相连网络上的路由器，通过它可以转发数据报。下一站路由器不是最终的目的地址，但是它可以把传送给它的数据报转发到最终目的地址。

（3）标志。其中一个标志指明目的 IP 地址是网络地址还是主机地址；另一个标志指明下一站路由器是否为真正的下一站路由器，还是一个直接相连的接口。

（4）网络接口。为数据报的传输指定一个网络接口。

IP 路由选择主要完成以下这些功能。

（1）搜索路由表，寻找能与目的 IP 地址完全匹配的表目（网络号和主机号都要匹配）。如果找到，则把报文发送给该表目指定的下一站路由器或直接连接的网络接口（取决于标志字段的值）。

（2）搜索路由表，寻找能与目的网络号相匹配的表目。如果找到，则把报文发送给该表目指定的下一站路由器或直接连接的网络接口（取决于标志字段的值）。目的网络上的所有主机都可以通过这个表目来处置。如，一个以太网上的所有主机都通过这种表目进行寻径，这种搜索网络的匹配方法必须考虑可能的子网掩码。

（3）搜索路由表，寻找标为"默认（Default）"的表目。如果找到，则把报文发送给该表目指定的下一站路由器。

如果上面这些步骤都没有成功，那么该数据报就不能被传送。如果不能传送的数据报来自本机，那么一般会向生成数据报的应用程序返回一个"主机不可达"或"网络不可达"的错误。

完整主机地址匹配在网络号匹配之前执行，只有当它们都失败后才选择默认路由。默认路由，以及下一站路由器发送的 ICMP 间接报文（如果为数据报选择了错误的默认路由），是 IP 路由选择机制中功能强大的特性。

为一个网络指定一个路由器，而不必为每个主机指定一个路由器，这是 IP 路由选择机制的另一个基本特性。这样做可以极大地缩小路由表的规模，比如 Internet 上的路由器只有几千个表目，而不会是超过 100 万个表目。

4.3　传 输 层 协 议

在因特网传输层有两种主要协议：一种是面向连接的协议，一种是无连接的协议。

面向连接的协议是 TCP，无连接的协议是 UDP。由于 UDP 基本上是在 IP 的基础上增加一个简短的报头而得到的，在普通的因特网文献中，将 TCP 的 PDU 称为段，而将 UDP 的 PDU 称为数据报（Datagram）。这里将传输层的 PDU 统一称为段。

首先回顾一下网络层，网络层最重要的协议是 IP 协议。IP 提供主机间的逻辑通信，它提供"尽力而为"的服务模型。这就意味着 IP 服务将"尽力而为"地在主机之间传送段，但不做任何承诺。具体来说，就是网络层不能保证段的交付与否、段的交付顺序以及段中数据的完整性。由于这些原因，IP 服务被称为"不可靠"的服务。

在理解 IP 的基础上，来考虑 TCP 和 UDP 的服务模型。这两个协议最基本的任务就是延伸 IP 提供的服务。IP 所提供的服务是在两个主机间传递数据，而 TCP 和 UDP 的任务则是将传递服务延伸到各个主机的诸多进程之间。通过设备校验字段，UDP 和 TCP 提供保证数据完整性的验证功能。与 IP 协议一样，UDP 也提供不可靠的服务。

一、TCP 协议

本节将介绍 TCP 为应用层提供的服务，以及 TCP 首部中的各个字段。TCP（Transmission Control Protocol）协议被用来在一个不可靠的互联网中为应用程序提供可靠的端点间的字节流服务。所有的 TCP 连接都是全双工和点对点的。所谓全双工是指数据可在连接的两个方向上同时传输。点对点意味着每个 TCP 只有两个端点，因为 TCP 不支持广播和组播的功能：TCP 连接的是一个字节流而不是一个报文流，不保留报文的边界。发送方 TCP 实体将应用程序的输出不加分隔地放在数据缓冲区中，输出时将数据块划分成长度适中的段，将每个段封装在一个 IP 数据包中传输，段中的每个字节都分配一个序号；接收方 TCP 实体完全根据字节序号将各个段组装成连续的字节流交给应用程序，而并不了解这些数据是由发送方应用程序分几次写入的，对数据流的解释和处理完全由高层协议来完成。

TCP 实体间交换数据的基本单元是"段"，对等 TCP 实体在建立连接时，可以向对方声明自己所能接收的最大段长（Maximum Segment Size，MSS），如果没有声明则双方将使用一个默认的 MSS。在不同的网络环境中，这个默认的 MSS 是不同的，因为每个网络都有一个最大传输单元（Maximum Transfer Unit，MTU），MSS 的选取应使得每个段封装成 IP 数据报后，其长度不超过相应网络的 MTU，当然也不能超过 IP 数据报的最大长度 65535B。

为实现可靠的数据传输服务，TCP 不仅提供了对段的检错、应答、重传和排序功能，而且提供了可靠地建立连接和拆除连接的方法，以及流量控制和阻塞控制的机制。

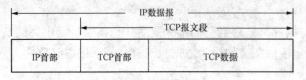

图 4-6　TCP 数据在 IP 数据报中的封装

1. TCP 段的报头结构

TCP 数据被封装在一个 IP 数据报中，如图 4-6 所示。

图 4-7 显示了 TCP 首部的数据格式。如果不计任选字段，它通常是 20B。

如果计算选项部分的话，TCP 数据最长可为 $65535-20-20=65495$（B），其中第一个 20 指 IP 数据报头的长度，第二个 20 指 TCP 头长度。TCP 数据域长度为 0 也是合法的，这样的段通常用于应答和控制报文。

每个 TCP 段都包含源端和目的端的端口号，用于寻找发端和收端应用进程。这两个值加上 IP 首部中的源端 IP 地址和目的端 IP 地址唯一确定一个 TCP 连接。

有时，一个 IP 地址和一个端口号也称为一个插口（Socket）。插口对（Socket Pair），包含客户 IP 地址、客户端口号、服务器 IP 地址和服务器端口号的四元组，可唯一确定互联网络中每个 TCP 连接的双方。

序号用来标识从 TCP 发端向 TCP 收端发送的数据字节流，它表示

图 4-7　TCP 首部的数据格式

在这个报文段中的第一个数据字节。如果将字节流看成在两个应用程序间的单向流动，则 TCP 用序号对每个字节进行计数。序号是 32bit 的无符号数，序号到达 $2^{32}-1$ 后又从 0 开始。

当建立一个新的连接时，SYN 标志变 1。序号字段包含由这个主机选择的该连接的初始序号（Initial Sequence Number，ISN）。该主机要发送数据的第一个字节序号为这个 ISN 加 1。

TCP 为应用层提供全双工服务。这意味着数据能在两个方向上独立地进行传输。因此，连接的每一端必须保持每个方向上的传输数据序号。

首部长度给出首部中 32bit 的数目。需要这个数值是因为任选字段的长度是可变的。这个字段占 4bit，因此 TCP 最多有 60B 的首部。然而，没有任选字段，正常的长度是 20B。在 TCP 首部中 6 个标志比特。它们中的多个可同时被设置为 1。这里简单介绍它们的用法。

URG：指示紧急指针（Urgent Pointer）是否有效。Urgent Pointer 用来指示紧急数据距离当前字节序号的偏移字节数。当接收方收到一个 URG 为 1 的段后，立即中断当前正在执行的程序，根据 Urgent Pointer 找到段中的紧急数据，优先处理。

ACK：当 ACK 为 1 时，表示确认序号有效。

PSH：当 PSH 为 1 时，表示接收方应该尽快将这个报文段交给应用程序，而不是等接收

缓冲区满后再递交。

RST：当 RST 为 1 时，表示复位一个连接，通常用于主机发生崩溃之后的重建连接，也可以表示拒绝建立一个连接或者拒绝接收一个非法的段。

SYN：同步序号用来发起一个连接。

FIN：当 FIN 为 1 时表示数据发送结束，但仍可以继续接收另一个方向的数据。

窗口大小表示发送方可以发送的字节数，值为 0 是允许的，它表示接收方缓冲区满，这个域用于 TCP 流量控制。

校验和对 TCP 头、TCP 数据域及 TCP 伪报头结构进行校验。

2. TCP 连接的建立和释放

TCP 是一个面向连接的协议。无论哪一方向另一方发送数据之前，都必须先在双方之间建立一条连接。TCP 采用如图 4-8 所示的过程建立连接。

第一步，请求连接的一方（客户进程）发送一个 SYN 置 1 的 TCP 段，将客户进程选择的初始连接序号放入 SEQ（Sequence Number）域中（设为 x）。

第二步，服务进程返回一个 SYN 和 ACK 都置为 1 的 TCP 段，将服务进程选择的初始连接序号放入 SEQ 域中（设为 y），并在 ACK（ACknowledgement Number）域中对客户进程的初始连接序号进行应答（x+1）。

第三步，客户进程发送一个 ACK 置为 1 的 TCP 段，在 ACK 域中对服务进程的初始连接序号进行应答（y+1）。

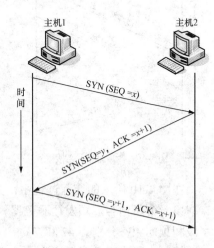

图 4-8　TCP 连接建立过程

以上这三个报文段完成连接的建立。这个过程也称为三次握手（Three-way Handshake）。

TCP 采用对称释放法来释放连接，通信双方必须都向对方发送 FIN 置 1 的 TCP 段并得到对方的应答，连接才能被释放，因而释放连接必须经过如图 4-9 所示的四个阶段。

（1）由主机 1 发送 FIN 报文，终止从主机 1 向主机 2 方向的连接；

（2）主机 2 收到由主机 1 发出的 FIN 报文，发送对于 FIN 报文的应答报文，通知主机 1 已经终止此方向的数据传送；

（3）同时，主机 2 再向主机 1 发送 FIN 报文，终止由主机 2 向主机 1 方向的连接；

（4）主机 1 收到主机 2 发出的 FIN 报文，发送对于该 FIN 报文的应答报文，通知主机 2 已经终止该方向的数据传送。

Telnet（RFC 854）是一个常见的因特网应用，用于从远程登录某台网络主机。它运行在 TCP 基础上，并在一对网络主机之间进行。它不是进行大量数据传输，而是一种交互式应用。这里，以此为例，说明 TCP 的工作机制。

假设 A 主机启动了与 B 主机进行的 Telnet 会话，那么 A 主机就是客户端，B 主机为服务器。每个从客户端发来的字符都将送到服务器，然后远程主机将该字符的拷贝返回给客户端，并在客户端屏幕上显示。这种"回声"处理是为了保证用户所看见的字符都已经送达远程主机并已经为远程主机所处理。也就是说，每个用户敲击的字符在用户看见时，已经在网络上往返各一次。

假设用户敲击了一下 C 键，然后停顿一下。现在来观察一下此时客户端和服务器之间的 TCP 端的往返情况。如图 4-10 所示，假设起始的客户端和服务器的顺序号分别为 42 和 79。

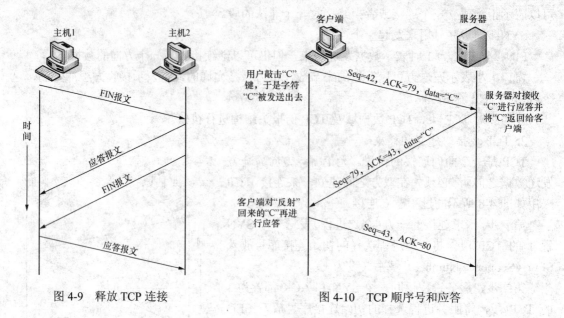

图 4-9　释放 TCP 连接　　　　　　图 4-10　TCP 顺序号和应答

在图 4-10 所示的交互过程中，共有三个段被发送。

第一个段由客户端发往服务器。在其数据字段中，只有一个 ASCII 码（"C"）。其顺序号字段和预期应答分别为 42 和 79。

第二个段由服务器发往客户端。该段具有双重作用，一是把 43 放到应答字段，表示数据已经收到，正在期待 43 号字段的达到；二是把 "C" 放在数据字段中返回给客户端。请注意在应答的过程中同时兼有数据的传送，这种操作被称为 "捎带应答"。

第三个段由客户端发往服务器，该段的目的纯粹是为了应答。该段的数据字段没有任何数据。

3. TCP 流量控制及阻塞控制

TCP 采用滑动窗口机制进行流量控制。当建立一个连接时，每端都为该连接分配一块缓冲区，数据到达时先放到缓冲区，然后在适当的时候再由 TCP 实体交给应用程序处理。由于每个连接的接收缓冲区大小是固定的，当发送方发送过快时，会导致缓冲区溢出，造成数据丢失，因此接收方必须随时通报缓冲区的剩余空间，以便发送方调整流量。

接收方通过将缓冲区的剩余空间大小放入 Window Size 域来通知发送方，发送方每次发送的数据量不能超过 Window Size 中指定的字节数。当 Window Size 为 0 时，发送方必须停止发送。当接收方将数据交给应用层后，发送一个 ACK 来告知发送方新的接收窗口大小。

为了避免发送太短的段，在有些情况下，TCP 实体不马上发送应用程序的输出，而是收集够一定量的数据后再发送。对于交互式的应用程序来说，每当用户接收输入，就应该立即发送用户输入的数据而不能等待。另外，为了避免接收方稍有一点剩余空间就立即发送窗口更新的 ACK 段，通常要求接收方腾出一定数量的空间后再请求发送。

当过多数据进入网络时会导致网络阻塞。阻塞发生时会引起发送方超时，虽然超时也有可能由数据传输出错引起，但在当前的网络环境中，由于传输介质的可靠性越来越高，数据传输出错的可能性很小，因此导致超时的绝大多数原因是网络阻塞。TCP 实体就是根据超时来判断是否发生了网络阻塞。

　　考虑到网络的处理能力，仅有一个接收窗口是不够的，发送方还必须维持一个阻塞窗口，发送窗口必须是接收窗口和阻塞窗口中较小的一个。和接收窗口一样，阻塞窗口也是动态可变的。连接建立时，阻塞窗口被初始化成该连接支持的最大长度，然后 TCP 实体发送一个最大长度的段，如果这个段没有超时，则将阻塞窗口调整成两个最大段长度，然后发送两个最大长度的段。每当发送出去的段都及时地得到应答，就将阻塞窗口的大小加倍，直至最终达到接收窗口大小或发生超时，这种算法称为慢开始。如果发生超时，TCP 实体会将一个门限参数设置成当前阻塞窗口的一半，然后将阻塞窗口重新初始化成最大段长度，再一次执行慢开始算法，直至阻塞窗口的大小达到设定的门限值。这是减慢阻塞窗口的增大速率，每当发送出去的段得到及时应答，就将阻塞窗口增加一个最大段长度，如此阻塞窗口呈线性增长直至到达接收窗口或又发生超时。当阻塞窗口达到接收窗口时即不再增大，此后一直保持不变，除非接收窗口改变或又发生超时；如果，发生超时则使用上述阻塞控制算法重新确定合适的阻塞窗口大小。

　　采用流量控制和阻塞控制机制后，发送方可以随时根据接收方的处理能力和网络的处理能力来选择一个最合适的发送速率，从而充分有效地利用网络资源。

二、UDP 协议

　　UDP（User Datagram Protocol，用户数据包协议）协议，是 OSI 参考模型中一种无连接的传输层协议，提供面向事务的简单不可靠信息传送服务，为应用程序提供了对数据报传输服务的直接访问权。

　　UDP 从应用程序接过报文后，附上宿端口号和源端口号以及两个其他小字段后直接将结果递交给网络层。网络层将该段封装到数据报后，尽力而为地将数据交给接收主机。如果数据报到达接收主机，UDP 将根据 IP 地址和两个端口号，将段数据交给相应的程序。在这个过程中，两个收发的传输层实体间是不存在握手过程的。由于这个原因，UDP 被认为是无连接的。

　　UDP 段结构如图 4-11 所示。端口号（Source Port，Destination Port）用来识别发送进程和接收进程，Length 指示 UDP 段字节长度（包含报头结构和数据域），最小值为 8，也就是说数据域长度可以为 0；Checksum 对 UDP 头以及数据域部分进行校验。

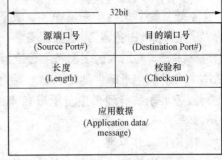

图 4-11　UDP 段结构

　　尽管 Checksum 是一个可选项，但大多数的实现都允许这个选项，因为 IP 只对 IP 数据报头进行校验，如果 UDP 也不对数据内容进行校验，那么就要由应用层来检测链路层上的传输错误了。当设置了 UDP Checksum 后，如果接收方判断收到的段有错，则只是简单地将段丢弃，并不向信源报告错误。

　　UDP 有以下几个特性。

　　（1）UDP 是一个无连接协议，传输数据之前源端和终端不建立连接，当其想传送数据时就简单地去抓取来自应用程序的数据，并尽可能快地将它扔到网络上。在发送端，UDP 传送数据的速率仅仅是受应用程序生成数据的速率、计算机的能力和传输带宽的限制；在接收端，UDP 把每个消息段放在队列中，应用程序每次从队列中读一个消息段。

（2）由于传输数据不建立连接，因此也就不需要维护连接状态，包括收发状态等，因此一台服务机可同时向多个客户机传输相同的消息。

（3）UDP 信息包的标题很短，只有 8 个字节，相对于 TCP 的 20 个字节信息包，额外开销很小。吞吐量不受拥挤控制算法的调节，只受应用软件生成数据的速率、传输带宽、源端和终端主机性能的限制。

（4）UDP 只是尽最大努力交付，即不保证可靠交付，因此主机不需要维持复杂的连接状态表（这里面有许多参数）。

（5）UDP 是面向报文的。发送方的 UDP 对应用程序交下来的报文，在添加首部后就向下交付给 IP 层，既不拆分，也不合并，而是保留这些报文的边界，因此，应用程序需要选择合适的报文大小。

虽然 UDP 是一个不可靠的协议，但它是分发信息的一个理想协议。例如，在屏幕上报告股票市场、在屏幕上显示航空信息等。UDP 也用在路由信息协议（Routing Information Protocol，RIP）中修改路由表。在这些应用场合下，如果有一个消息丢失，在几秒之后另一个新的消息就会替换它。UDP 广泛用在多媒体应用中，例如，Progressive Networks 公司开发的 RealAudio 软件。它是在因特网上把预先录制的或者现场音乐实时传送给客户机的一种软件。该软件使用的 RealAudio Audio-on-demand Protocol 协议就是运行在 UDP 之上的协议，大多数因特网电话软件产品也都运行在 UDP 之上。

4.4 应 用 层 协 议

一、FTP 文件传输协议

FTP 是另一个常见的应用程序，是用于文件传输的 Internet 标准。FTP 是基于 TCP 的文件传输协议，其传输可靠性由 TCP 来保障。由 FTP 提供的文件传送是将一个完整的文件从一个系统复制到另一个系统中。一般来说，因特网上有两大类 FTP 文件服务器：一类是所谓的"匿名 FTP 服务器"，这类服务器向公众提供文件资源服务，不要求用户事先在该服务器上进行注册。与这类匿名服务器建立连接时，一般在用户名栏填入"anonymous"，而在密码栏填上用户的电子邮件地址。另一类为非匿名 FTP 服务器，要进入该类服务器前，用户必须先向服务器系统管理员申请用户名和密码。非匿名 FTP 服务器通常供内部使用或提供咨询服务。

1. FTP 工作原理

在典型的 FTP 会话中，用户一般坐在本地主机前操作同远程主机之间的文件传输。为了能够访问远程账户，用户必须提供用户标识和密码。在通过身份验证后，用户才可以在本地和远程主机之间传输文件。用户通过 FTP 的用户代理与 FTP 进行交互。用户首先需要提供远程主机名或 IP 地址，以便本地 FTP 客户端能够同远程主机上的 FTP 服务器进程建立连接。然后用户提供其标识和密码，这些作为 FTP 的命令参数通过 TCP 服务器连接送到 FTP 服务器。一旦验证通过，用户即可在两个系统之间进行通信。

FTP 需要 TCP 协议的支持。FTP 使用两个并行的 TCP 连接来传输文件，一个称为控制连接（Control Connection），另一个称为数据连接（Data Connection）。控制连接主要用来在两个主机之间传输控制信息，如用户标识、密码、远程操作主机文件目录的命令、发送文件和取回文件的命令等；而数据连接则真正用来发送文件。由于 FTP 使用单独的控制连接，所以 FTP 的控制信息被称为"分路（Out-of-band）"发送的。

FTP 的控制和数据连接如图 4-12 所示。

（1）控制连接以通常的客户-服务器方式建立。服务器以被动方式打开众所周知的用于 FTP 的端口（21），等待客户的连接。客户则以主动方式打开 TCP 端口 21 号，来建立连接。控制连接始终等待客户与服务器之间的通信。该连接将命令从客户传给服务器，并传回服务器的应答。

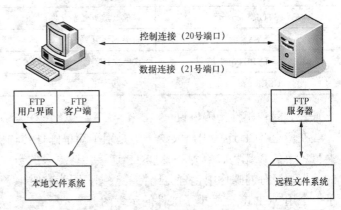

图 4-12　FTP 工作原理

由于命令通常是由用户键入的，所以 IP 对控制连接的服务类型就是"最大限度地减小延迟"。

（2）每当一个文件在客户与服务器之间传输时，就创建一个数据连接。由于该连接用于传输目的，所以 IP 对数据连接的服务特点就是"最大限度地提高吞吐量"。

在整个会话过程中，FTP 服务器必须始终保持用户的所有状态信息，特别是服务器必须注意特定用户账户和控制连接的关联，当用户在远程系统内部"转悠"的同时，服务器必须保持用户当前目录的踪迹。由于需要跟踪每个联机用户的状态信息，需要耗费 FTP 服务器的大量资源，因此限制了同时能够联机的 FTP 用户个数。

2. FTP 命令和应答

命令和应答在客户和服务器的控制连接上以 NVT ASCII 码形式传送。这就要求在每行结尾都要返回 CR、LF 对（也就是每个命令或每个应答）。

从客户发向服务器的 Telnet 命令（以 IAC 打头）只有中断进程（<IAC，IP>）和 Telnet 的同步信号（紧急方式下<IAC，DM>）。我们将看到这两条 Telnet 命令被用来中止正在进行的文件传输，或在传输过程中查询服务器。另外，如果服务器接收了客户端的一个带选项的 Telnet 命令（WILL，WONT，DO 或 DONT），它将以 DONT 或 WONT 响应。

这些命令都是 3 或 4 个字节的大写 ASCII 字符，其中一些带选项参数。从客户向服务器发送的 FTP 命令超过 30 种，表 4-1 给出了一些常用命令。

表 4-1　　　　　　　　　　　FTP 常 用 命 令

命　　令	说　　明
ABOR	放弃先去的 FTP 命令和数据传输
LIST filelist	列表显示文件或目录
PASS password	服务器上的口令
PORT n1, n2, n3, n4, n5, n6	客户端 IP 地址（n1，n2，n3，n4）和端口（n5×253＋n6）

续表

命　　令	说　　明
OUIT	从服务器注销
RETR filename	检索（取）一个文件
STOR filename	存储（放）一个文件
SYST	服务器返回系统类型
TYPE type	说明文件类型：A 表示 ASCII 码，I 表示图像
USER username	服务器上用户名

二、简单邮件传输协议

在所有 TCP 连接中，大约一半是用于简单邮件传输协议（Simple Mail Transfer Protocol，SMTP）的（以比特计算为基础，FTP 连接传送更多的数据）。平均每个邮件中包含大约 1500B 的数据，但有的邮件中包含兆比特的数据，因为有时电子邮件也用于发送文件。图 4-13 显示了一个用 TCP/IP 交换电子邮件的示意图。

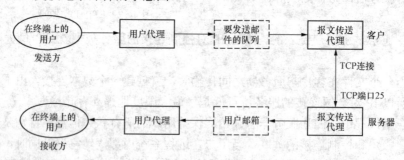

图 4-13　Internet 电子邮件示意图

SMTP 是因特网电子邮件的核心。SMTP 使用在发送方的邮件服务器向接收方的邮件服务器发送邮件的过程中，也使用在发送方的用户代理向发送方的邮件服务器发送邮件的过程中。尽管 SMTP 的 RFC 是 1982 年制定的，但是 SMTP 的应用更为久远。虽然 SMTP 有着许多优秀特质，这一点从其在因特网上的应用广泛程度可以看出来，但是它也存在着严重的不足。例如，它规定邮件信体（不仅仅是信件首部）必须是 ASCII 码。这个规定在 20 世纪 80 年代，网络通信能力欠缺，邮件没有使用大型附件和图像资料的情况下似乎还有些道理，但是在今天，多媒体时代已经到来的情况下，这个规定成为因特网应用协议中的一个缺憾——它要求所有多媒体二进制数据在使用 SMTP 发送前必须统统转换成 ASCII 码；传到目的地后，ASCII 码的报文又必须转换成二进制数据。同样是传输多媒体数据，HTTP 则简单很多。

1. SMTP 协议通信

SMTP 规定了 14 条命令，21 种响应信息。以下通过 SMTP 通信的三个阶段介绍其中最主要的命令和应答信息。

（1）连接建立，发信人先将要发送的邮件送到邮件缓存。SMTP 客户每隔一定时间（例如 30min）对邮件缓存扫描一次。如发现有邮件，就使用 SMTP 的熟知默认端口（25 号）与目的主机的 SMTP 服务器建立 TCP 连接。在建立连接后，SMTP 服务器发出 "220 ESMTP ready"。然后 SMTP 客户向 SMTP 服务器发送 HELO 命令，附上发送方的主机名。SMTP 服务器若有能力接收，则回答"250 OK"，表示已经准备好接收。若 SMTP 服务器不可用，则回答"421 Service not available"。如果在一定时间内发送不了邮件（例如 72h），则将邮件退还给发件人。

SMTP 不使用中间的邮件服务器，不管发送端和接收端的邮件服务器相隔多远，不管在邮件的传送过程中要经过多少个路由器，TCP 连接总是在发送端和接收端这两个邮件服务器之间直接建立。当接收端邮件服务器出故障而不能工作时，发送端服务器只能等待一段时间后再尝试和该邮件服务器建立 TCP 连接，而不能先找一个中间的邮件服务器建立 TCP 连接。

（2）邮件传送。邮件传送从 MAIL 命令开始。MAIL 命令后面有发信人地址，如 MAIL From：<guest01@202.117.35.70>。若 SMTP 服务器已经准备好接收邮件，则回答"250 OK"；否则，返回一个代码，指出原因，例如 451（处理时出错）、452（存储空间不够）、500（命令无法识别）等。

然后跟一个或多个 RCPT 命令，取决于将同一个邮件发送给一个或多个收信人，其格式为 RCPT To：<收信人地址>。每发送一个命令，都应当有相应的信息从 SMTP 服务器返回，如："250 OK"表示指明的邮箱在接收端的系统中；或"250 No such user here"，即不存在此邮箱。

RCTP 命令的作用是标识接收方。DATA 表示开始传送邮件报文的内容。SMTP 服务器返回的信息是"354 go ahead"。SMTP 就向接收客户端发送邮件的内容。发送完毕后，再发送一个只有一个"."符号的内容，表示邮件结束。

虽然 SMTP 使用 TCP 来保证邮件的传送可靠性，但其本身并不能保证不丢失邮件。

最小 SMTP 实现支持 8 种命令，包括 HELO、MAIL、RCPT、DATA、QUIT、RSET、VRFY 和 NOOP。RSET 命令用于异常中止当前的邮件事务并使两端复位，丢掉所有有关发送方、接收方或邮件的存储信息。

（3）连接释放。邮件发送完毕后，SMTP 客户应服务器发送 QUIT 命令。SMTP 服务器返回的信息是"221 close connection"，表示 SMTP 同意释放 TCP 连接。邮件传送的全部过程结束。

综上所述，常见的 SMTP 命令中，只有 5 个 SMTP 命令用于发送邮件，即 HELO、MAIL、RCPT、DATA 和 QUIT。其对应的功能如下：

HELO：标识自己。

MAIL：启动用户代理。

RCPT：标识接收方。

DATA：邮件报文内容。

QUIT：退出。

其他几个指令的功能为：

RSET：异常中止当前的邮件事务并使两端复位。

VRFY：使客户能够询问发送方以验证接收方地址，而无需向接收方发送邮件。

NOOP：强迫服务器响应一个 OK 应答码，不做任何事。

2. 电子邮件的信息格式

电子邮件由以下三部分组成。

（1）信封（Envelope）是因特网邮件传送代理 MTA（Mail Transfer Agent）用来交付的。

比如，信封可由两个 SMTP 命令指明：

```
MAIL From:<rstevens@sun.tuc.noao.edu>
RCPT To:<estevens@noao.edu>
```

RFC 821 指明了信封的内容及其解释，以及在一个 TCP 连接上用于交换邮件的协议。

（2）首部由用户代理使用，共有 9 个字段：Received、Message-Id、From、Data、Reply-To、X-Phone、X-Mailer、To 和 Subject。每个首部字段都包含一个名，紧跟一个冒号，接着是字段值。RFC 822 指明了首部字段的格式的解释（以 X-开始的首部字段是用户定义的字段，其他是由 RFC 822 定义的）。长首部字段，如例子中的 Received，被折在几行中，多余行以空格开头。

（3）正文（body）是发送用户发给接收用户报文的内容。RFC 822 指定正文为 NVT ASCII 文字行。当用 DATA 命令发送时，先发送首部，紧跟一个空行，然后是正文。用 DATA 命令发送的各行都必须小于 1000B。

用户接收被指定为正文的部分，加上一些首部字段，并把结果传到 MTA。MTA 加上一些首部字段，加上信封，再把结果发送到另一个 MTA。

内容（content）通常用于描述首部和正文的结合。内容是客户用 DATA 命令发送的。

三、超文本传输协议

超文本传输协议（Hypertext Transfer Protocol，HTTP）是万维网（World Wide Web，WWW，也简称为 Web）的基础，本节主要对 HTTP 进行介绍。HTTP 是一个属于应用层的面向对象的协议，适用于分布式超媒体信息系统，于 1990 年提出，经过几年的使用与发展，得到了不断的完善和扩展，为了适应 WWW 的需求，在功能和性能方面进行了大量的改进。最开始出现的 HTTP 原始协议现在被称为 HTTP 0.9，是一个面向消息的简单协议。目前在 WWW 中使用的是 HTTP 1.1。

1. HTTP 的实现

HTTP 通过两个程序实现，一个是客户端（一般称为浏览器）程序，另一个是服务器（通常称为 Web 服务器）程序。这两个程序通常运行在不同的主机上，通过交换 HTTP 报文来完成网页请求和响应。而 HTTP 则定义了这些报文的结构和客户端/服务器之间交换报文的规则。

当采用 HTTP 1.0 时，Web 服务过程是这样的：

（1）HTTP 的客户端启动了对 www.someshol.edu.cn 服务器的 TCP 连接，该服务器的 80 号端口（HTTP 默认端口）用来监听来自网络的网页请求服务。

（2）HTTP 的客户端通过第一步建立的连接套接字（Socket）发送"请求报文"，请求报文中包含了文档的路径名（/somedepartment/home.index）。

（3）HTTP 的服务器通过第一步建立的连接套接字收到了请求报文，从磁盘或内存中查找/somedepartment/home.index，将文档封存在 HTTP 的"响应报文"中，并通过先前建立的套接字将该报文发送到客户端。

（4）HTTP 服务器告诉 TCP 断开连接。

（5）当客户端接收到响应报文，本次 TCP 连接结束。

随着浏览器接收网页的进程，网页内容也逐步在浏览器窗口中显示。两个不同的浏览器所解析网页的效果可能是不尽相同的。而 HTTP 则与浏览器如何解析网页毫无关系，HTTP

协议其实只定义了浏览器和 Web 服务器的通信协议。

上述步骤使用的是非持续连接的工作模式，这是由于服务器在每个对象发送过后，都要关闭 TCP 连接。由于每个 TCP 连接传输一个请求报文和一个响应报文，这样，上面这个例子中传送一个网页需要进行 11 次 TCP 连接。显然，非持续连接的效率是比较低的，每次 TCP 连接的建立过程，会有比较大的开销。还有，由于需要为每个请求的对象建立和维持一个崭新的连接，在客户端和服务器端两端都需要为 TCP 分配缓存并保持 TCP 的变量，这会对同时可能为几百个客户端服务的 Web 服务器造成负担。

2. HTTP 与 SMTP 比较

HTTP 与 SMTP 协议的共同点是可以在不同主机间传输文件，都要依赖 TCP 的传输服务，都支持"持续连接"。但是两者的不同也十分明显。

首先 HTTP 基本上是一个"拉"协议——因特网上的大部分万维网应用都是从 Web 服务器上取资料，并由发出数据请求的主机来启动 TCP 连接；而 SMTP 主要是一个"推"协议——由发送方的邮件服务器将数据推给接收方的邮件服务器，由发送方的邮件服务器来启动 TCP 连接。

第二个不同点是 SMTP 所传输的数据必须全部转换为 7 位 ASCII 码。而 HTTP 协议则不需要对二进制数据进行转换，对非持续连接模式工作的 HTTP 协议，每次 TCP 连接只要传送一个对象，一旦 Web 服务器关闭连接，浏览器便可知一个 HTTP 响应报文已经发送完毕。对持续连接模式工作的 HTTP 协议，每个响应报文都会包含一条 Content-Length 的首部行来向浏览器说明响应报文的大小。

第三个不同点是 HTTP 以对象为单位从 Web 服务器向浏览器传输资料；而 SMTP 以邮件报文为单位从一个邮件服务器传送到另一个邮件服务器，包含在一个邮件内的所有文件全部都整合到一个邮件报文中。

四、Telnet 远程登录

远程登录是 Internet 上最广泛的应用之一。用户可以先登录（即注册）到一台主机，然后再通过网络远程登录到任何其他一台网络主机上去，而不需要为每一台主机连接一个硬件终端（当然必须有登录帐号）。

Telnet 是标准的提供远程登录功能的应用，几乎每个 TCP/IP 的实现都提供这个功能。它能够运行在不同操作系统的主机之间。Telnet 通过客户进程和服务器进程之间的选项协商机制，从而确定通信双方可以提供的功能特性。

Telnet 是一种最老的 Internet 应用，起源于 1969 年的 ARPANET。它的名字是"电信网络协议（Telecommunication Network Protocol）"的缩写词。远程登录采用客户—服务器模式。图 4-14 显示的是一个 Telnet 客户和服务器的典型连接图。

在图 4-14 中，有以下几点需要注意。

（1）Telnet 客户进程同时和终端用户、TCP/IP 协议模块进行交互。通常用户所键入的任何信息的传输都是通过 TCP 连接，连接的任何返回信息都输出到终端上。

（2）Telnet 服务器进程经常要和"伪终端设备"（Pseudo-terminal Device）打交道，至少在 UNIX 系统下是这样的。这就使得对于登录外壳（Shell）进程来讲，是被 Telnet 服务器进程直接调用的，而且任何运行在登录外壳进程处的程序都感觉是直接和一个终端进行交互。对于像满屏编辑器这样的应用来讲，就像直接在和终端打交道那样。实际上，如何对服务器进程的登录外壳进程进行处理，使得它好像在直接和终端交互，往往是编写远程登录服务器进程程序中最困难的方面之一。

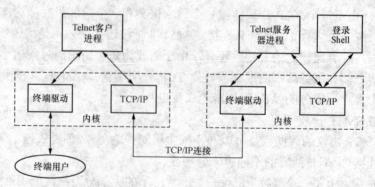

图 4-14　客户—服务器模式的 Telnet 简图

（3）仅仅使用了一条 TCP 连接。由于客户进程必须多次和服务器进程进行通信（反之亦然），这就必然需要某些方法，来描绘在连接上传输的命令和用户数据。

（4）注意在图 4-14 中，用虚线框把终端驱动进程和伪终端驱动进程框了起来。在 TCP/IP 实现中，虚线框的内容一般是操作系统内核的一部分。Telnet 客户进程和服务器进程一般只是属于用户应用程序。

（5）把服务器进程的登录外壳进程画出来的目的是为了说明当用户想登录到系统时，必须要有一个账号，Telnet 和 Rlogin 都是如此。

图 4-15　通过 Windows "运行" 对话框使用 Telnet 终端仿真程序

由于因特网上提供网络服务的 UNIX 主机很多，当用户需要用 Windows 类的客户端直接操作和管理某个 UNIX 主机时，Telnet 就成为一个极为方便的工具。图 4-15 所示为通过 Windows "运行" 对话框使用 Telnet 终端仿真程序。

Telnet 协议可以工作在任何主机（如任何操作系统）或任何终端之间。RFC 854［Postel 和 Reynolds 1983a］定义了该协议的规范，其中还定义了一种通用字符终端叫做网络虚拟终端（Network Virtual Terminal，NVT）。NVT 是虚拟设备，连接的双方，即客户机和服务器，都必须把它们的物理终端和 NVT 进行相互转换。也就是说，不管客户进程终端是什么类型，操作系统必须把它转换为 NVT 格式；同时，不管服务器进程的终端是什么类型，操作系统必须能够把 NVT 格式转换为终端所能够支持的格式。

NVT 是带有键盘和打印机的字符设备。用户击键产生的数据被发送到服务器进程，服务器进程回送的响应则输出到打印机上。默认情况下，用户击键产生的数据是发送到打印机上的，但是这个选项是可以改变的。

第5章　HART 通信协议

5.1　HART 总线定义及其通信模型

可寻址远程传感器数据公路（Highway Addressable Remote Transducer，HART）通信协议是用于仪表和控制室设备间通信的一种协议。HART 通信协议最早由 Rosemount 公司于 19世纪 80 年代提出，之后，Rosemount 将该标准公布成为开放的通信协议，并成立了 HART通信协议基金会。HART 通信协议采用国际标准化组织 ISO/OSI 简化模型的第 1、2、7 层，即物理层、数据链路层和应用层。

HART 通信协议作为一种由模拟信号到数字信号转变的过渡型通信协议，主要的优点是利用在 4～20mA 信号上叠加不同的频率（2200Hz 表示"0"，1200Hz 表示"1"）来传送数字信号，解决了模拟信号采集的诸多弊端，提高了工业现场信号传输效率，保证了数字和模拟系统的兼容。同时，对于厂家生产的具有特殊功能的产品，HART 通信协议还提供了设备描述语言（DDL），实现了可互操作。

虽然是一种过渡协议，但 HART 也是目前市场上应用最为广泛和成熟的现场总线协议，并于 2007 年底正式列入现场总线国际标准 IEC 61158（第二版）。

一、拓扑结构

HART 网络经常采用点对点网络形式，即现场只有一台设备，这台设备既可以发送HART 数字信号，又可以发送模拟信号。在点对点网络中，可以只有 HART 现场设备，而不存在长期的 HART 主设备。例如，一种情况是现场设备的参数在安装之前已被设置，用户只需进行模拟通信；还有一种情况是 HART 用户可以临时用手持终端作为主设备与从设备进行通信。

HART 现场设备有时可用于只传递 HART 数字信号，而不传送模拟信号。如图 5-1 所示，几个现场设备同时并联在网络中，这种现场设备安装形式称为多挂接模式。在这种模式下，主设备可以跟任何一台从设备通信并轮流对其配置。这时候网络中只有 HART 数字信号，不存在模拟信号，

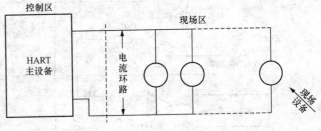

图 5-1　多挂接模式

电流环路已经没有任何意义。多挂接的现场设备从网络中拉取很小的一部分电流，一般为4mA，所以，根据链路上可提供的电源电流，保证每台设备能正常工作时，最多可以挂接 15台从设备。

二、信号连接

HART 通信协议是由传统的模拟两线制电流环路转换过来的，通过对比传统的模拟电流环路与 HART 环路，可以很容易理解 HART 通信协议的应用机理。

图 5-2 所示为简单的传统模拟电流环路图,变送器将现场信号转换成 4～20mA 电流信号,控制器通过电流敏感电阻的两端电压来测量电流的变化量,然后送到 A/D 转换器,再通过控制器进行处理得到现场信号的数值量。其中,环路电流信号在 4～20mA 之间,并且频率一般低于 10Hz。

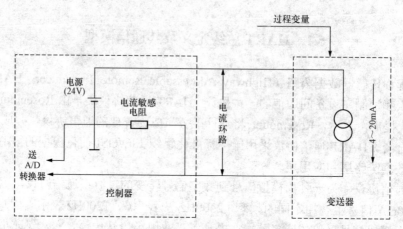

图 5-2　传统模拟信号采集电路图

图 5-3 是在图 5-2 基础上改造形成的 HART 连接环路图。环路两端都增加了一个调制解调器和接收放大器。接收放大器有一个比较大的高输入阻抗,所以它不会消耗电流回路电流;变送器增加了一个耦合交流电流源,控制器增加了一个耦合交流电压源。在 HART 控制器的交流电压回路中串联的开关通常是打开的。注意,增加的都是交流器件,所以不影响模拟信号的传递。接收放大器经常被认为是调制解调的一部分,通常不会被单独画出来,在这里是为了说明收到的电压信号是从哪里得到的。不管是变送器还是控制器,接收信号的电压值就是电流环路载体两端的电压值。

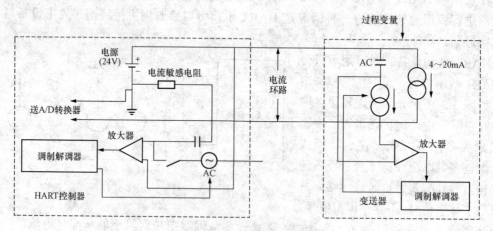

图 5-3　HART 信号采集电路图

要发送 HART 信号,变送器必须接通耦合交流电流源,将高频信号叠加到普通模拟信号上,然后由控制器端的电流敏感电阻将电流信号转换成电压信号,再由控制器端的接收放大器接收并送到调制解调器。实际上,在 HART 变送器中这两个电流源被当成电流调节器来用,并且将模拟信号和 HART 数字信号在该调节器之前叠加在一起。

从控制器端发送 HART 信号给变送器，控制器将开关闭合，由此将交流电压信号加在了电流回路负载上，最终在变送器端被接收并送到接收放大器和调制解调器上。

通过图 5-3 可以看出主设备发送电压信号，从设备传送电流信号。在 HART 通信协议里，将变送器称为从设备，即现场设备，控制器称为主设备，电流回路称为网络。

三、参考模型

HART 通信协议遵守国际标准化组织（ISO）提出的开放系统互联（OSI）参考模型，并使用其简化模型，仅实现其中的第 1、2 和 7 层。

图 5-4 所示为简单的 HART 通信协议参考模型示意图。其中，HART 物理层实现信号的调制和解调、报文的载波加载和检测等功能。

在 HART 结构模型中，发送端按照一定步骤发送信息：首先应用层给数据链路层一个 PDU（Protocol Data Unit），即一个请求，这个请求信息包含目的地址和要发送的数据信息（包含命令数目）；数据链路层将该信息看作是一个 SDU（Service Data Unit），即服务响应，然后会产生一个自己的 PDU，这个 PDU 在规定的位置增加了一个前导字符、一个定界符、一个源地址和一个错误校验码位。

在接收端实现同样的功能，第一步是数据链路层发给物理层一个 PDU，监听载波，然后进行数据的接收。

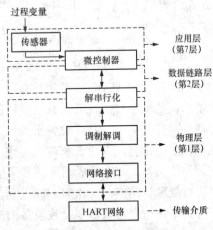

图 5-4 HART 通信协议参考模型

5.2 物 理 层

物理层定义了信号是如何在介质上以电的方式或者其他方式从一个物理设备传递到另一个设备的。HART 通信协议物理层使用符合 BELL202 标准的频移键控（FSK）技术，将数字信号"0"和"1"对应的位分别编码为 2200Hz 和 1200Hz 的正弦波，作为交流信号叠加在 4～20mA 的直流信号上，如图 5-5 所示。传送时信息比特被转换为相应的频率，接收时将频率

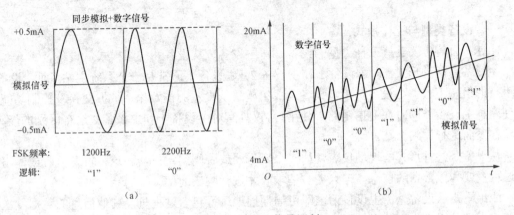

图 5-5 HART 信号调制

(a) HART 通信协议 FSK 频移键控信号；(b) HART 通信协议信号示意图

转换回对应状态的信息比特。因为频率信号是正弦的并且完全对称，没有增加直流成分，这样，数字通信对 4～20mA 信号不会产生任何干扰。HART 通信芯片负责完成信号的调制和解调。

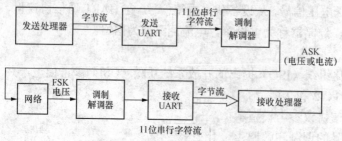

图 5-6　HART 信号传送过程

图 5-6 所示为 HART 信号传输的简单描述图，为了简便，放大器、滤波器都已省略掉。注意，信息发送时是电流信号，接收时网络将其转换成电压信号；如果开始是电压信号就不需要转换。

发送设备打开载波装载第一个字节并传送给 UART（解串行化），该字节完全被传送给 UART 后，发送设备再装载下一个字节，依次进行，直到所有要发送的字节被装载并依次被串行化，发送设备关上载波。为了避免可能的失效，发送设备不允许串行流中有间隔。被解串行化的字符通过调制解调器调制成相应的正弦波以电流或电压形式在电缆中传输，在网络中被转换成电压信号到达接收方的调制解调器，并解调成相应的数字信号，再通过接收方的 UART 转换成字节流到接收处理器进行处理。这样，一次 HART 信号的传递过程就结束了。

为了保持发送设备和接收设备的同步，HART 采用异步模式通信，数据一次一个字节地被传送。在 UART 过程中，字符被设置成如图 5-7 所示的格式，字符从一个起始位"0"开始，其后是 8 个真实数据位、一个奇校验位以及一个停止位"1"。校验位被设置为"0"或者

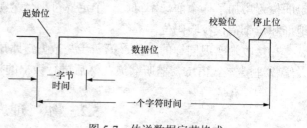

图 5-7　传送数据字节格式

"1"，使得包括数据和校验位在内的"1"的个数为奇数。校验位通过检查接收到的字节中"1"的数目是否确实为奇数而提供额外的数据完整性。

5.3　数据链路层

一、设备类型与工作模式

HART 通信协议支持三种类型的设备，即主设备、从设备和成组模式从设备。

主设备有两种形式，即主设备 1 和主设备 2。主设备 1 通常是一个系统主站，而主设备 2 是手持的组态工具。主设备负责从设备及成组模式从设备的初始化、数据交换及控制功能。为使两种主设备能同时在通信链路上使用，协议具有对主设备 1 和主设备 2 进行区别的能力。这将在下面进行详细介绍。

从设备是某种形式的现场仪表，如一个变送器或者阀门定位器。这种设备接收或输出含有过程量或其他数据的信息，但只在被请求时才进行响应通信。

成组模式从设备无需主设备请求即可周期性地进行包含过程量及其他信息的数据发送，亦即这类设备通常作为独立的数据广播设备。

HART 协议规定一个设备在使用网络时，其他设备只能监听网络。主设备发送信息给从

设备，并等待从设备的响应信息；而从设备接收命令信息并返回响应，这个阶段称为一次交换，并且在两次交换之间有一段安静时间。图 5-8 解释了一次交换过程中两次载波触发过程。

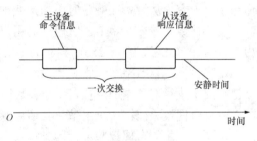

图 5-8　载波触发过程

HART 网络中允许两台主设备同时存在，从设备的数目最多可以达到 15 台。但如果有中继器，则可以连接更多的从设备。从设备要求尽可能快地响应主设备的请求，主设备使用网络需要进行仲裁，本书将在下面详细解释仲裁过程。

二、帧格式

在 HART 协议中，有三种帧，即主设备到从设备或成组模式从设备的帧、从设备到主设备的帧和成组模式从设备到主设备的帧。

1. 主设备到从设备或成组模式从设备的帧

主设备到从设备或成组模式从设备的帧有两种形式，即短帧格式和长帧格式。它们均采用如图 5-9 所示的格式。

前导字符	定界符	地址	命令	字节计数	数据	校验码

图 5-9　HART 协议的帧格式

前导字符：它由两个字节组成，在每个报文开始时首先被传送，用于唤醒网络上的所有其他设备并且使它们的接收器和发送设备同步。HART 协议采用 2～20 个十六进制的 0xFF 作为接收设备的同步信息。

定界符：Bit0～2 位为帧类型编码，001 是成组模式帧，010 是 STX 请求帧，110 是 ACK 响应帧，其余均保留。这三个字符用于确认帧的开始，该帧最高位确定该帧是长帧还是短帧，其余位保留（见表 5-1）。

表 5-1　　　　　　　　　　　　　HART 定 界 符 含 义

帧 类 型	长帧 b7＝1	短帧 b7＝0
成组模式帧	0x81	0x1
请求帧	0x82	0x2
响应帧	0x86	0x6

地址：当是短帧格式时，地址只有一个字节。0～3 位为从设备站号编码，这是主设备必须提供的地址低位；4、5 位为从设备的逻辑地址；6 位指明从设备是否处于成组模式，仲裁协议要求成组模式设备将该位置位，而主设备到从设备或成组模式从设备的帧该位为 0。该帧的最高位指明了与该报文相关的主设备，对于主设备 1 该位为 1，对于主设备 2 该位为 0，从设备通常将该位不加改变地返回。当是长帧格式时，地址有 5 个字节。第一个字节的高两位与短帧地址高两位的作用相同。其余字节和第一字节的其余位用于传送一个从设备或成组模式从设备的唯一地址。

命令：占一个字节。特定的命令字节内容被数据链路层保留使用，而不分给上层协议。

命令字节内容由从设备在响应时不加改变地返回。

字节计数：占一个字节。它用于对用户数据进行字节计数（计数字节和校验字节不计在内）。该数的合法值为 0～255，独立的上层协议或应用要求可能限制报文的最大长度。

用户数据：整数字节。它是"写"请求中的信息或者是对"读"请求的响应信息。在数据链路层不执行对数据的解释，命令和数据仅仅经由应用层传入或传出，位数可以为 0～24。

垂直奇偶校验码：一个字节。其值由帧中从前导定界符开始的所有字节的异或值组成。它与由硬件产生的奇偶校验位共同进行错误检测。该校验码是在帧发送时产生，在帧接收时进行校验。

2. 从设备到主设备的帧

从设备到主设备的帧如图 5-10 所示，除了存在响应码场外，该帧与主设备到从设备的帧相同。

前导字符	定界符	地址	命令	字节计数	响应码	数据	校验码

图 5-10　HART 从设备的帧格式

该帧的字节计数场的最小值为 2，因为所有从设备到主设备的帧都含有两个字节的响应码。响应码是从设备到主设备的帧特有的，它含有描述传送结果的信息。

状态只包含在从站返回的应答信息中。它包含在两个字节的比特编码信息中，第一字节指示通信错误；若通信无误，该字节只是被接收命令的状态。第二字节代表设备的运行状态，正确操作从设备时，两个字节均为零。

设备的应答通过响应码通知操作员请求的命令是否被成功执行。响应可能是命令被成功执行、未实现、设备太忙或者发生一个或多个错误或警告。

响应码的第一个字节的第 7 位如果置位，则剩余的位包含了有关通信错误的信息；第一个字节的第 7 位如果复位，剩余位用来表示命令响应信息。表 5-2 详细说明了响应码各位的作用。

表 5-2　　　　　　　　　HART 从设备帧的响应码错误字含义

响应码位号	错 误 码	错误码表示的意义
Bit7		响应码第一字节提供了设备对该帧报文的接收情况。该位置 1 表示在接收中发现错误，报文未收到，响应数据也未被返回
Bit6	垂直奇偶校验错误	收到的字节中有一个或多个具有奇偶校验错误
Bit5	覆盖错误	在 UART 的接收缓冲区至少出现一个字节在被 CPU 读走之前被覆盖
Bit4	帧错误	有一个或多个字节的停止位未被 UART 检测到
Bit3	纵向奇偶校验错误	设备计算的纵向奇偶校验码字节与报文末尾的纵向奇偶校验字节不相符
Bit2	保留	应清零
Bit1	缓冲区溢出	报文太长，设备的接收缓冲区装不下
Bit0	未定义	未定义

响应码的第二个字节为与设备的操作状态有关的信息，如在第一个字节中报告有错误，

则该字节无意义。该字节各位的含义见表 5-3。

表 5-3　　　　　　　　　　**HART 从设备帧的响应码状态字含义**

响应码位号	状　　态	说　　明
Bit7	现场设备工作不正常	设备检验出硬件失效或错误，更多的有关信息可通过命令 48 获取
Bit6	组态变化	写或设置命令被执行
Bit5	冷启动	由于设置信息的重安装，电源断电后又上电，识别出该响应的第一条命令将自动复位该标志
Bit4	有更多的状态信息可用	设备有更多的状态信息可用，通过命令 48（读附加状态信息）将可获取这些状态
Bit3	基本变量的模拟输出被固定	基本变量的输出保持在所要求的值，不再随实际过程而变化
Bit2	基本变量的模拟输出已饱和	基本变量已超出其限定值，不再代表实际的过程变量
Bit1	非基本变量超限	作用于某个传感器上的非过程信号超出了设备的工作范围，命令 48 用于确定该超限的变量
Bit0	基本变量超限	作用于基本变量传感器上的过程信号超出了设备工作范围

3. 成组模式设备到主设备的帧

该帧除了前导定界符和地址中主设备地址被使用外，其他都与从设备到主设备的帧相同。前导定界符指明该帧除了它是成组模式从设备自发产生的外，其余与应答帧相同。成组模式设备只产生长帧。

响应码的第一个字节的第 7 位总是被清零，因为此模式没有报告通信错误的消息，第二个字节含有数据链路与设备状态。

三、仲裁

HART 通信协议是比较简单的主从通信协议，允许链路上同时存在的设备是有限的，只存在下面两种情况：

（1）一台或两台主设备和一台从设备或多台从设备。

（2）一台或两台主设备和一台成组模式从设备，即当从设备处于成组模式时，链路上只能有这一台成组模式的从设备处于激活状态。

一般来说，主设备 1 是长期连在网络上的，所以当手持终端的主设备 2 不连入网络中时，就由主设备 1 定期地向从设备发送请求，查询各个从设备现在的状态和需要查询的数据，而从设备只予以响应；当从设备处于成组模式时，不需要主设备的请求，成组模式从设备从一上电就开始自动地向主设备 1 发送状态报文，直到主设备发送停止命令为止。

但是当手持终端临时连入网络中时，就存在了两个主设备可能同时访问链路而造成冲突的问题。HART 通信协议通过带定时器的仲裁，很好地处理了这一矛盾。

网络上冲突的避免是通过在一个帧发送之前首先检测是否有其他设备在发送而实现的。定时器控制着主设备 1、主设备 2、从设备和成组模式从设备之间的访问共享。两个主设备有同样的访问总线并发起通信的优先级。一个刚刚发送了报文的主设备为了再次访问总线，必须比另一个主设备等待更长的时间。这样，如果两个主设备都在访问总线，它们将相互交替。从设备不发起通信，它们只是响应请求，而且必须在有限的时间内完成。成组模式从设备将等待比主设备更长的时间，使得主设备能够发出指令要求成组模式的从设备结束成组。下面将详细介绍仲裁机制。

首先介绍同步的概念和几个设定的定时器。所谓同步，即主设备正在监听链路并知道是否有数据在传送。HART 通信协议仲裁的过程是通过设备时刻监视链路状态和几个定时器的设置实现的。表 5-4 是几个主要定时器的描述情况。

表 5-4　　　　　　　　　　　　　　HART 通信定时器描述

定 时 器 描 述	符 号	值（单位：字符时间）
主设备重新使用网络需等待时间	RT2	8 个
主设备 1 不同步等待的时间	RT1（0）	33 个
主设备 2 不同步等待的时间	RT1（1）	41 个
从设备最大响应时间	TT0	28 个
从设备成组模式时间	BT	8 个

其中，TT0（从设备最大响应时间）是允许从设备对来到的报文做出响应的最大时间。所有其他时限都是以该值为基础的。它严格控制着系统的工作，并且越小越好。该时限对于所有的从设备都相同，即 TT0＝28 个字符时间（256.7ms）。

HART 通信协议规定 RT1 大于 TT0，并且 RT1（1）要大于 RT1（0）；RT2 很小，可以近似忽略，可以仅通过 RT1 的设置来迫使主设备在其他主设备或从设备响应后能够重新处于同步状态。但由于 RT2 远远小于 RT1，这使得仲裁变得非常迅速。

对于 RT1（1）为何要大于 RT1（0），下面将做解释。如果主设备是第一次使用链路，那么它必须在利用链路之前先等待 RT1 的时间，在 RT1 结束时实现同步并可以使用链路。但当两个主设备都是第一次访问链路，且同时处于同步状态，即两者都有话说，就会产生冲突。如果两者等待的 RT1 时间一样，在 RT1 结束时，二者又同时想访问链路，又会出现冲突。如此将循环下去。因此 HART 通信协议将两者等待的 RT1 时间设置得不同，错开了两者使用链路的时间。所以当两主设备同时激活并都是同步时，即二者都需要发送报文的时候，它们将交替使用链路。如果其中一台主设备没有报文发送但仍处于同步状态，下面通过图 5-11 解释将会发生的状况（从设备的响应可以是任意从设备的）。

在此过程中，如果主设备 2 监视到主设备 1 的从设备响应结束，经过等待 RT2 的时间后，它就可以自由访问链路。如果它不发送报文，则主设备 1 可以继续使用链路，响应结束经过等待 RT2 的时间后，若主设备 2 要发报文，则可以随意使用链路；若主设备 2 不发送，那么主设备 1 还可以继续使用

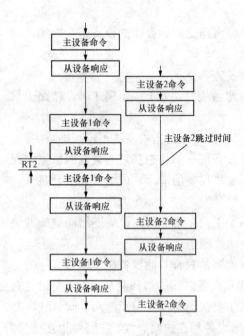

图 5-11　两个主设备交替使用链路
注：两条流向体现交替使用同一条链路时间片

链路。依次进行下去。RT2 的意义通过图 5-11 可以得到明确的解释。

现在假设信息发送有误。例如主设备 1 未收到从设备的响应,那么主设备 2 必须等待 RT1 (0) 的时间后才能利用链路,在此期间主设备 1 处于等待状态,当 RT1 (0) 结束后,如果主设备 1 发现主设备 2 有报文要发送,就先让主设备 2 发送,等到主设备 2 收到从设备响应后再等待 RT2 时间,主设备 1 才可以尝试重新发送命令,如图 5-12 所示。但是当主设备 2 没有报文发送时,在 RT1 (0) 结束后,主设备 1 就可以尝试重发了。

这里,主设备 2 因为没有看到给主设备 1 正确的从设备响应而失去了同步状态,当定时器 RT1 (0) 结束的时候才重新开始同步。

假设图 5-12 中,从设备在 RT1 结束前响应了主设备 1,一切就会按同步顺序交替进行。RT1 大于 RT2 的时间大约是从设备允许响应的时间长度。实际上,从设备最大响应时间是 TT0,只是稍微小于 RT1,这就保证了主从设备不会同时发送信息。

另一种情况是,假设从设备正确响应了主设备 1,但是响应给主设备 2 的却是错误的信息,图 5-13 可以解释 HART 通信协议是如何处理这种情况的。

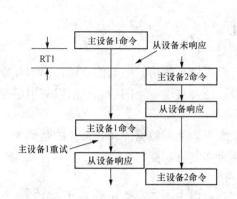

图 5-12　从设备未响应主设备

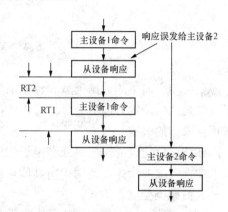

图 5-13　从设备响应错误信息

因为主设备 2 收到了错误的信息,在从设备响应后要等待 RT1 (1) 的时间。主设备 1 收到了正确的报文,RT2 开始定时。在 RT2 结束的时候,主设备 1 发现主设备 2 没有使用链路并且自己有报文要发,于是又利用链路。主设备 2 看到新的报文发送则重新开始同步,如果主设备 1 不再用链路,那么主设备 2 在 RT1 结束时可以开始它的报文传送。

如果两个主设备都没有报文发送,那么主设备变成不同步状态。之后,每个主设备都需等待 RT1 的时间,如果有报文要发送,则可立即发送。

如果链路上有成组模式从设备,仲裁将变得很简单,因为当从设备处于成组模式的时候,链路上只能有这台设备处于激活状态。随后,每组成组数据发送完之后,必须等待一段时间,以允许主设备使用链路。协议规定成组模式从设备交替发送数据,交替触发响应不同主设备的请求,即主设备时刻监视着链路,当发现成组模式从设备有发给另一主设备的报文,则在响应结束后,自己就可以使用链路对成组模式从设备发送请求报文,另一主设备也是如此操作,并以此循环下去。在这种情况下,由从设备决定响应该发给哪台主设备。

从设备对于来到的报文,将按照图 5-14 所示逻辑关系进行处理。

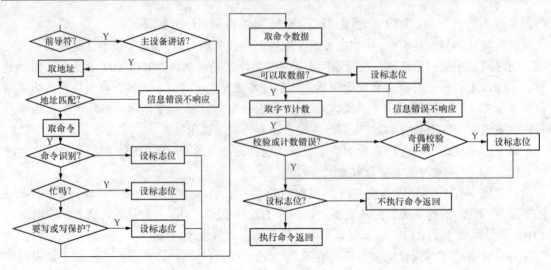

图 5-14　从设备响应请求流程

5.4 应 用 层

应用层定义简单的数据类型和较复杂的对象，并提供一些访问它们的功能，因为互操作性不仅仅是从一个地方向另一个地方传送位和字节，还要实现一定的功能，所以应用层是使设备可互操作的关键。

HART 通信协议应用层建立在用于访问现场仪表中功能和数据的一套命令的基础上，并提供了非常直接的命令，特别指向具体功能（如标定和复位功能）。

一、数据类型

HART 通信协议支持少量的基本数据类型，这些与通用命令、常用命令以及其他命令相关联的选项在"公告表"（Commontables）被标准化。

（1）无符号整数：占用 1 个字节、2 个字节或 3 个字节，用来表示原始数字，如"最后安装号"。

（2）IEEE 754 浮点格式：用于模拟值。通过协议传递的浮点值是基于 IEEE 754 单精度浮点标准的。

（3）ASCII 数据格式：用于字符串。此格式可以参照任何一个 ASCII 代码表。

（4）压缩 ASCII（6 位 ASCII）数据格式：用于字符串。这种数据格式是 HART 通信协议的一个独特之处。压缩的 ASCII 是 ASCII 码的子集，通过去掉每个 ASCII 字符的高两位而产生。这就允许四个压缩的 ASCII 字符占用三个 ASCII 字符的空间，提高了传输速率。

二、变量

变送器提供了四个可以访问的变量输出通道。每个变送器变量都对应一个代码，上位机通过给变送器的每个通道设定不同的变量代码来得到相应的变量值。变量代码表由变送器的生产厂商提供。

设备中的被测量变量和被计算变量被称为动态变量。其中有 4 个是固定或者可以被分配作为动态变量：主变量、第 2 变量、第 3 变量和第 4 变量。主变量对应于第一个模拟输出。

如果存在额外的输出，它们分别对应第 2 变量、第 3 变量和第 4 变量。

三、命令

HART 通信协议命令分为通用命令、常用命令和专用命令三种形式。通用命令是所有现场设备都配备的；常用命令提供的功能是大部分但不是全部现场设备都配备的；专用命令提供分别对特殊的现场装置适用的功能。因为在帧格式中命令占 1 个字节，所以最多可以有 256 种命令。表 5-5 列出了各种 HART 通信协议命令的简单划分。

表 5-5　　　　　　　　　　应用层命令分类

通用命令 0～30	常用命令 31～127	专用命令 128～255
（1）读制造商码和设备类型	（1）读 4 个动态变量之一	（1）读或写低流量截止值
（2）读一次变量（PV）和单位	（2）写阻尼时间常数	（2）启动、停止或取消累积器
（3）读当前输出和百分量程	（3）校准（置零，置间隔）	（3）读或写密度校准系数
（4）读取多达 4 个预先定义的动态变量	（4）写变送器量程	（4）选择一次变量
（5）读或写 8 字符标签、16 字符描述符、日期	（5）设置固定的输出电流	（5）读或写结构材料信息
（6）读或写 32 字符信息	（6）执行自检	（6）调整传感器校准值
（7）读变送器量程、单位、阻尼时间常数	（7）执行主站复位	
（8）读传感器编号和极限	（8）调整 PV 零点	
（9）读或写最终安装数	（9）写 PV 单位	
（10）写登录地址	（10）调整 DAC 零点于增益	
	（11）写变换函数（平方根/线性）	
	（12）写传感器编号	
	（13）读或写动态变量用途	

现重点说明几个常用的重要命令。

命令 0、11：用于识别现场设备。无论采用长帧还是短帧都可以标识现场设备，应答 0 号命令的信息中就包含了对不同设备的标识；然后，主设备建立不同的标志，为随后的长帧命令做准备。在 HART 通信协议 4.0 版本及以前，传输类型码分为两个字节：一个是生产厂商代码，另一个是设备类型代码，且这两个字节还可以省略。到了 HART 通信协议 5.0 版本就必须使用扩充的代码表示设备信息，还用 ID 号代替了最终流水线号。

一个主设备通常以 0 号命令开始通信，赋予随选地址 0，然后扫描 1～15 地址，选择有操作需求的地址，对于 HART 通信协议 5.0 版本后的设备，主设备可以使用 11 号命令，后接全 0 的广播地址，以命令中的标志作为数据，等待着具有相同标志的从设备响应，而应答的 11 号命令等同于 0 号命令。

命令 2、3：用于读取不同形式中的测量变量。命令 2 和 3 中有以 mA 为单位的电流值，电流值只有在设定输出范围内才可以作为主参量 PV，而在其他时候，如复用模式、输出量可变、饱和或设备错误都不能如此使用。尽管 PV 及其他动态变量不受设定输出范围的限制，但是却必须受限于传感设备。

命令 6：用于随选地址的设定。设定为 0，该设备就在点到点的模式下工作，产生模拟输出信号；设定为 1～15，设备就工作在多点模式中，输出电流值固定为 4mA。

命令 12、19：用于读、写一系列设备信息。HART 通信协议 4.0 版本及以前使用 4 号和 5 号命令实现此功能。

表 5-6 给出了部分通用命令和常用命令的详细解释。

表 5-6　　　　　　　　　　部分通用命令和常用命令的详细解释

命令号	命令名称	说明
0	读标识码	
1	读主变量（PV）	以浮点类型返回主变量的值
2	读主变量电流值和百分比	主变量电流总是匹配设备的 AO 输出电流。百分比限制在 0～100%之间，如果超过了主变量的范围，会跟踪到传感器的上下限
3	读动态变量和主变量电流	读主变量电流和 4 个（最多）预先定义的动态变量。主变量电流总是匹配设备的 AO 输出电流。每种设备类型都定义了第 2、第 3 和第 4 变量，如第 2 变量是传感器温度等
6	写轮询地址	这是数据链路层管理命令。这个命令写轮询地址到设备。该地址用于控制主变量 AO 输出和提供设备标识
11	用设备的 Tag 读设备的标识	这个命令返回符合该 Tag 的设备的扩展类型代码、版本和设备标识码。当收到设备的扩展地址或广播地址时执行该命令。响应消息中的扩展地址和请求的相同
13	读消息（Message）	读设备含有的消息
14	读主变量传感器信息	读主变量传感器序列号、传感器极限/最小精度（Span）单位代码、主变量传感器上限、主变量传感器下限和传感器最小精度。传感器极限/最小精度（Span）单位和主变量的单位相同
15	读主变量输出信息	读主变量报警选择代码、主变量传递功能代码、主变量量程单位代码、主变量上限值、主变量下限值、主变量阻尼值、写保护代码和主发行商代码
16	读最终装配号	读设备的最终装配号
17	写消息	写消息到设备
18	写标签、描述符和日期	写标签、描述符和日期到设备
19	写最后装配号	写最后装配号到设备
20	读变送器变量	读选择的变送器变量。这个命令有 Burst 模式操作的能力，与命令 107 一起组态写 Burst 模式变送器变量
21	写主变量阻尼值	主变量阻尼值表示一个时间常数（该时间到时，对阶跃响应的输出应该是稳态值的 63%）。主变量的模拟和数字输出都使用这个变量
22	写主变量量程值	主变量量程上限和下限是独立的。该命令收到的主变量量程单位不影响该设备的主变量单位。主变量量程值按照接收单位返回
23	设置主变量量程上限	将主变量的当前值设置成主变量量程上限，量程上限的改变不影响量程下限的值。按下设备上的"SPAN"按钮执行与该命令相同的功能
24	设置主变量量程下限	将主变量的当前值设置成主变量量程下限，改变量程下限将成比例地改变量程上限的值，因此精度 SPAN 保持不变
25	复位组态改变标志	复位组态改变响应代码，变送器字节的第 6 位
26	EE 控制	这个命令把数据从 RAM 传输到非易失内存（这一过程称为烧写）或者从非易失内存传输到 RAM 中（这一过程称为恢复）
27	进入/退出固定主变量电流模式	设备被配制成固定主变量电流模式
28	执行变送器自检	启动设备自检功能。设备立即响应这个命令，然后执行自检
29	执行设备复位	设备立即响应，然后 CPU 复位
30	设置主变量零点	将设备的当前主变量值设置成零点。该值必须被设置在设备定义的上下限内

命令号	命 令 名 称	说　　明
31	写主变量单位	选择一个主变量单位,主变量值和量程都以该单位返回。主变量传感器上下限和主变量最小精度 Span 也用该值作为单位
32	调整主变量电流 DAC 零点	调整主变量 AO 的零点,使当前的电流值被准确地设置成它的最小值
33	调整主变量电流 DAC 增益	调整主变量 AO 增益,使当前的电流值被准确地设置成它的最大值
34	写主变量传递功能	为设备的主变量 AO 选择传输功能
35	读附加的变送器状态	这个命令返回不包含在响应代码中的状态信息,也返回变送器自检结果(命令 41)
36	写主变量传感器序列号	写和主变量相连的传感器序列号
37	读动态变量配置	返回分配到主变量,第 2、3 变量和第 4 变量的变送器变量号
38	写动态变量配置	分配变送器变量到主变量,第 2、3 变量和第 4 变量。每个动态变量可以接收任何设备定义的变送器变量代码
39	设置变送器变量零点	将设备的当前值设置成所选变送器变量的零点。结果必须在分配到的每个变量的范围内
40	写变送器变量单位	选择单位,所选变送器变量将以该单位被返回
41	读变送器变量信息	响应信息为传感器序列号、传感器上下限单位、传感器上下限、阻尼值和所选变送器变量的最小精度
42	写变送器变量阻尼值	写阻尼值,阻尼值表示一个时间常数(该时间到时,输出为阶跃输入稳态值的 63%)
43	写变送器变量传感器序列号	写和一个特定变送器变量相连的传感器序列号
44	读 UNIT 设备标签、描述、日期	该命令读 UNIT 设备的标签、描述和日期,而不是传感器的。UNIT 设备是支持多传感器的典型通用硬件
45	写 UNIT 设备标签、描述、日期	该命令写 UNIT 设备的标签、描述和日期,而不是传感器的。UNIT 设备是支持多传感器的典型通用硬件
46	写响应前导字符的个数	
47	读模拟输出 AO 和量程的百分比	读模拟输出值和所选模拟输出的量程百分比。这个模拟输出总是匹配设备相关的物理模拟输出,包括报警条件和设置值。量程的百分比没有限制在 0～100% 之间,但是不能超过传感器的高低限

四、设备描述语言（DDL）

以前,主设备与现场设备操作所需的所有信息是以不同的形式存在于不同的地方,如 HART 通信协议文档描述了其中的一些信息(如常用命令、通用命令、通用表等);变送器特有文档说明了特殊设备信息(如来自于通用命令的偏差,同时又支持通用命令和特殊变送器命令)。现在设备描述语言（Device Description Language, DDL）组合了所有这些信息,为现场设备提供了一种清晰的、一致的描述。以设备描述语言编写的设备描述文件是一个以".DDL"为结尾的文本文件,是一些关键字和名字的组合。DDL 语言包括以下 8 种基本结构。

Variables:描述了设备中所包含的全部数据。对于具体的某一变量,其本身又具备很多属性。例如温度变送器,其采集的温度是随着被测对象的变化而变化的;而温度变送器的量程则相对比较稳定,一般调试结束投入运行后就不再随意进行更改。可以看出这两个变量的特性不同,在设备描述中都详细地进行了定义。变量所包含的属性还有"是否可写"、"显示格式"、"数值类型"、"数值范围"等。

　　Commands：描述了设备中所有与 HART 主设备进行通信的通信帧。通过命令，HART 主设备可以与现场设备进行通信，如组态设备量程、获得设备自诊断信息等。现场设备收到 HART 主设备的命令一般有三种操作：读出设备中的过程变量、写入设备的组态参数或者设备执行某一特定操作（自检等）。

　　Menus：定义了如何通过菜单的形式在 HART 主设备中进行对现场设备的操作，即菜单定义了主设备对现场设备的操作界面。一般可在 HART 手持器的主界面上读出设备所测量的主变量及其设备量程，而且可以选择进一步进入设备组态或者设备诊断等功能。这些都是由设备描述中的菜单要素定义的。

　　EditDisplays：更加详细地定义了在主设备中变量的显示格式、编辑方法（如果可以写入的话）、在编辑前应该进行的设备操作、在编辑后应该进行的设备操作等。编辑显示和菜单一起描述了操作员在通过 HART 主设备对现场设备操作时所看到的一切。

　　Methods：是一组命令的有机组合。对于现场设备来说，有的功能是不可能通过单一的命令来实现的，这时就需要一组命令配合来完成。例如温度变送器的电流校准功能，就需要首先通过某一命令先设定变送器的电流固定模式；然后再发送另外一个命令进行电流调整，如果电流仍然有误差，可以继续发送命令调整直至误差可以接受。HART 设备描述语言还定义了对命令进行组织所必需的一些函数，如在执行完一条命令后需要进行提示、等待现场设备的反应或者提示用户输入一个数值等。

　　Relations：说明了一些变量之间的关系。在现场设备中很多变量之间有不可分割的关系，关系要素就对这些联系进行描述。如改变温度变送器所连接的传感器类型，同样的输入对应的温度变量输出就会不同；此外变送器的变量和该变量的工程单位密不可分，工程单位改变，变量数值也随之改变。

　　Arrays 和 Collections：数组和集合的定义与标准 C 语言中的定义非常类似，在此不多做解释了。实际上，通过数组和集合的应用可以更方便地通过设备描述语言编写设备描述。

　　通过设备描述语言编写设备描述可以完整反映现场设备的完整特性。那么 HART 主设备是如何对特定设备的设备描述进行调用的呢？在帧格式部分提到每一台现场设备都有唯一确定的设备代码，HART 主设备就是通过查找 HART 现场设备的唯一设备代码来获得设备信息，对设备描述进行定位，从而实现对现场设备的完整特性操作的。

　　设备描述语言是实现现场设备互操作性和设备互换性的关键所在。可以把 DDL 看成是一套接口机制，这种接口机制的两端分别是硬件设备开发商和应用软件开发商。硬件开发商只需按照 DDL 规定的描述格式（一种自然语言描述）向 HART 基金会提交设备描述，经基金会测试合格后，把该设备描述编译为 DDL 定义的二进制格式。而软件开发商则只需向基金会索取二进制的 DDL 描述文件，再按照 DDL 定义的方法即可完成对该类设备的应用编程。

思 考 题

　　（1）HART 通信协议与传统两线制传输有什么区别？
　　（2）HART 网络中的设备分为几种类型，各类设备允许连接的数量是多少？
　　（3）HART 通信协议定义的帧格式是怎样的？

（4）HART 通信协议在数据链路层是如何避免数据冲突的？

（5）HART 通信协议的应用层命令分为哪几类，分别提供怎样的功能？

（6）HART 通信协议的缺点是什么？

（7）HART 通信协议是如何实现不同厂家的不同要求的？

（8）你认为 HART 通信协议以后的发展是怎样的？

第 6 章 Modbus 总线技术

6.1 Modbus 协议的特点与模型

Modbus 是 1979 年 Modicon 公司（现为施耐德公司的一个品牌）开发的用在智能设备之间进行主/从方式通信的一种协议。通过此协议，控制器相互之间、控制器经由网络（例如以太网）和其他设备之间可以通信。它已经成为一通用工业标准，有了它，不同厂商生产的控制设备可以连成工业网络，进行集中监控。此协议定义了一个控制器能认识使用的消息域结构，而不管它们是经过何种网络进行通信的；描述了一控制器请求访问其他设备的过程，如何回应来自其他设备的请求，以及怎样侦测错误并记录；制定了消息域格局和内容的公共格式。

Modbus 协议的主要技术特点有：

（1）丰富的功能码。可以简单地通过发送各种命令完成用户要进行的操作，简化了通信过程的理解。

（2）具有出错应答功能。这有利于主站判断通信的错误原因，从而将其排除以保证通信可靠进行，提高通信成功率。

（3）主/从设备通信机理。能很好地满足确定性的要求，恰好与互联网的客户机/服务器的通信机理相对应。

（4）支持多种电气接口。支持多种电气接口，如 RS-232、RS-422、RS-485 等，还可以在多种介质上传送，如双绞线、光缆、无线射频等。

（5）不用专用的芯片与硬件，完全采用市售的标准部件。这就保证了采用 Modbus 协议的产品可以很大程度上降低开发成本。

使用 Modbus 协议可以方便地在各种网络体系结构内进行通信。Modbus 协议的网络体系结构的实例如图 6-1 所示。图中每种设备（PLC、HMI、控制面板、变频器、运动控制、I/O 设备等）都能使用 Modbus 协议来启动远程操作，在基于串行链路和以太网 TCP/IP 网络上借助网关实现各种使用 Modbus 协议的总线或网络之间的通信。

同时，作为 Modbus 协议的开发者和市场的积极推广者，施耐德公司不遗余力地推动 Modbus 协议在能源、电力、建筑、基础设施和工厂中的应用，并把 Modbus 协议内置于全系列产品中。现在很多工控器、PLC、变频器、显示屏等都具有 Modbus 协议通信接口，通过 Modbus 协议，控制器相互之间、控制器经由网络（例如以太网）和其他设备之间都可以通信，不同厂商生产的控制设备可以连成工业网络，进行集中监控。

Modbus 协议模型如图 6-2 所示。

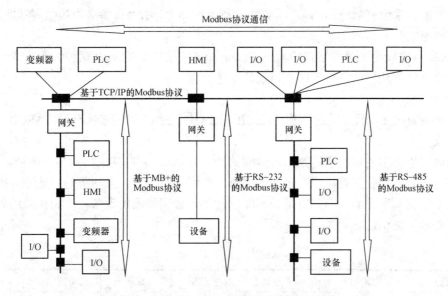

图 6-1　Modbus 协议网络体系结构的实例

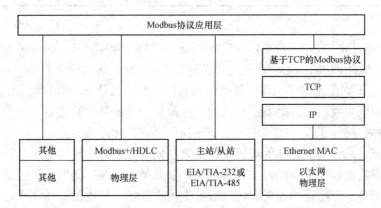

图 6-2　Modbus 协议模型

6.2　数 据 链 路 层

一、主/从式通信方式

Modbus 串行链路协议是一个主/从协议，在同一时间，只能将一个主站连接到总线，将一个或多个从站（最大数量为 247）连接到相同串行总线。Modbus 协议通信总是由主站发起，当从站没有收到来自主站的请求时，将不会发送数据。从站之间不能相互通信，主站同时只能发送一个请求。

主站用两种模式向从站发出 Modbus 协议请求。

（1）单播模式：主站寻址单个从站。每个从站必须有唯一的地址（1~247），这样才能区别于其他站被独立地寻址。从站接收并处理完请求之后，向主站返回一个响应。在这种模式下，Modbus 协议处理两个报文：一个是主站的请求，另一个是从站的响应。

（2）广播模式：主站可以向所有的从站发送请求。地址 0 被保留用来识别广播通信，对于主站广播的请求没有响应返回。广播请求必须是写命令，所有设备必须接收写功能的广播。

二、帧格式

Modbus 协议规定了两种格式的帧报文，即 ASCII 帧和 RTU 帧。两种帧的格式都基本相同，包括地址区、功能区、数据区和错误诊断区。

1. ASCII 帧

ASCII 帧的报文以冒号（:）字符（ASCII 码 3AH）开始，以回车换行符（ASCII 码 0DH，0AH）结束。

其他区可以使用的传输字符是十六进制的 0~9，A~F。网络上的设备不断侦测":"字符，当有一个冒号接收到时，每个设备都解码下个区（地址区）来判断是否是发给自己的。

报文中字符间发送的时间间隔最长不能超过 1s，否则接收的设备将认为传输错误。典型 ASCII 报文帧见表 6-1。

表 6-1　　　　　　　　　　　　　ASCII 报文帧

帧格式	起始位	设备地址	功能代码	数据	LRC 校验	结束符
所占字符数	1 个字符	2 个字符	2 个字符	n 个字符	2 个字符	2 个字符

2. RTU 帧

使用 RTU 帧的报文发送至少要以 3.5 个字符传输时间的停顿间隔开始，在网络波特率下设置多个字节传输时间。传输的第一个区是设备地址，可以使用的传输字符是十六进制的 0~9，A~F。网络设备不断侦测网络总线，包括停顿间隔时间，当第一个区（地址区）接收到，每个设备都进行解码以判断是否是发给自己的，在最后一个字符传输之后，一个至少 3.5 个字符传输时间的停顿标注了报文的结束，一个新的报文可在此停顿后开始。

整个报文帧必须作为一连续的流传输。如果在帧完成之前有超过 1.5 个字符传输时间的停顿，接收设备将刷新不完整的报文并假定下一字节是一个新报文的地址区。同样，如果一个新报文在小于 3.5 个字符传输时间内接着前个报文开始，接收的设备将认为它是前一报文的延续，这将导致一个错误，因为在最后的 CRC 区的值不可能是正确的。典型的 RTU 报文帧见表 6-2。

表 6-2　　　　　　　　　　　　　RTU 报文帧

帧格式	起始位	设备地址	功能代码	数据	CRC 校验	结束符
所占字符数	≥3.5 字符	8 位	8 位	n 个 8 位	16 位	≥3.5 字符

无论是 ASCII 帧还是 RTU 帧，其帧格式中各信息区的定义如下：

（1）地址区。

报文帧的地址区包含 2 个字符（ASCII）或 8bit（RTU）。Modbus 协议寻址空间由 256 个不同地址组成，Modbus 协议主站没有特定地址，只有从站有一个地址，在 Modbus 协议串行总线上，这个地址必须是唯一的。可能的从站地址是 0~247（248~255 为保留地址），0 用作广播地址，以使所有的从站都能认识，单个设备的地址范围是 1~247。主站通过将从站的地址放入报文中的地址区来选通从站，当从站发送响应报文时，它把自己的地址放入响应的地址区中，以便主站知道是哪一个设备作出的响应。

当 Modbus 协议用于更高级的网络时，可能禁止使用广播方式而以其他方式代替。如 Modbus Plus 网络采用共享全局数据库的方法（采用每个令牌环更新）实现类似广播传输方式。

（2）功能区。

报文帧中的功能代码区包含了 2 个字符（ASCII）或 8bit（RTU）。可能的代码范围是 1~ 255。当然，有些代码是适用于所有 Modicon 协议控制器的，有些仅适用于某几种模块，还有些作为保留以备后用。

当主站发送报文给从站时，功能码将告诉从站执行哪种操作，例如读取输入的开关状态，读取一组寄存器的数据内容，读取从站的诊断状态，转载、记录或修改从站中的程序等。

当从站返回响应时，它使用功能区来表明是正常响应还是错误响应。对于正常响应，从站仅响应主站的功能码；对于错误响应，从站返回与原始功能码类似的码，但有些位被置为逻辑"1"。

例如，主站发信息读取从站一组保持寄存器的内容，将产生如下功能码：

00000011（十六进制 03H）

如果从站正确地执行了要求的动作，则返回相同的功能码；如果产生错误，则返回：

10000011（十六进制 83H）

除了因异常错误导致功能码的改变外，从站还会在响应报文的数据区中放一个意外码，告诉主站发生的错误或产生错误的原因。

主站收到异常响应后，典型的处理过程是重发报文，或者诊断发给从站的报文并报告给操作员。

（3）数据区。

数据区是由两个十六进制数构成的，范围为 00H~FFH。根据网络传输模式，可以由一串 ASCII 字符或 RTU 字符构成。

主站发送到从站的数据区中的内容包含从站执行操作的功能码等附加信息，如离散的寄存器地址、处理的数据字节数等。

如果主站读取从站的一组保持寄存器（功能代码 03H），数据区包含了要读取的起始寄存器以及寄存器的个数。如果主站往一组从站的寄存器写信息（功能代码 10H），数据区则包含要写入的起始寄存器以及寄存器的个数、数据区之后的数据字节数以及要写入寄存器的数据。

如果没有错误发生，从站返回的数据区包含主站要读取的数据。如果有错误发生，数据区包含一个意外码，以便主站用来决定下一步采取的操作。

在某种报文中数据区可以是不存在的（0 长度）。如主站要求从站响应通信事件记录（功能代码 0BH），从站不需要任何附加的信息。

（4）错误诊断区。

对于标准的 Modbus 协议网络有两种错误诊断方法，错误诊断区的内容取决于所选取的错误诊断方法。

当选用 ASCII 模式时，错误诊断区包含两个 ASCII 字符，这是使用 LRC（纵向冗余校验）方法对报文内容计算的结果，不包括开始的冒号符及结束的回车换行符。LRC 字符附加在回车换行符前面。

当选用 RTU 模式时，错误诊断区包含一个分为两个 8 位字节的 16 位数值，这是使用 CRC

（纵向冗余校验）方法对报文内容计算的结果。

CRC 字符附加在报文的最后，附加时先加低字节再加高字节，故 CRC 的高字节是发送报文的最后一个字节。

（5）字符串传输。

当信息在标准的 Modbus 协议串行网络中传输时，每个字符或字节都是按从左到右（低字节位～高字节位）传送的。

使用 ASCII 字符格式时，位的顺序如下：

有奇偶校验时

起始位	1	2	3	4	5	6	7	奇偶位	停止位

无奇偶校验时

起始位	1	2	3	4	5	6	7	停止位	停止位

使用 RTU 字符格式时，位的顺序如下：

有奇偶校验时

起始位	1	2	3	4	5	6	7	8	奇偶位	停止位

无奇偶校验时

起始位	1	2	3	4	5	6	7	8	停止位	停止位

三、主站状态图

状态图又叫状态转换图，是用来描述设备从一个状态到另一个状态的转换条件与转换关系的。

Modbus 协议分别定义了主站和从站的状态图。图 6-3 为主站状态图，说明了主站的动作。

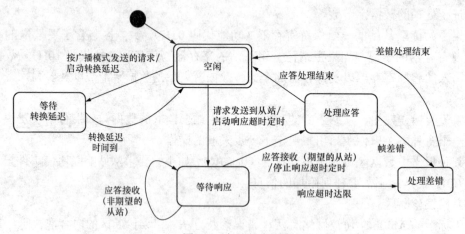

图 6-3　主站状态图

设备上电后，初始状态为"空闲"（即无待决请求），主站只有在此状态下才能发送请求。发送一个请求后，主站离开"空闲"状态，此时不能再发送第二个请求。

在主站接收响应处理数据之前，在某些情况下，检验的结果可能含有错误，如收到来自非期望从站的响应或在接收到的帧中出现错误。如果收到来自非期望从站的响应，则响应超时继续计时。如果在帧上检测到错误，则可以进行重试。

当向从站发送单播请求时，主站进入"等待响应"状态，并且启动一个"响应超时"，它防止主站不确定地停留在"等待响应"状态下，响应超时的时间与具体应用有关。如果响应超时达限，将产生一个错误，之后主站进入"空闲"状态，并发出一个重试请求，重试的最大次数与主站设置有关。如果收到来自期望从站的响应，则正确接收应答，同时停止"响应超时"计时，主站处理完应答后进入"空闲"状态。

当向从站发送广播请求时，从站不返回响应。然而，主站需要考虑延迟，以便在发送新的请求之前允许从站处理当前请求，这个延迟被称为"转换延迟"。因此，在返回"空闲"状态并且能够发送另一个请求之前，主站进入"等待转换延迟"状态。

在单播模式下，必须设置足够长的响应超时，以便从站处理请求并返回响应；在广播模式下，必须有足够长的转换延迟，以便从站处理请求并能够接收新请求。转换延迟应该比响应超时短，在 9600bit/s 速率时，典型的响应超时为 1s 到几秒，而转换延迟为 100~200ms。

错误校验包括每个字符的奇偶校验和整个帧的冗余校验。

状态图本身是非常简单的，它没有考虑对链路的访问、报文帧及在传输错误之后的重试等。

四、从站状态图

图 6-4 是从站状态图，说明了从站的动作。

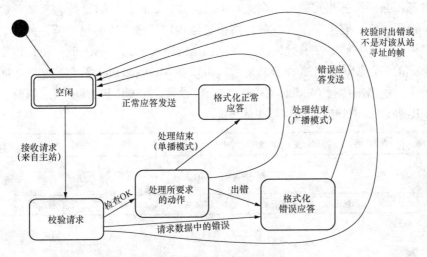

图 6-4　从站状态图

设备上电后，初始状态为"空闲"（即无待决请求），当从站收到一个请求，在处理要求的操作前会检验报文包，可能会检测出不同的错误，如请求的格式错误、无效动作等，此时从站将向主站发送格式化的错误应答。当正确完成请求的动作之后，单播报文必须格式化报文并将其发送给主站，广播报文不发送响应报文给主站。如果从站检测到帧出错或不是对该从站寻址的帧，则不返回响应报文。

五、主站/从站通信时序图

图 6-5 给出了 3 种典型的主站/从站通信时序图。

六、串行传输模式

Modbus 协议可使用两种传输模式，即 ASCII 和 RTU。用户选择想要的模式，同时选择

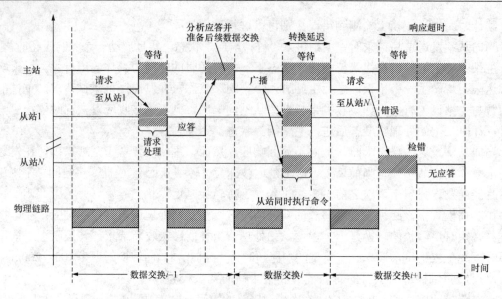

图 6-5　主站/从站通信时序图

串口通信参数（波特率、校验方式等），在配置每个控制器的时候，在一个 Modbus 协议网络上的所有设备都必须选择相同的传输模式和串口参数。ASCII 或 RTU 传输模式仅适用于标准的 Modbus 协议网络，它定义了在这些网络中连续传输的报文段的每一位，同时确定了如何将信息打包成报文和解码。在其他网络上（比如 Modbus Plus），Modbus 协议报文被转成与串行传输无关的帧，如读保持寄存器的请求，可以在 Modbus Plus 两个控制器之间处理，而不用考虑每个控制器的串行 Modbus 协议口的当前设置。ASCII 和 RTU 模式如图 6-6、图 6-7所示，ASCII 和 RTU 两种模式的比较见表 6-3。

:	地址	功能代码	数据长度	数据1…数据n	LRC高字节	LRC低字节	回车	换行

图 6-6　ASCII 模式

地址	功能代码	数据长度	数据1…数据n	CRC高字节	CRC低字节

图 6-7　RTU 模式

表 6-3　　　　　　　　　　　　ASCII 和 RTU 两种模式的比较

传输模式	开始标记	结束标记	校验	传输效率	程序处理
ASCII	:（冒号）	CRLF	LRC	低	直观、简单、易调试
RTU	无	无	CRC	高	不直观、稍复杂

七、错误校验方法

标准的 Modbus 协议串行网络中，帧的错误校验方式主要包括两个部分的校验，即字节的位校验（奇/偶校验）和帧的整个数据校验（LRC 校验和 CRC 校验）。它们都是在报文发送前由主站产生的，从站在接收过程中检测每个字节的位和整个报文帧。

用户在放弃传输前要给主站预先定义等待超时的时间间隔，这个时间间隔要足够长，以使从站有足够的时间进行响应。如果从站侦测到传输错误，从站便不会接收报文，也就不会组成对主站的响应帧，这样就会因超时而让主站对这个错误进行处理。

当主站给一个不存在的从站设备分配信息时，也会导致超时。在其他的一些网络，比如 Modbus Plus，采用帧校验是在信息内容之上的水平进行的。在这些网络中并没有使用 Modbus 协议信息、LRC 或 CRC 校验区。如果发生传播错误，通信协议针对这些网络就会报告产生错误的原设备，允许它再试或放弃（根据它是如何建立的）。如果信息发送后，从站设备没有响应，就会产生超时，并由主站编程器侦测到。

6.3 应　用　层

本节主要讲述 Modbus 协议传输帧中用到的功能码、功能诊断和意外码。

一、功能码

功能码分为三类，即公共功能码、用户自定义功能码和保留功能码，如图 6-8 所示。公共功能码是被定义公开证明的功能码，它保证是唯一的并且具有可用的一致性测试。根据需求的增加 Modbus 协议组织可以定义那些未指配的保留功能码作为公共功能码。用户自定义功能码有两个范围，即65～72 和 100～110，用户可以不经 Modbus 协议组织批准选择和实现其中的一个功能码，但不能被保证是唯一的。如果用户要重新设置该功能码为一个公共功能码，那么用户必须启动 RFC，以便将改变引入公共分类中，并且指配一个新的公共功能码。保留功能码是一些公司对传统产品使用的功能码，对公共使用是无效的。功能码含义见表 6-4。

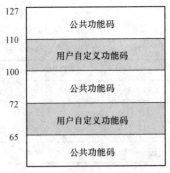

图 6-8　Modbus 协议功能码分类

表 6-4　　　　　　　　　　　　Modbus 协议功能码含义

功能码	名　　称	作　　用
01	读取线圈状态	取得一组逻辑线圈的当前状态（ON/OFF）
02	读取输入状态	取得一组开关输入的当前状态（ON/OFF）
03	读取保持寄存器	在一个或多个保持寄存器中取得当前的二进制值
04	读取输入寄存器	在一个或多个输入寄存器中取得当前的二进制值
05	强置单线圈	强置一个逻辑线圈的通断状态
06	预置单寄存器	把具体二进值装入一个保持寄存器
07	读取异常状态	取得 8 个内部线圈的通断状态，这 8 个线圈的地址由控制器决定，用户逻辑可以将这些线圈定义，以说明从机状态，短报文适宜于迅速读取状态
08	回送诊断校验	把诊断校验报文送从设备，以对通信处理进行评鉴
09	编程（只用于 484）	使主设备模拟编程器作用，修改 PC 从机逻辑
10	控询（只用于 484）	可使主设备与一台正在执行长程序任务从设备通信，探询该从设备是否已完成其操作任务，仅在含有功能码 9 的报文发送后，本功能码才发送
11	读取事件计数	可使主设备发出单询问，并随即判定操作是否成功，尤其是该命令或其他应答产生通信错误时

功能码	名　　称	作　　用
12	读取通信事件记录	可使主设备检索每台从设备的 Modbus 协议事务处理通信事件记录。如果某项事务处理完成，记录会给出有关错误
13	编程（184/384 484 584）	可使主设备模拟编程器功能修改 PC 从设备逻辑
14	探询（184/384 484 584）	可使主设备与正在执行任务的从设备通信，定期控制该从设备是否已完成其程序操作，仅在含有功能 13 的报文发送后，本功能码才得发送
15	强置多线圈	强置一串连续逻辑线圈的通断
16	预置多寄存器	把具体的二进制值装入一串连续的保持寄存器
17	报告从设备标识	可使主设备判断编址从设备的类型及该从设备运行指示灯的状态
18	（884 和 MICRO 84）	可使主设备模拟编程功能，修改 PC 状态逻辑
19	重置通信链路	发生非可修改错误后，使从设备复位于已知状态，可重置顺序字节
20	读取通用参数（584L）	显示扩展存储器文件中的数据信息
21	写入通用参数（584L）	把通用参数写入扩展存储文件或修改之
22～64	保留作扩展功能备用	
65～72	保留以备用户功能所用	留作用户功能的扩展编码
73～119	非法功能	
120～127	保留	留作内部作用
128～255	保留	用于异常应答

　　其中，输入寄存器主要是指模拟量的输入，只能读不能写，通常状态寄存器或者是输入结果寄存器属于输入寄存器。保持寄存器就是设备内部的寄存器了，掉电不丢失，可以通过通信命令读或者写，通常指一些功能控制寄存器或者输出寄存器。地址范围：00001～09999为线圈离散输出，10001～19999 是开关离散输入，30001～39999 为输入寄存器，40001～49999为保持寄存器。

　　二、功能诊断

　　功能代码 08 提供一系列试验,校验主设备和从设备间的通信系统或检查从设备中出现错误的各种条件，不支持广播。

　　该功能使用一个子功能代码（2 个字节），定义试验的类型，见表 6-5。正常响应时，从机返回功能代码和子功能代码。

　　大多数诊断测试，使用 1 个 2 字节的数据区，向从设备发送诊断数据和控制信息。有些诊断会产生需由从设备返回的数据，放在正常响应的数据区。

表 6-5　　　　　　　　　　　　　　Modbus 协议功能诊断码含义

功能诊断码（子功能码）	名　　称	功能诊断码（子功能码）	名　　称
00	返回查询数据	05～09	预留
01	重新启动通信选项	10	清除计数器和诊断寄存器
02	返回诊断寄存器	11	返回总线报文计数
03	改变 ASCII 码输入分隔符	12	返回总线通信错误计数
04	强制只听模式	13	返回总线异常错误计数

续表

功能诊断码 （子功能码）	名　称	功能诊断码 （子功能码）	名　称
14	返回从站报文计数	19	专用
15	返回从站无响应计数	20	专用
16	返回从站 NAK 计数	21	获得/清除 Modbus Plus 状态
17	返回从站忙计数	22 以上	保留
18	返回总线字符限计数		

三、意外码

当主站向从站发送请求时，除广播信息外，可产生以下四种事件。

（1）如果从站接收到查询命令而且没有通信错误，从站也能正常查询，就返回正常。

（2）如果从站由于通信故障不能收到查询命令，则不返回响应帧，主站执行查询超时程序。

（3）如果从站接收到查询命令，但是侦测到通信错误（奇偶，LRC 或 CRC），这时，不返回响应帧，主站最终执行查询超时程序。

（4）如果从站接收到查询命令而且没有通信错误，但是从站无法处理，如查询命令要求读一个不存在的线圈或寄存器，从站就会返回意外响应帧告诉主站错误的性质。

正常响应帧与意外响应帧在两个区存在不同：如果是正常帧，从站在响应的功能区对初始查询的功能码回答所有最高位为 0 的功能（它们的值均小于 80H）；如果是意外帧，从站回答最高位为 1 的功能码，因而意外响应帧功能码的值大于正常响应帧的值。通过功能码的最高位的设置，主站应用程序能识别意外响应帧并检查功能响应的数据区。

在正常响应帧中，从站在数据区将返回查询要求的数据和状态；在意外响应帧中，从站在数据区返回意外码，它定义引起意外的原因。Modbus 协议意外码的含义见表 6-6。

表 6-6　　　　　　　　　　　　**Modbus 协议意外码含义**

码	标　注	含　义
01	非法功能	接收到的功能码对于从站来说，是非法的操作。如果发送的是轮询编程命令，则表明执行前没有编程
02	数据地址非法	查询中接收到的数据地址对从站来说是非法的
03	数据值非法	查询数据取得值对从站来说是非法的
04	从站设备故障	当从站试图执行要求的动作时，发生了一个不可恢复的错误
05	确认	与编程命令一起使用。从站接收到请求命令后执行，但执行时间较长，为防止主站发生超时错误，主站要发轮询命令来确认操作是否完成
06	从站设备忙	与编程命令一起使用。如果从站正在执行一个长时间的编程命令，主站应当在从站完成命令后执行其他操作
07	否定确认	从站不能执行接收到的查询命令，这个码不能作为编程请求，采用功能码 13 或 14，主站应要求返回诊断或错误信息
08	内存奇偶错误	如果从站试图读取已存在的内存，但没有侦测到
0A	不可用网关路径	与网关一起使用，指示网关不能为处理请求分配输入端口至输出端口的内部通信路径。通常意味着网关错误配置或过载
0B	网关目标设备 响应失败	与网关一起使用，指示没有从目标设备中获得响应。通常意味着设备未在网络中

四、通信过程

Modbus 协议主从站之间的通信过程大致如下。

（1）检查设备信号线之间的共模电压的范围、最大输入电流、接收器的输入电阻、接收器的输入灵敏度，以及端口连接采用的通信方式等。

（2）确定数据链路层类型，根据被测设备的说明文档，设置串口属性。

（3）从站通过特定的端口与主站建立连接，等待接收主站发送的请求帧信号。

（4）主站根据实际需要达到的目的选择合适的功能，将其对应的功能码保存在功能区，把必要的参数和子功能码保存在数据区中，并加入传输标志、协议标志、数据长度等，从而组成一个完整的数据帧发送给从站。

（5）从站对收到的请求帧经过错误检测后，根据协议的规定将其分解成基本功能单元，并按照功能码的要求完成特定的操作，最后返回一个响应报文。如果请求帧或某一步操作出错，就返回一个异常响应，其中包含有错误报告，说明了发生错误的原因。

6.4　Modbus/TCP 协 议

Modbus/TCP 协议把 Modbus 协议作为应用层协议，TCP/IP 协议作为下层协议，在注册的 502 端口上利用 TCP 接收所有 Modbus/TCP 报文。对于 Modbus 协议的 ASCII、RTU 和 TCP 协议来说，其中 TCP 和 RTU 协议非常类似，只要把 RTU 协议的两个字节的校验码去掉，然后在 RTU 协议的开始加上报文头并通过 TCP/IP 网络协议发送出去即可。Modbus/TCP 协议的性能与以太网的类型和设计有很大关系，并且与不同设备通信接口所使用的处理器性能也有很大关系。

Modbus 协议报文传输服务提供设备之间的客户端/服务器通信，这些设备连接在一个 Ethernet 的 TCP/IP 协议网络上。

这个客户端/服务器模型基于 4 种报文类型（如图 6-9 所示）。

（1）Modbus 协议请求报文，是客户端在网络上发送用来启动处理的报文。

（2）Modbus 协议指示报文，是服务器侧接收的请求报文。

（3）Modbus 协议响应报文，是服务器发送的响应报文。

（4）Modbus 协议证实报文，是在客户端侧接收的响应报文。

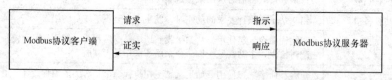

图 6-9　Modbus/TCP 报文类型

Modbus/TCP 协议的通信系统可以包括不同类型的设备（如图 6-10 所示）：连接至 TCP/IP 协议网络的 Modbus/TCP 协议客户端和服务器设备；互连设备，例如，在 TCP/IP 协议网络和串行链路子网之间互连的网桥、路由器或网关，该子网允许将 Modbus 协议串行链路客户端和服务器终端设备连接起来。

Modbus/TCP 协议信息帧的格式包括报文头、功能区和数据区，和前面描述的 Modbus 协议信息帧的区别在于报文头部分。在 TCP/IP 协议上使用一种专用报文头来识别

Modbus/TCP 协议报文，即 Modbus 应用协议报文头。

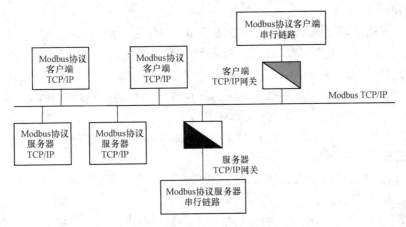

图 6-10　Modbus TCP/IP 通信结构

Modbus/TCP 应用协议报文头见表 6-7 所列。

表 6-7　　　　　　　　　　**Modbus/TCP 应用协议报文头**

报 文 头	长度	描　　　述	客 户 端	服 务 器
事务处理标识符	2 字节	Modbus 协议请求/响应事务处理的识别	客户端启动	服务器从接收的请求中重新复制
协议标识符	2 字节	0＝Modbus 协议	客户端启动	服务器从接收的请求中重新复制
长度	2 字节	随后字节的数量	客户端启动（请求）	服务器（响应）启动
单元标识符	1 字节	串行链路或其他总线上连接的远程从站的识别	客户端启动	服务器从接收的请求中重新复制

　　图 6-11 所示的 Modbus 协议组件结构模型是一个适用于任何设备的，既包含 Modbus 协议客户端又包含 Modbus 协议服务器组件的通用模型。有些设备可能仅提供服务器或客户端组件。

　　一个 Modbus 协议设备可以提供客户端和服务器接口，同时还可提供 Modbus 协议客户端和后台接口，允许间接地访问用户应用对象。下面详细介绍 Modbus 协议组件各个模块的功能。

　　（1）Modbus 协议客户端。Modbus 协议客户端允许用户应用显性地控制与远程设备的信息交

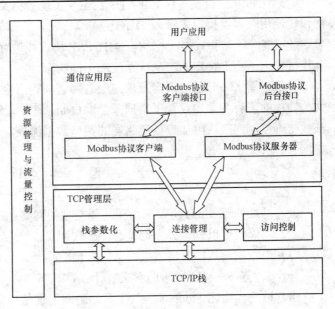

图 6-11　Modbus 协议组件结构模型

换。Modbus 协议客户端根据用户应用向 Modbus 协议客户端接口发送的要求中所包含的参数生成一个 Modbus 协议请求。

Modbus 协议客户端调用 Modbus 协议的报文处理，包括对 Modbus 协议证实的等待和处理。

（2）Modbus 协议客户端接口。Modbus 协议客户端接口使得用户应用能够生成包括访问 Modbus 协议应用对象在内的各类 Modbus 协议服务的请求。

（3）Modbus 协议服务器。在收到 Modbus 协议请求以后，模块激活本地操作进行读、写或其他操作，这些操作的处理对应用程序开发人员来说都是透明的。Modbus 协议服务器的主要功能是等待来自 TCP 的 502 端口的 Modbus 协议请求，处理请求结束后根据设备的状况生成 Modbus 协议响应。

（4）Modbus 协议后台接口。Modbus 协议后台接口是从 Modbus 协议服务器到定义应用对象的用户应用之间的接口。

（5）连接管理。报文传输服务的主要功能之一是管理通信的建立和结束，以及所建立的 TCP 连接上的数据流。

在客户端和服务器的 Modbus 协议模块之间的通信需要使用 TCP 连接管理模块，它负责全面管理报文传输 TCP 连接。连接管理中存在两种可能：用户应用自身管理 TCP 连接；全部由这个模块进行连接管理，而对用户应用透明。后一种方案灵活性较差。

TCP 的 502 端口是为 Modbus 协议通信保留的，在默认状态下，强制监听这个端口。然而，有些市场上的产品或应用可能需要其他端口作为 TCP 上 Modbus 协议的通信之用。当需要与非施耐德公司产品进行互操作时便属此种情况，例如楼宇控制。为此建议：客户端和服务器均应向用户提供对 TCP 端口号上的 Modbus 参数配置。重要的是即使在某一个特定的应用中为 Modbus 服务配置了其他 TCP 服务器端口，除一些特定应用端口外，TCP 服务器 502 端口必须仍然是可用的。

（6）栈参数化。栈参数化模块主要是对 TCP/IP 协议栈进行配置。

（7）TCP/IP 协议栈。TCP/IP 协议栈主要实现数据流控制、地址管理和连接管理。TCP/IP 协议栈使用套接字接口来管理 TCP 连接。

（8）资源管理和数据流控制。对 TCP/IP 协议栈进行参数配置，使数据流控制、地址管理和连接管理适用于特定的产品或系统的不同约束。

为了平衡 Modbus 协议客户端与服务器之间进出报文传输的数据流，在 Modbus 协议报文传输栈的所有各层均设置了数据流控制机制。资源管理和流量控制模块首先是基于 TCP 内部数据流控制，其次附加数据链路层的某些数据流控制和用户应用层的数据流控制。

思　考　题

（1）标准的 Modbus 协议网络和其他类型的网络在传输协议上相比，有哪些不同？

（2）功能码可以分为哪几类？有什么作用？

（3）当主站向从站发送请求时，除广播信息外，可产生哪几种事件？正常帧和响应帧的区别是什么？意外码 02 表示的含义是什么？

（4）请简要概述 Modbus 协议主从站之间的通信过程。

（5）与串行链路上使用的 Modbus RTU 协议相比，Modbus/TCP 协议的不同表现在什么地方？

（6）主站需要读取从站 19 的保持寄存器 40200～40500 的数据，请写出请求帧和响应帧，其中响应帧中寄存器高位数据用**表示，低位数据用@@表示。

（7）当设备上电后，向从站发送单播请求时，主站进入"等待响应"状态，在响应时限内，收到来自期望从站的响应，请简要画出此种情况下的主站状态图。

（8）设备上电后，当从站收到一个请求，而在处理所要求的动作时出错，请简要画出此种情况下的从站状态图。

第7章 CAN 总线技术

7.1 CAN 总线发展与特点

CAN（Control Area Network）是控制局域网的简称，是德国 Bosch 公司于 20 世纪 80 年代为解决现代汽车中日益增多的控制和测量仪器之间的数据交换而开发的一种能有效支持分布式控制和实时控制的串行数据通信总线。1991 年 9 月 Philips Semiconductors 制定并发布了 CAN 技术规范（Version 2.0）。该技术规范包括 A 和 B 两部分。2.0A 给出了曾在 CAN 技术规范版本 1.2 中定义的 CAN 报文格式，而 2.0B 给出了标准报文和扩展报文两种报文格式。此后，1993 年 11 月 ISO 正式颁布了高速通信控制器局部网 CAN 的国际标准（ISO 11898），为控制器局域网标准化、规范化推广铺平了道路。现今，CAN 总线已经成为工业通信网络中的主流技术之一。

CAN 作为数字式串行通信协议，能够有效支持很高安全等级的分布实时控制，与其他同类技术相比，其在可靠性、实时性、灵活性等方面有着自己独特的技术优势。CAN 总线的主要技术特点如下：

（1）多主控制。在总线空闲时，所有的单元都可开始发送消息，最先访问总线的单元可获得发送权；在多个单元同时开始发送时，发送高优先级 ID 消息的单元可获得发送权。也可以设置为主/从模式。

（2）报文的优先权，即每个报文都有自己的优先级。在 CAN 总线中，所有的消息都以固定的格式发送，当两个以上的单元同时开始发送消息时，则根据标识符（Identifier，ID）决定优先级，从而可以满足不同级别的实时性要求。

（3）非破坏性总线仲裁技术。当两个以上的单元同时开始发送消息时，ID 优先级较低的单元会主动退出发送，而最高优先级的单元则可不受影响地继续发送数据，从而大大节约了总线冲突的仲裁时间。而且，即使在网络负载很重的情况下也不会出现网络瘫痪的情况（在以太网中则可能出现）。

（4）通信速率较高，通信距离长。CAN 总线的直接通信距离可达 10km（速率在 5kbit/s 以下），通信速率最高可达 1Mbit/s（通信距离 40m 以内）。根据整个网络的规模以及需求，可设定适合的通信速率，但在同一网络中，所有单元必须以统一的通信速率通信。

（5）可同时连接多个单元。可连接的单元总数理论上是没有限制的，但实际上可连接的单元数受总线上的时间延迟及电气负载的限制。目前一条 CAN 总线最多可以连接 110 个单元。

（6）与 CAN 总线相连的单元没有类似于"地址"的信息，因此在总线上增加单元时，连接在总线上的其他单元的软硬件及应用层都不需要改变。

（7）远程数据请求功能。可通过发送"远程帧"，来请求其他单元发送数据。

（8）所有的单元都有错误检测、标定与自检等功能。检测错误的措施包括位错误检测、循环冗余校验、位填充、报文格式检查及应答错误检测，从而保证了很低的数据出错率；而只要总线一有空闲，就会将破坏的报文重新传输。

（9）可以判断出错误的类型。CAN 总线能够判断出错误是总线上暂时的数据错误，如外部噪声等，还是持续的数据错误，如单元内部故障、驱动器故障、断线等。根据此功能，当总线上发生持续数据错误时，可以将引起此故障的单元从总线上隔离出去。

（10）通信介质可采用双绞线、同轴电缆和光纤，选择灵活，最常用的是双绞线。信号使用差分电压传送，两条信号线被称为 CAN-H 和 CAN-L，静态时均是 2.5V 左右，此时状态表示为逻辑"1"，也可以叫做"隐性"。用 CAN-H 比 CAN-L 高表示"0"，称为"显性"，此时，通常电压值为 CAN-H＝3.5V 和 CAN-L＝1.5V。在"显性"位期间，"显性"状态改写"隐性"状态，并发送，如图 7-1 所示。

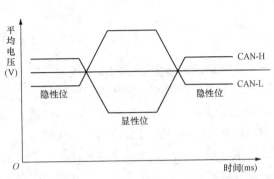

图 7-1　CAN 总线的"隐性"与"显性"位电平

7.2　CAN 总线物理层

CAN 只采用了 OSI 参考模型七层中的两层，即物理层和数据链路层。物理层定义了信号的传输方式，可以分成物理层信号（Physical Layer Signal，PLS）、物理媒体链接（Physical Medium Attachment，PMA）和媒体从属接口（Medium Dependent Interface，MDI）三部分，能够完成电气连接、实现发送器/接收器特性，位定时，位同步、位编码/解码。

一、物理层信号

物理层信号（PLS）主要实现位编码/解码、位定时和位同步的相关功能。

1. 位编码/解码

位编码即位流编码，CAN 规定数据帧和远程帧的帧起始、仲裁场、控制场、数据场及 CRC 序列五部分均通过位填充的方法编码。无论何时，发送器只要检测到位流里有 5 个连续相同值的位，便自动在位流里插入一补充位。数据帧或远程帧的剩余位场（包括 CRC 界定符、应答场和帧结尾）形式固定，不填充。错误帧和过载帧的形式也固定，但并不通过位填充的方法进行编码。

CAN 报文里的位流根据"不归零"（NRZ）方法来进行编码。这就是说，在整个位时间里，位的电平或者为"显性"，或者为"隐性"。

2. 位时间

理想发送器在没有重新同步的情况下每秒发送的位数量称为标称位速率。标称位时间定义为标称位速率的倒数，即

$$标称位时间 = \frac{1}{标称位速率}$$

标称位时间（简称位时间）指的是一个比特位的持续时间。一般可以把标称位时间划分成几个不重叠时间的片段，即同步段（Sync-Seg）、传播时间段（Prop-Seg）、相位缓冲段 1（Phase-Seg1）和相位缓冲段 2（Phase-Seg2），如图 7-2 所示。

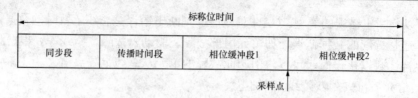

图 7-2　CAN 总线的标称位时间

位时间的同步段用于同步总线上不同的节点或设备，在这一段内要有一个跳变沿。传播时间段用于补偿网络内的物理延时时间。它是信号在总线传播的时间、总线上输入比较器延时和输出驱动器延时总和的 2 倍。相位缓冲段 1 和相位缓冲段 2 用于补偿相位边沿阶段的误差，这两个段可以通过重新同步加长或缩短。

采样点是指读总线电平并解释各位的值的一个时间点。其位于相位缓冲段 1 的结束处。信息处理时间是一个以采样点作为起始的时间段，它被保留用于计算后续位的位电平。

位时间按时间份额进行编程，时间份额是派生于振荡器周期的一个固定时间单元。存在有一个可编程的预比例因子，其整体数值范围为 1～32 的整数，以最小时间份额为起点。时间份额的长度为

$$时间份额＝m×最小时间份额$$

式中：m 为预比例因子。

正常的位时间内各时间段的长度为：同步段的长度为 1 个时间份额，传播段的长度可设置为 1、2、…、8 个时间份额；相位缓冲段 1 的长度可设置为 1、2、…、8 个时间份额；相位缓冲段 2 的长度为相位缓冲段 1 和信息处理时间之间的最大值；信息处理时间少于或等于 2 个时间份额。一个位时间总的时间份额值可以设置在 8～25 的范围。

3. 位同步

位同步包括硬同步和重同步两种形式。在硬同步后，位时间由每个位定时逻辑单元从同步段重新启动。因此，硬同步强迫引起硬同步的跳变沿处于重新开始的位时间同步段之内。而重同步的结果使相位缓冲段 1 增长，或使相位缓冲段 2 缩短。相位缓冲段加长或缩短的数量有一个上限，此上限由重同步跳转宽度给定。重同步跳转宽度应设置在 1～4 之间。

可以从一位值转换到另一位值的过渡过程得到时钟信息。由于具有连续相同数字位的最大数目是固定的，这个特性使总线单元在报文发送期间重同步于位流成为可能。可用于重同步的两个过渡过程之间的最大的长度为 29 个位时间。

同步边沿的相位误差 e 由跳变沿相对于同步段的位置给出，以时间额度量度。相位误差定义如下：

$e=0$，如果同步边沿处于同步段内；

$e>0$，如果同步边沿位于同步段后，采集点之前；

$e<0$，如果同步边沿处于前一个位的采集点之后，本位同步段之前。

当引起重同步的边沿的相位误差的幅值小于或等于重同步跳转宽度的设定值时，重同步和硬同步的作用相同。当相位错误的幅值大于重同步跳转宽度时：如果相位误差为正，则相位缓冲段 1 被增长一个与重同步跳转宽度相等的值；如果相位误差为负，则相位缓冲段 2 被缩短一个与重同步跳转宽度相等的值。

硬同步和重同步应遵循以下规则：

（1）在一个位时间里只允许一个同步。

（2）仅当采集点之前探测到的值与紧跟边沿之后出现的总线值不相符合时，才把沿用作于同步。

（3）总线空闲期间，如有一"隐性"转变到"显性"的沿，则无论何时，都会执行硬同步。

（4）符合规则（1）和规则（2）的所有从"隐性"转化为"显性"的跳变沿（和在低位速率情况下，选择的"显性"到"隐性"跳变沿）都被用作于重同步。有一例外情况，即当发送一"显性"位的节点不执行重同步而导致一"隐性"转化为"显性"沿时，此沿具有正的相位误差，不能用作于重同步。

二、物理媒体连接（PMA）子层

PMA 子层的主要功能是实现总线发送/接收，并可提供总线故障检测。在 CAN 技术规范 2.0B 中并没有定义该层的发送器/接收器特性，以便在具体的应用中进行优化设计。在 1993 年形成的国际标准 ISO 11898 中对基于双绞线的物理媒体连接提出了建议。

ISO 11898 建议的电气连接如图 7-3 所示。总线每个末端均接有以 RL 表示的抑制反射的终端负载电阻。总线驱动可以采用单线上拉、单线下拉或双线驱动，接收采用差分比较器。总线具有两种逻辑状态，即显性和隐性。总线上的位电平如图 7-3 所示。若所有节点的晶体管都被关闭，则总线处于隐性状态。此时总线的平均电压由具有高内阻的节点电压源产生。若成对晶体管至少有一个被接通，则显性位被送至总线，它产生流过终端电阻的电流，使总线的两条线之间产生电压差。电阻网络可以检测显性和隐性状态，该网络将总线的不同电压变换，并接收电路比较器输入端上对应的显性电平和隐性电平。

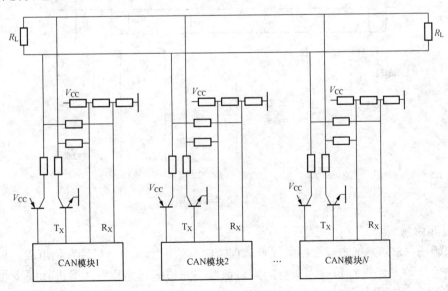

图 7-3　CAN 总线电气连接示意图

三、基于双绞线的物理介质附件特性

媒体从属接口（MDI）子层规定电缆和连接器的特性，在 CAN 技术规范 2.0B 中没有对此进行定义。由物理媒体连接（PMA）和媒体从属接口（MDI）构成媒体访问单元（MAU）。

7.3 CAN总线帧类型与帧结构

CAN协议规定了两种不同的帧格式，其不同之处为识别符场的长度不同：具有11位识别符的帧称之为标准帧，而含有29位识别符的帧称为扩展帧。

另外，数据在节点间发送和接收以四种不同类型的帧出现和控制。这四种帧分别是数据帧、远程帧、错误帧和过载帧。数据帧将数据从发送器传输到接收器；远程帧由节点发出，用以请求发送具有同一识别符的数据帧；错误帧在任何单元检测到总线错误时发出；而过载帧用以在先行的和后续的数据帧或远程帧之间提供一附加的延时。此外，数据帧和远程帧可以使用标准帧及扩展帧两种格式。它们用一个帧间空间与前面的帧分隔。

一、数据帧

一个数据帧中包含了7个不同的位场，即帧起始场（Start of Frame）、仲裁场（Arbitration Frame）、控制场（Control Frame）、数据场（Data Frame）、CRC校验场（CRC Frame）、应答场（ACK Frame）、帧结束场（End of Frame）。其中数据场的长度可以为0。数据帧组成如图7-4所示，结构如图7-5所示。

帧起始场	仲裁场	控制场	数据场	CRC校验场	应答场(ACK)	帧结束场

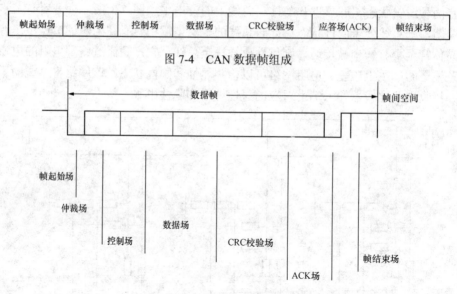

图7-4 CAN数据帧组成

图7-5 CAN数据帧结构

1. 帧起始场

帧起始场（SOF）标志着数据帧或者远程帧的开始，由一个“显性”位组成。只有当总线空闲时才允许开始进行传输。所有的站点都要首先根据起始位的边缘进行同步（参见硬同步）。

2. 仲裁场

标准格式帧与扩展格式帧的仲裁场格式有所不同，如图7-6所示。

在标准格式里，仲裁场由11位识别符和RTR位组成，识别符位由ID-28～ID-18。而扩展格式里，仲裁场包括29位识别符、SRR位、IDE位、RTR位，其识别符由ID-28～ID-0。

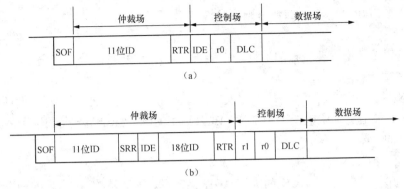

图 7-6　标志格式帧与扩展格式帧的仲裁场

（a）标准格式；（b）扩展格式

标准格式的识别符长度为 11 位，相当于扩展格式的基本 ID（Base ID）。这些位按 ID-28 到 ID-18 的顺序发送，最低位是 ID-18，7 个最高位（ID-28～ID-22）不能全是"隐性"。

和标准格式形成对比，扩展格式的识别符由 29 位组成。其格式包含两个部分，即 11 位基本 ID、18 位扩展 ID。基本 ID 按 ID-28～ID-18 的顺序发送。它相当于标准格式里的识别符。基本 ID 定义扩展帧的基本优先权。扩展 ID 按 ID-17～ID-0 的顺序发送。

在标准帧里，识别符后是 RTR 位。RTR 的全称为"远程发送请求位（Remote Transmission Request BIT）"。在数据帧里 RTR 位必须为"显性"，而在远程帧里 RTR 位则必须为"隐性"。

扩展格式里，基本 ID 首先发送，其次是 IDE 位和 SRR 位。扩展 ID 的发送位于 SRR 位之后。而 RTR 位则位于扩展 ID 之后。SRR 的全称是"替代远程请求位（Substitute Remote Request BIT）"。SRR 是一隐性位。它在扩展格式的标准帧 RTR 位位置，因此代替标准帧的 RTR 位。

因此，标准帧与扩展帧的冲突是通过标准帧优先于扩展帧这一途径得以解决的，扩展帧的基本 ID 如同标准帧的识别符。

IDE 的全称是"识别符扩展位（Identifier Extension BIT）"，IDE 位在扩展格式中属于仲裁场，在标准格式中属于控制场。标准格式里的 IDE 位为"显性"，而扩展格式里的 IDE 位为"隐性"。

3. 控制场

控制场由 6 个位组成。标准格式的控制场格式和扩展格式的控制场格式不同。标准格式里的控制场包括数据长度代码、IDE 位及保留位 r0。扩展格式里的帧包括数据长度代码和两个保留位（r1 和 r0）。其保留位必须发送为显性，但是接收器认可"显性"和"隐性"位的组合。控制场的结构见表 7-1。

表 7-1　　　　　　　　　　　　　　　　控 制 场 的 结 构

保　留　位		数 据 长 度 代 码			
r1	r2	DLC3	DLC2	DLC1	DLC0

数据长度代码指示了数据场中的字节数量，由 4 位组成，在控制场中发送。在数据帧中

允许的字节数量为 0～8，其他的数值则不允许使用。

4. 数据场

数据场包含了数据帧要传输的数据，它的长度可以为 0～8 个字节，每个字节为 8 位。

5. CRC 校验场

CRC 校验场包括了 CRC 校验序列以及一个 CRC 定界符。CRC 序列是由循环冗余码求得的帧检查序列，最适用于位数低于 127 位（BCH 码）的帧；CRC 界定符位于 CRC 序列之后，包含一个单独的"隐性"位。

6. 应答场（ACK）

ACK 场为两个位，包括 ACK 间隙和 ACK 界定符。发送站的 ACK 场的两个位都是隐性位。当接收器正确接收一个合法的报文后，就在 ACK 间隙期间发送一个显性位给接收器，表示正确接收。

应答间隙：所有接收到匹配 CRC 序列的站会在应答间隙期间用一"显性"的位写入发送器的"隐性"位来作出回答。

应答界定符：应答界定符是应答场的第二个位，并且是一个必须为"隐性"的位。因此，应答间隙被两个"隐性"的位所包围，也就是 CRC 界定符和应答界定符。

7. 帧结束场

每一个数据帧和远程帧均由一标志序列定界。这个标志序列由 7 个"隐性"的位组成。

二、远程帧

当一个站点想接收另一个站点的特定数据时，首先要向对方发送一个远程帧，来初始化这次传送。它包括 6 个部分，分别是帧起始场、仲裁场、控制场、CRC 校验场、ACK 场、帧结束场。与数据帧相比少了数据场。远程帧结构示意图如图 7-7 所示。

帧起始场	仲裁场	控制场	CRC校验场	ACK场	帧结束场

图 7-7　远程帧的结构

与数据帧相反，远程帧的 RTR 位是"隐性"的。它没有数据场，数据长度代码的数值是不受制约的（可以标注为容许范围里 0～8 的任何数值）。此数值是相应于数据帧的数据长度代码。

RTR 位的极性表示了所发送的帧是一数据帧（RTR 位"显性"）还是一远程帧（RTR 位"隐性"）。

三、错误帧

错误帧为任何单元检测到总线错误所发出的帧。错误帧包含两个不同的场，即错误标志场和错误帧界定场。错误帧结构示意图如图 7-8 所示。

为了能正确地终止错误帧，一"错误被动"的节点要求总线至少有长度为 3 个位时间的总线空闲（如果"错误被动"的接收器有本地错误的话）。因此，总线的载荷不应为 100%。

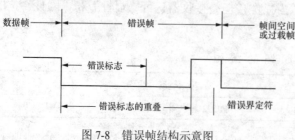

图 7-8　错误帧结构示意图

有两种形式的错误标志，即主动错误标志（Active Error Flag）和被动错误标志（Passive Error Flag）。主动错误标志由 6 个连续的"显性"位组成。被动错误标志由 6 个连续的"隐性"位组成，除非被其他节点的"显性"位重写。

检测到错误条件的"错误主动"的站通过发送主动错误标志，以指示错误。错误标志的形式破坏了从帧起始到 CRC 界定符的位填充规则，或者破坏了应答场或帧末尾场的固定形式。所有其他的站由此检测到错误条件并与此同时开始发送错误标志。因此，"显性"位（此"显性"位可以在总线上监视）的序列导致一个结果，这个结果就是把各个单独站发送的不同的错误标志叠加在一起。这个顺序的总长度最小为 6 个位，最大为 12 个位。

检测到错误条件的"错误被动"的站试图通过发送被动错误标志，以指示错误。"错误被动"的站等待 6 个相同极性的连续位（这 6 个位处于被动错误标志的开始）。当这 6 个相同的位被检测到时，被动错误标志的发送就完成了。

错误界定符包括 8 个"隐性"的位。错误标志传送了以后，每一站就发送"隐性"的位并一直监视总线直到检测出一个"隐性"的位为止，然后就开始发送其余 7 位"隐性"位。

四、过载帧

过载帧包括两个位场，即过载标志和过载界定符。

以下三种过载条件都会导致过载标志的传送。

（1）接收器的内部条件（此接收器对于下一数据帧或远程帧需要有一延时）。

（2）间歇场期间检测到一"显性"位。

（3）如果 CAN 节点在错误界定符或过载界定符的第 8 位（最后一位）采样到一个显性位，节点会发送一个过载帧（不是错误帧），错误计数器不会增加。

由过载条件（1）而引发的过载帧只允许起始于所期望的间歇场的第一个位时间开始。而由过载条件（2）和过载条件（3）引发的过载帧应起始于所检测到"显性"位之后的位。通常为了延迟下一个数据帧或远程帧，两种过载帧均可产生。过载帧的时序如图 7-9 所示。

过载标志：过载标志由 6 个"显性"的位组成。过载标志的所有形式和主动错误标志的一样。过载标志的形式破坏

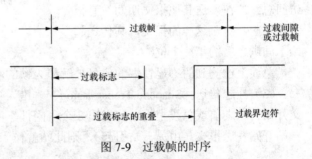

图 7-9　过载帧的时序

了间歇场的固定形式。因此，所有其他的站都检测到过载条件并与此同时发出过载标志。如果有的节点在间歇的第 3 个位期间检测到"显性"位，则这个位将解释为帧的起始。

基于 CAN 1.0 和 CAN 1.1 版本的控制器对第 3 个位有另一解释，即有的节点在间歇的第 3 个位期间于本地检测到一"显性"位，则这个位将解释为帧的起始。

过载界定符：过载界定符由 8 个"隐性"的位组成。过载界定符的形式和错误界定符的形式一样。过载标志被传送后，站就一直监视总线直到检测到一个从"显性"位到"隐性"位的跳变。此时，总线上的每一个站完成了过载标志的发送，并开始同时发送其余 7 个"隐性"位。

五、帧间空间

数据帧（或远程帧）与先行帧的隔离是通过帧间空间实现的，无论此先行帧类型如何（数

据帧、远程帧、错误帧、过载帧）。所不同的是，过载帧与错误帧之前没有帧间空间，多个过载帧之间也不是由帧间空间隔离的。

帧间空间（Interframe Space）包括间歇、总线空闲的位场。如果"错误被动"的站已作为前一报文的发送器时，则其帧间空间除了间歇、总线空闲外，还包括被称为挂起传送的位场。

对于非"错误被动"的站，或者以此站作为前一报文的接收器，其帧间空间如图 7-10 所示。

对于已作为前一报文发送器的"错误被动"的站，其帧间空间如图 7-11 所示。

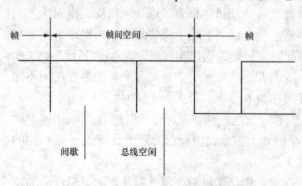

图 7-10 非"错误被动"的帧间空间

（1）间歇（Intermission）：间歇包括 3 个"隐性"的位。在间歇期间，所有的站均不允许传送数据帧或远程帧，唯一要做的是标示一个过载条件。如果 CAN 节点有一报文等待发送并且节点在间歇的第三位采集到一显性位，则此位被解释为帧的起始位，并从下一个位开始发送报文的识别符首位，而不用首先发送帧的起始位或成为一接收器。

（2）总线空闲（BusIdle）：总线空闲的时间长度是任意的。只要总线被认定为空闲，任何等待发送报文的站就会访问总线。在发送其他报文期间，有报文被挂起，对于这样的报文，其传送起始于间歇之后的第一个位。

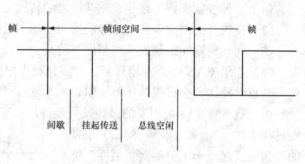

图 7-11 "错误被动"的帧间空间

总线上检测到的"显性"的位可被解释为帧的起始。

（3）挂起传送（Suspend Transmission）："错误被动"的站发送报文后，此站就在下一报文开始传送之前或总线空闲之前发出 8 个"隐性"的位跟随在间歇的后面。如果与此同时另一站开始发送报文（由另一站引起），则此站就作为这个报文的接收器。

7.4 媒体访问和仲裁

CAN 总线的报文接收与否取决于整个识别符的报文滤波。在报文滤波中允许将任何的识别符位设置为"不考虑"的可选屏蔽寄存器，可以选择多组的识别符，使之被映射到隶属的接收缓冲器里。如果使用屏蔽寄存器，它的每一个位必须是可编程的，即它们能够被允许或禁止报文滤波。屏蔽寄存器的长度可以包含整个识别符，也可以包含部分的识别符。

CAN 总线的发送采用多主控制机制。在总线空闲时，所有的单元都可开始发送消息，最先访问总线的单元可获得发送权；在多个单元同时开始发送时，则对报文 ID 的优先级进行仲裁，发送低优先级 ID 报文的单元主动退出发送，发送高优先级 ID 报文的单元则可继续发送。

在 CAN 协议中采用了由 CSMA/CD 发展而来的载波监听多路访问/冲突避免（Carrier Sense Multiple Access with Collision Avoidance，CSMA/CA）非破坏性仲裁技术。根据该方法，每个总线使用者都要对总线状态进行检测（载波监听），只要一定时间内总线未被占用，就可以发送报文。当多个单元同时开始发送时，则对报文 ID 的优先级进行仲裁。在 CAN 总线的报文中，逻辑"0"称为显性位，逻辑"1"则称为隐性位，而 CAN 采用总线拓扑结构，各节点发送电路的端口采用集电极开路门实现，因此可以实现线与。在总线上当显性位与隐性位进行线与时，结果是隐性位被称为冲突，在竞争中退出，而总线呈现为显性。因此，当总线节点发出隐性位时，而检测到总线为显性位，则表示该节点丢失仲裁，即应该停止发送。当节点发送显性位而检测到总线为隐性位，则该节点检测出位错误。由于高优先级的报文具有较低的报文 ID，其仲裁场以更多的显性位开始，因此报文会保留在总线上，且数据不会受到破坏。

图 7-12 给出了一个 CAN 总线仲裁过程的实例。图中节点 1、2、3 同时发出报文，在 a 点开始仲裁，节点 1 的报文在 b 点失去总线仲裁，节点 2 的报文在 c 点失去仲裁，只有节点 3 的报文得到总线仲裁，并得以不受影响地继续向总线发送报文。

基于竞争的仲裁依靠标识符和紧随其后的 RTR 位完成。具有不同标识符的两个帧，优先权就取决于标识符，较高优先级的标识符具有较低的二进制数值。若具有相同标识符的数据帧和远程帧同时发送，则通过 RTR 位的数值来保证数据帧具有更高的优先级。

此外，CAN 还规定了其他解决冲突的准则：在一个系统内，每条信息必须标以唯一的标识符；具有给定标识符和非零 DLC 的数据帧仅可由一个节点发送；远程帧只能以全系统内确定的 DLC 发送，该数据长度代码为对应的数据帧的 DLC，若具有相同标识符和不同 DLC 的远程帧同时发送，将导致无法解决的冲突。

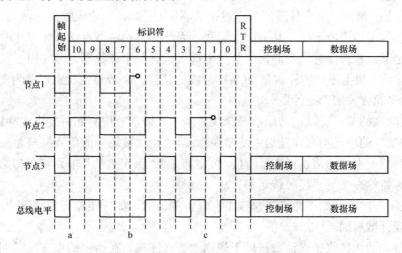

图 7-12　CAN 总线仲裁过程实例

7.5　错误处理与故障界定

一、错误检测

CAN 总线中定义了以下 5 种不同的错误类型，分别是位错误、填充错误、CRC 错误、形式错误和应答错误。在检测中这 5 种错误并不会相互排斥，下面将介绍它们的检测方法。

（1）位错误（Bit Error）。单元在发送位的同时也对总线进行监视。如果所发送的位值与所监视的位值不相符合，则在此位时间里检测到一个位错误。但是在仲裁场的填充位流期间或应答间隙发送一"隐性"位的情况是例外的，此时，当监视到一"显性"位时，不会发出位错误。当发送器发送一个被动错误标志但检测到"显性"位时，也不视为位错误。

（2）填充错误（Stuff Error）。如果在使用位填充法进行编码的信息中，出现了第 6 个连续相同的位电平时，将检测到一个填充错误。位填充是为了保证有足够的隐性位到显性位的跳变沿，填充位出现在 5 个连续相同的极性位之后，填充位的极性与前面的极性相反。

（3）CRC 错误（CRC Error）。CRC 序列包括发送器的 CRC 计算结果。接收器计算 CRC 的方法与发送器相同。如果计算结果与接收到 CRC 序列的结果不相符，则检测到一个 CRC 错误。

（4）形式错误（Form Error）。当一个固定形式的位场含有 1 个或多个非法位，则检测到一个形式错误（备注：接收器的帧末尾最后一位期间的显性位不被当作帧错误）。

（5）应答错误（Acknowledgment Error）。只要在应答间隙期间所监视的位不为"显性"，发送器就会检测到一个应答错误。

二、错误界定

检测到错误条件的节点通过发送错误标志指示错误。对于"错误主动"的节点，错误信息为"主动错误标志"；对于"错误被动"的节点，错误信息为"被动错误标志"。节点无论检测到位错误、填充错误、形式错误，还是应答错误，这个站会在下一位时发出错误标志信息。如果检测到的错误是 CRC 错误，错误标志的发送开始于 ACK 界定符之后的位。

由于在检测到错误时，一个错误帧就会被发出，从而中断了当前的发送，下次发送通过另一次仲裁开始。如果一个有故障的节点对报文解读有误，使用错误帧的方法进行处理错误，就会对总线正常工作造成干扰，甚至产生阻塞。因此必须判定节点状态。

为了界定节点状态，总线上的每个节点中都设置有两个计数器，分别用于发送错误计数和接收错误计数。根据不同的计数值，CAN 总线的任何一个节点的状态可能为"错误主动"、"错误被动"、"总线关闭"三种之一。

"错误主动"的节点可以正常地参与总线通信并在错误被检测到时发出主动错误标志。

"错误被动"的单元不允许发送主动错误标志。"错误被动"的单元参与总线通信，在错误被检测到时只发出被动错误标志。而且，发送以后，"错误被动"单元将在初始化下一个发送之前处于等待状态（见"挂起传送"）。

"总线关闭"的单元则不允许在总线上有任何的影响，如关闭输出驱动器。

三、错误计数规则

发送错误计数和接收错误计数按以下规则改变（注意，在给定的报文发送期间，可能要用到的规则不止一个）。

（1）当接收器检测到一个错误，接收错误计数就加 1。在发送主动错误标志或过载标志期间所检测到的错误为位错误时，接收错误计数器值不加1。

（2）当错误标志发送以后，接收器检测到的第一个位为"显性"时，接收错误计数值加8。

（3）当发送器发送一错误标志时，发送错误计数器值加 8，但有两个意外：①发送器为

"错误被动",并检测到一应答错误(此应答错误由检测不到一"显性"ACK 以及当发送被动错误标志时检测不到一"显性"位而引起)。②发送器因为填充错误而发送错误标志(此填充错误发生于仲裁期间。引起填充错误是由于填充位位于 RTR 位之前,并已作为"隐性"发送,但是却被监视为"显性")。在这两种例外情况下,发送错误计数器值不改变。

(4)在发送主动错误标志或过载标志时,如果发送器检测到位错误,则发送错误计数器值加 8。

(5)在发送主动错误标志或过载标志时,如果接收器检测到位错误,则接收错误计数器值加 8。

(6)在发送主动错误标志、被动错误标志或过载标志以后,任何节点最多容许 7 个连续的"显性"位。在以下的情况,每一发送器将它们的发送错误计数器值加 8,及每一接收器将其接收错误计数器值加8。

1)当检测到第 14 个连续的"显性"位后。

2)在检测到第 8 个跟随着被动错误标志的连续的"显性"位以后。

3)在每一附加的 8 个连续"显性"位顺序之后。

(7)报文成功传送后(得到 ACK 及直到帧末尾结束没有错误),发送错误计数器值减 1,除非已经是 0。

(8)如果接收错误计数器值介于 1~127 之间,在成功地接收到报文后(直到应答间隙接收没有错误,并成功地发送了 ACK 位),接收错误计数器值减 1。如果接收错误计数器值是 0,则它保持 0;如果大于 127,则它会设置一个介于 119~127 之间的值。

四、节点状态转换

当发送错误计数器值等于或超过 128 时,或当接收错误计数器值等于或超过 128 时,节点变为"错误被动"状态,让节点成为"错误被动"的错误条件致使节点发出主动错误标志。当发送错误计数器值和接收错误计数器值都小于或等于 127 时,"错误被动"的节点重新变为"错误被动"状态。当发送错误计数器值大于或等于 256 时,节点为"总线关闭"。在监视到 128 次出现 11 个连续"隐性"位之后,"总线关闭"的节点可以变成"错误被动"状态,它的两个错误计数器值也都被设置为 0。图 7-13 给出了节点状态转换图。

一个大约大于 96 的错误计数值显示总线被严重干扰,最好能够预先采取措施测试这个条件。如果系统启动期间内只有 1 个节点在线,则这个节点发送一些报文后,将不会有应答,并检测到错误和重发报文。由此,节点会变为"错误被动",而不是"总线关闭"。

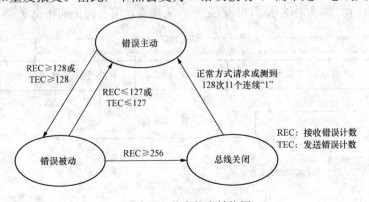

图 7-13 节点状态转换图

7.6 位同步过程

由于 CAN 总线的仲裁采用无损逐位仲裁，因此必须要有高精度的位同步机制，以保证总线上的所有节点位同步。在 7.2 CAN 总线物理层中已经介绍了 CAN 总线的位定时和位同步机制，本节将举例介绍 CAN 总线的位同步过程。

同步段是 CAN 总线位周期中每一位的起始部分。不管是发送节点发送一位还是接收节点接收一位都是从同步段开始的。但是由于发送节点和接收节点之间存在网络传输延迟以及物理接口延迟，发送节点发送一位之后，接收节点延迟一段时间才能接收到，因此，发送节点和接收节点对应同一位的同步段起始时刻就有一定的延迟，记为传播延时。传播段的设置就是要补偿该段延迟的。CAN 总线协议中的非破坏性仲裁机制以及帧内应答机制，都要求那些正在发送位流的发送节点能够同时接收来自其他发送节点的"显性位"（逻辑 0），否则就会使得仲裁无效或者应答错误。传播延迟段推迟那些可能较早采样总线位流的节点的采样点，保证由各个发送节点发送的位流到达总线上的所有节点之后才开始采样。

重同步跳转宽度（SJW）并不是位周期里的一段，却是位定时计算时的一个重要指标，它定义了重同步时为补偿相位误差位时间中相位缓冲段 1 或者相位缓冲段 2 被增长或缩短的最大基本时间单元数。

CAN 总线的位同步只有在节点检测到"隐性位"（逻辑 1）到"显性位"（逻辑 0）的跳变时才会产生，当跳变沿不位于位周期的同步段之内时将会产生相位误差。该相位误差就是跳变沿与同步段结束位置之间的距离。如果跳变沿发生在同步段之后、采样点之前，则为正的相位误差；如果跳变沿位于同步段之前、采样点之后，则为负的相位误差。相位误差源于节点的振荡器漂移、节点间的传播延迟以及噪声干扰等。CAN 总线规定了两类同步，即硬同步和重同步。

硬同步只有在总线空闲时通过一个下降沿（帧起始）来完成，硬同步时不管有没有相位误差，所有的节点在同步段之后重新启动。强迫引起硬同步的跳变沿位于重新开始的位时间的同步段之内。

在消息帧的随后位中，每当有从"隐性位"到"显性位"的跳变，并且该跳变落在了同步段之外，就会引起一次重同步。重同步机制可以根据跳变沿增长或者缩短位时间以调整采样点的位置，保证正确采样。

如图 7-14 所示，跳变沿落在了同步段之后、采样点之前，为正的相位误差，接收器会认为

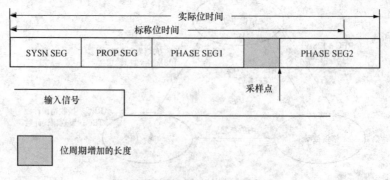

图 7-14 正相位误差时的重同步

这是一个慢速发送器发送的滞后边沿。此时，节点为了匹配发送器的时间，会增长自己的相位缓冲段 1（阴影部分）。增长的时间为相位差的绝对值，但是上限是重同步跳转宽度（SJW）。

如图 7-15 所示，跳变沿落在了采样点之后、同步段之前，为负的相位误差，接收器把它解释为一个快速发送器发送的下一个位周期的提前边沿。同样，节点为了匹配发送器的时间，会缩短自己的相位缓冲段 2（阴影部分），下一个位时间立即开始。缩短的时间也为相位差的绝对值，上限是重同步跳转宽度（SJW）。

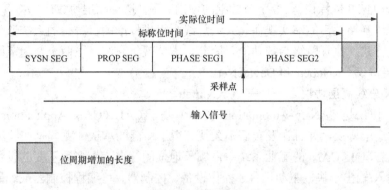

图 7-15　负相位误差时的重同步

相位缓冲段只在当前位周期内被增长或者缩短，接下来的位周期，只要没有重同步，各段将恢复为位时间的编程预设值。

当相位差的绝对值小于或者等于重同步跳转宽度（SJW）时，重同步和硬同步的效果是相同的，能实现相位差的补偿；但是如果相位差的绝对值比重同步跳转宽度大，由于补偿的最大值是重同步跳转宽度，致使重同步不能完全补偿相位差。

CAN 总线的位填充机制除实现仲裁场、控制场、数据场和 CRC 序列的数据的透明性外，还增加了从"隐性"位到"显性"位跳变的机会，也就是增多了重同步的数量，提高了同步质量。在没有出错影响的情况下，位填充原则保证了两次重同步跳转边沿之间不会多于 10 个位周期（即 5 个显性位，5 个隐性位），而实际的系统会有错误发生，使得实际的两次重同步跳转边沿之间的间隔可能为 17～23 个位时间（活动错误标志及其叠加 6～12 个位时间，错误界定符 8 个位时间，间歇场 3 个位时间）。

通过同步，总线可以有效地滤除长度小于传播段与相位缓冲段 1 长度之和的噪声。但在一个位时间里只允许一种同步发生。除了噪声以外，绝大多数的同步都是由仲裁引起的，总线上的所有节点都要同步于最先开始发送的节点，但是由于总线延迟，节点的同步不可能达到理想的要求。如果最先发送的节点没有赢得总线仲裁，那么所有的接收节点都要重新同步于获得总线仲裁的节点。应答场合的情况也是如此，总线上的接收节点都要同步于最先发送显性位的节点。但是当发送节点与接收节点的时钟周期不同并经过多次同步累加起来，振荡器容差会导致同步在仲裁场之后出现。

在实际的系统设计中，用户可以根据振荡器时钟频率、总线波特率以及总线的最大传输距离等各种因素，对 CAN 控制器的位定时参数进行优化设置，协调影响位定时设置的振荡器容差和最大总线长度两个主要因素，合理安排位时间中各时间段的长度，从而保证总线上位流的有效同步，优化系统的通信性能。

7.7　CAN 总线高层协议

从 OSI 网络模型的角度来看，CAN 总线则仅仅定义了第 1 层、第 2 层；在实际设计中，这两层可以完全由硬件实现，而设计人员无需再为此开发相关软件或固件。同时，由于 CAN 只定义物理层和数据链路层，而没有规定应用层，本身并不完整，需要一个高层协议来定义 CAN 报文中的 11/29 位标识符、8 字节数据的使用。而且这个高层协议应支持各种 CAN 厂商设备的互用性、互换性，能够实现在 CAN 总线中提供标准的、统一的系统通信模式，提供设备功能描述方式，执行网络管理功能。因此，本节就将介绍一下两个使用范围较为广泛的 CAN 总线高层协议 CANopen 和 DeviceNet。

一、CAN 总线高层协议之一——CANopen

CANopen 协议是 CAN-In-Automation（CIA）基于 CAL（CAN Application Layer）协议定义的 CAN 高层协议，并且在发布后不久就获得了广泛的承认。尤其是在欧洲，CANopen 协议被认为是在基于 CAN 的工业系统中占领导地位的标准。大多数重要的设备类型，如数字和模拟的输入/输出模块、驱动设备、操作设备、控制器、可编程控制器或编码器，都在称为"设备描述"的协议中进行描述。"设备描述"定义了不同类型的标准设备及其相应的功能。依靠 CANopen 协议的支持，可以对不同厂商的设备通过总线进行配置。

CAL 协议提供了 4 种应用层服务功能。

（1）CAN 信息规范（CAN-based Message Specification，CMS）。CMS 提供了一个开放的、面向对象的环境，用于实现用户的应用。CMS 提供基于变量、事件、域类型的对象，以设计和规定一个设备（节点）的功能如何被访问（例如，如何上载下载超过 8 字节的一组数据，并且有终止传输的功能）。CMS 从制造信息规范（Manufacturing Message Specification，MMS）继承而来。MMS 是 OSI 为工业设备的远程控制和监控而制定的应用层规范。

（2）网络管理服务（Network Management，NMT）。提供网络管理服务，如初始化、启动和停止节点、侦测失效节点。这种服务是采用主从通信模式（所以只有一个 NMT 主节点）来实现的。

（3）ID 分配（Distributor，DBT）。提供动态分配 CAN 报文的标识符（正式名称为 COB-ID，Communication Object Identifier，CANID）服务。这种服务是采用主/从通信模式（所以只有一个 DBT 主节点）来实现的。

（4）层管理（Layer Management，LMT）。LMT 提供修改层参数的服务：一个节点（LMTMaster）可以设置另外一个节点（LMT Slave）的某层参数，如改变一个节点的 NMT 地址，或改变 CAN 接口的位定时和波特率。

CMS 为它的报文定义了 8 个优先级，每个优先级拥有 220 个 COB-ID，范围从 1～1760。剩余的标志（0，1761～2031）保留给 NMT、DBT 和 LMT，见表 7-2 所列。

表 7-2　　　　　　　映射到 CAL 服务和对象的 COB-ID（11 位 CAN 标识符）

COB—ID	服 务 或 对 象	COB—ID	服 务 或 对 象
0	NMT 启动/停止服务	221～440	CMS 对象（优先级 1）
1～200	CMS 对象（优先级 0）	441～660	CMS 对象（优先级 2）

COB—ID	服 务 或 对 象	COB—ID	服 务 或 对 象
661～880	CMS 对象（优先级 3）	1541～1760	CMS 对象（优先级 7）
881～1100	CMS 对象（优先级 4）	1761～2015	NMT 节点保护
1101～1320	CMS 对象（优先级 5）	2016～2031	NMT，LMT，DBT 服务
1231～1540	CMS 对象（优先级 6）		

CAL 提供了所有的网络管理服务和报文传送协议，但并没有定义 CMS 对象的内容或者正在通信的对象的类型。而 CANopen 则对此作出了很好的补充。CANopen 是在 CAL 基础上开发的，使用了 CAL 通信和服务协议子集，提供了分布式控制系统的一种实现方案。CANopen在保证网络节点互用性的同时允许节点的功能随意扩展——或简单或复杂。

CANopen 的核心概念是设备对象字典（Object　Dictionary，OD），在其他现场总线（PROFIBUS，Interbus-S）系统中也使用这种设备描述形式。对象字典不是 CAL 的一部分，而是在 CANopen 中实现的。下面先介绍对象字典，然后再介绍 CANopen 通信机制。

1. 对象字典 OD

对象字典是一个有序的对象组，每个对象采用一个 16 位的索引值来寻址，为了允许访问数据结构中的单个元素，同时定义了一个 8 位的子索引。对象字典的结构参照表 7-3。不要被对象字典中索引值低于 0x0FFF 的"datatypes"项所迷惑，它们仅仅是一些数据类型定义。一个节点的对象字典的有关范围在 0x1000～0x9FFF 之间。

CANopen 网络中每个节点都有一个对象字典。对象字典包含了描述这个设备和它的网络行为的所有参数。

一个节点的对象字典是在电子数据文档（Electronic Data Sheet，EDS）中描述或者记录在纸上。不必要也不需要通过 CAN-bus "审问"一个节点的对象字典中的所有参数。如果一个节点严格按照在纸上的对象字典进行描述其行为，也是可以的。节点本身只需要能够提供对象字典中必需的对象（而在 CANopen 规定中必需的项实际上是很少的），以及其他可选择的、构成节点部分可配置功能的对象。

表 7-3　　　　　　　　　　　　　CANopen 对象字典结构

索　引	对　　　象	索　引	对　　　象
0000	保留	00A0～0FFF	保留
0001～001F	基本数据类型	1000～1FFF	通信描述区域
0020～003F	复杂数据类型	2000～5FFF	特定制造商设备描述区
0040～005F	制造商相关复杂数据类型	6000～9FFF	标准设备描述区
0060～007F	设备描述基本数据类型	A000～FFFF	保留
0080～009F	设备描述复杂数据类型		

一个设备的通信功能、通信对象、与设备相关的对象以及对象的默认值由电子数据文档（EDS）提供。单个设备的对象配置的描述文件称为设备配置文件（Device Configuration File，DCF），它和 EDS 有相同的结构。二者文件类型都在 CANopen 规范中定义。

2. CANopen 通信

前面讲述了 CANopen 中对象字典的概念，现在来介绍在 CANopen 网络中的通信，以及它们的内容和功能，亦即 CANopen 通信模式。

CANopen 通信模型定义了 4 种报文（通信对象）。

（1）网络管理报文（NMT）。主要有层管理、网络管理和 ID 分配服务，如初始化、配置和网络管理（包括节点保护）。服务和协议符合 CAL 中的 LMT、NMT 和 DBT 服务部分。这些服务都是基于主/从通信模式，即在 CAN 网络中，只能有一个 LMT、NMT 或 DBT 主节点以及一个或多个从节点。

（2）服务数据对象（SDO）。通过使用索引和子索引，SDO 使客户机能够访问设备（服务器）对象字典中的项。SDO 通过 CAL 中多元域的 CMS 对象来实现，允许传送任何长度的数据（当数据超过 4 个字节时分拆成几个报文）。SDO 协议是确认服务类型，即为每个消息生成一个应答（一个 SDO 需要两个 ID）。SDO 请求和应答报文总是包含 8 个字节（没有意义的数据长度在第一个字节中表示，第一个字节携带协议信息）。SDO 通信有较多的协议规定。

（3）过程数据对象（Process Data Object，PDO）。用来传输实时数据，数据从一个生产者传到一个或多个消费者。数据传送限制在 1~8 个字节（例如，一个 PDO 最多可以传输 64 个数字 I/O 值，或者 4 个 16 位的 AD 值）。

PDO 通信没有协议规定。PDO 数据内容只由它的 COB-ID 定义，假定生产者和消费者知道这个 PDO 的数据内容。每个 PDO 在对象字典中用 2 个对象描述：PDO 通信参数，包含哪个 COB-ID 将被 PDO 使用、传输类型、禁止时间和定时器周期；PDO 映射参数，包含一个对象字典中对象的列表，这些对象映射到 PDO 里，包括它们的数据长度。生产者和消费者必须知道这个映射，以解释 PDO 内容。

PDO 消息的内容是预定义的（或者是在网络启动时配置的）；映射应用对象到 PDO 中是在设备对象字典中描述的。如果设备（生产者和消费者）支持可变 PDO 映射，那么使用 SDO 报文可以配置 PDO 映射参数。

PDO 可以有同步和异步两种传输方式。

1）同步（通过接收 SYNC 对象实现同步）：非周期传送，即由远程帧预触发传送，或者由设备子协议中规定的对象特定事件预触发传送；周期传送在每 1~240 个 SYNC 消息后触发。

2）异步：由远程帧触发传送，或由设备子协议中规定的对象特定事件触发传送。

表 7-4 给出了由传输类型定义的不同 PDO 传输模式，传输类型为 PDO 通信参数对象的一部分，8 位无符号整数定义。

表 7-4　　　　　　　　　　　　　　　PDO 传 输 模 式

传输类型	触发 PDO 的条件（B=bothneeded，O=oneorboth）			PDO 传输
	SYNC	RTR	Event	
0	B	—	B	同步，非循环
1~240	O	—	—	同步，循环
241~251	—	—	—	保留
252	B	B	—	同步，在 RTR 之后

续表

传输类型	触发 PDO 的条件（B＝bothneeded，O＝oneorboth）			PDO 传输
	SYNC	RTR	Event	
253	—	O	—	异步，在 RTR 之后
254	—	O	O	异步，制造商特定事件
255	—	O	O	异步，设备描述特定事件

（4）预定义报文或者特殊功能对象。CANopen 提供三种用于生成特殊网络行为的特定协议对象。

1）同步（SYNC）对象。SYNC 对象可实现同步网络行为。

同步对象由 SYNC 发送方定期发送。两个连续 SYNC 消息之间的时间段就是通信周期。根据预定义的连接集，SYNC 消息被映射到带标识符 80h 的 CAN 单帧上。默认状态下，SYNC 消息不携带任何数据（DLC＝0）。支持 V4.1 或更高版本的 CiA 301 的设备可随意地提供 SYNC 消息，而 SYNC 消息能提供 1 字节的 SYNC 计数器值。因此，可以更加便捷地协调多个设备的同步行为。

2）紧急对象。"紧急"对象可用于通知其他网络成员存在设备内部错误。

"紧急"消息由设备内部错误触发。"紧急"消息由"紧急"发送方发送，并被映射到一个最多可包含八字节数据的 CAN 单帧。数据内容被定义为 1 字节的错误寄存器(本地对象字典的对象 1001h)、16 位的紧急错误代码和多达 5 字节的厂商特定错误信息。默认状态下，支持"紧急"消息分配 CAN 标识符 80h + (节点 ID)。对每个错误事件，仅发送一次"紧急"消息。只要设备上没有新错误产生，便不会再发送紧急消息。可能有零个或多个"紧急"接收方接收到这些消息，并启动合适的针对应用的应对措施。

3）时间戳对象。时间戳对象用于调整唯一的网络时间。

CANopen 系统的用户可以使用时间戳对象来调整唯一的网络时间。时间戳被映射到 6 字节数据长度代码的 CAN 单帧。这六个数据字节提供"时间"信息。该信息在午夜后显示为毫秒（数据类型：Unsigned28），且从 1984 年 1 月 1 日起显示为天数（数据类型：Unsigned16）。默认状态下，相关的 CAN 帧拥有 CAN 标识符 100h。

3. CANopen 预定义连接集

为了减小简单网络的组态工作量，CANopen 定义了强制性的默认标识符（COB-ID）分配表。这些标识符在预操作状态下可用，通过动态分配还可修改它们。CANopen 设备必须向它所支持的通信对象提供相应的标识符。默认 ID 分配表是基于 11 位 CAN-ID，包含一个 4 位的功能码部分和一个 7 位的节点 ID（Node-ID）部分，如图 7-16 所示。

Node-ID 由系统集成商定义，例如通过设备上的拨码开关设置。Node-ID 范围是 1～127（0 不允许被使用）。预定义的连接集定义了 4 个接收 PDO

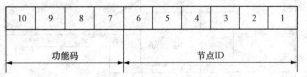

10	9	8	7	6	5	4	3	2	1
功能码				节点ID					

图 7-16 预定义连接集 ID

（Receive-PDO），4 个发送 PDO（Transmit-PDO），1 个 SDO（占用 2 个 CAN-ID），1 个紧急对象和 1 个节点错误控制 Node-Error-Control）ID。也支持不需确认的 NMT-Module-Control

服务，SYNC 和 TimeStamp 对象的广播。预定义连接集默认 ID 分配见表 7-5。

表 7-5　　　　　　　　CANopen 预定义主/从连接集 CAN 标识符分配表

对　象	功能码（ID-bit/10～7）	COB-ID	通信参数在 OD 中的索引
CANopen 预定义主/从连接集的广播对象			
NMTModuleControl	0000	000H	—
SYNC	0001	080H	1005H，1006H，1007H
TimeStamp	0010	100H	1012H，1013H
CANopen 主/从连接集的对等对象			
对　象	功能码（ID-bit/10～7）	COB-ID	通信参数在 OD 中的索引
紧　急	0001	081H～0FFH	1024H，1051H
PDO1（发送）	0011	181H～1FFH	1800H
PDO1（接收）	0100	201H～27FH	1400H
PDO2（发送）	0101	281H～2FFH	1801H
PDO2（接收）	0110	301H～37FH	1401H
PDO3（发送）	0111	381H～3FFH	1802H
PDO3（接收）	1000	401H～47FH	1402H
PDO4（发送）	1001	481H～4FFH	1803H
PDO4（接收）	1010	501H～57FH	1403H
SDO（发送/服务器）	1011	581H～5FFH	1200H
SDO（接收/客户）	1100	601H～67FH	1200H
NMT 错误控制	1110	701H～77FH	1016H，1017H

4. CANopen 标识符分配

ID 地址分配表与预定义的主从连接集（Set）相对应，因为所有的对等 ID 是不同的，所以实际上只有一个主设备（知道所有连接的节点 ID）能和连接的每个从节点（最多 127 个）以对等方式通信。两个连接在一起的从节点不能够互相通信，因为它们彼此不知道对方的节点 ID。

5. Boot-up 过程

在网络初始化过程中，CANopen 支持扩展的 boot-up，也支持最小化 boot-up 过程。扩展 boot-up 是可选的，最小 boot-up 则必须被每个节点支持。两类节点可以在同一个网络中同时存在。

如果使用 CAL 的 DBT 服务进行 COB-ID 分配，则节点必须支持扩展 boot-up 过程。可以用节点状态转换图表示这两种初始化过程。图 7-17 给出了最小 boot-up 的节点状态转换图。扩展 boot-up 的状态转换图在预操作和操作状态之间比最小化 boot-up 多了一些

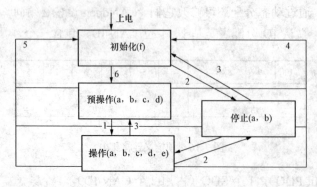

图 7-17　CANopen 最小化 boot-up 节点状态转换图

状态。

图 7-17 中括号内的字母表示处于不同状态哪些通信对象可以使用，其中 a 表示 NMT，b 表示 NodeGuard，c 表示 SDO，d 表示 Emergency，e 表示 PDO，f 表示 Boot-up，而状态转移 1～5 由 NMT 服务发起，NMT 命令字（在括号中）为：

1——Start-Remote-Node（0x01）；

2——Stop-Remote-Node（0x02）；

3——Enter-Pre-Operational-State（0x80）；

4——Reset-Node（0x81）；

5——Reset-Communication（0x82）；

6——设备初始化结束，自动进入 Pre-Operational（运行准备）状态，发送 boot-up 消息。

在任何时候 NMT 模块控制服务都可使所有或者部分节点进入不同的工作状态。NMT 模块控制服务的 CAN 报文由 CAN 报文头（COB-ID＝0）和两字节数据组成，第一个字节表示请求的服务类型（NMTcommandspecifier），第二个字节是节点 ID 或者 0（此时寻址所有节点）。

仅支持最小化 boot-up 的设备称为最小能力设备。最小能力设备在设备初始化结束后自动进入预操作 1 状态。在这个状态，可以通过 SDO 进行参数配置和进行 COB-ID 分配。设备进入准备状态后，除了 NMT 服务和节点保护服务（如果支持并且激活的话）外，将停止通信。

二、CAN 总线高层协议之二——DeviceNet

DeviceNet 协议由 Rockwell 自动化公司开发，并将其作为一个基于 CAN 协议的开放式现场总线标准而公布。DeviceNet 协议特别为工厂自动控制而定制。ODVA（Open DeviceNet Vendor Association）是所有 DeviceNet 产品开发者的组织，致力于 DeviceNet 在全球的推广和市场化。

DeviceNet 协议是一个简单、廉价而且高效的协议，适用于最低层的现场总线，例如过程传感器、执行器、阀组、电动机启动器、条形码读取器、变频驱动器、面板显示器、操作员接口和其他控制单元的网络。可通过 DeviceNet 连接的设备包括从简单的挡光板到复杂的真空泵等各种半导体产品。

DeviceNet 协议除了提供 ISO 模型的第 7 层（应用层）定义之外，还定义了部分第 1 层（媒体访问单元）和第 0 层（传输介质）。其结构参考模型如图 7-18 所示。DeviceNet 协议对 DeviceNet 节点的物理连接也作了清楚的规定。另外，其还对连接器、电缆类型和电缆长度，以及与通信相关的指示器、开关、相关的室内铭牌作了详细规定。

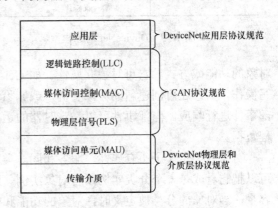

图 7-18　DeviceNet 结构参考模型

DeviceNet 网络最大可以操作 64 个节点，可用的通信速率分别为 125、250kbit/s 和 500kbit/s 三种。设备可由 DeviceNet 总线供电（最大总电流 8A）或使用独立电源供电。

DeviceNet 网络电缆传送网络通信信号，并可以给网络设备供电。宽范围的应用导致规定了不同规格的电缆，即粗电缆、细电缆和扁平电缆，以能够适用于工业环境。电缆的选用见表 7-6。

表 7-6 DeviceNet 网络电缆长度推荐

数据通信速率 (kbit/s)	干线长度（m）			支线总长 (m)	单根支线最大长度 (m)
	粗电缆	细电缆	扁平电缆		
125	500	100	420	156	6
250	250	100	200	78	6
500	100	100	100	39	6

　　DeviceNet 设备的物理接口可在系统运行时连接到网络或从网络断开，并具有极性反接保护功能。DeviceNet 使用"生产者—消费者"通信模型以及 CAN 协议的基本原理。DeviceNet 发送节点生产网络上的数据，而接收节点则消费网络上的数据；两个或多个设备之间的通信总是符合基于连接的通信模式。

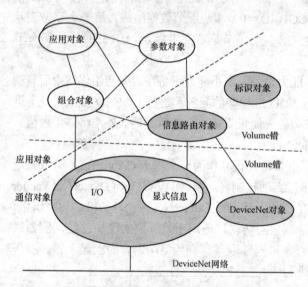

图 7-19 DeviceNet 对象模型

1. DeviceNet 对象模型

　　DeviceNet 通过抽象的对象模型来描述网络中所有可见的数据和功能。一个 DeviceNet 设备可以定义成为一个对象的集合。这种基于对象的描述提供了一个清晰的设备模型。DeviceNet 设备最重要的对象如图 7-19 所示（阴影标注的对象类是必需的）。

　　一个对象代表设备内一个部件的抽象描述。对象由它的数据或属性、功能或服务以及它所定义的行为决定。属性代表数据，设备通过 DeviceNet 生产这些数据。这些数据可能包括对象的状态、定时器值、设备序列号或者温度、压力或位置等过程数据。服务用于调用一个对象的功能或方式。它可对独立属性（如 Get-Attribute-Single/Set-Attribute-Single）进行读或写操作，另外还可创建新的对象实例，或删除现有对象。对象的行为定义了如何对外部或内部事件进行响应。内部事件可以是定时器的运行事件，外部事件可以是设备要响应的新的过程数据。

　　对象分类定义了所有属性、服务和同一类对象行为的描述。如果设备中存在一个对象，可以把它看成是一个分类实例或者对象实例。所能建立的一个分类的实例数目取决于设备的容量。当对象的分类被定义时，对象的功能和行为也随之定义。一个分类的所有实例都支持相同的服务、相同的行为并具有相同的属性。对于每个独立的属性来说，每个实例都有自身的状态和值。

　　一个对象的数据和服务通过一个分层的寻址概念进行寻址，包括设备地址（MACID）、分类 ID、实例 ID、属性 ID 和服务代码。

　　在 DeviceNet 中通常使用标识符（ID）来定义分类、实例、属性和服务。每个 ID 通常用 8 位整数来表示分类、实例和属性，用 7 位整数表示服务。这样分类、实例和属性就有多达

256 个可用的 ID，而服务则有 128 个可用 ID。分类和实例也可以使用 16 位整数，这样它们的地址空间就扩展为 65536 个不同的 ID。但 16 位模式只被少数设备所支持。

分类、实例、属性和服务的 ID 并不完全供用户自由使用，其中一些保留作将来的规范扩展之用，还有一些保留给厂商使用。

（1）标志对象（Identity Object）。DeviceNet 设备有且只有一个标识对象类实例（类 ID 为 1）。该实例具有以下属性：供应商 ID、设备类型、产品代码、版本产品名称，以及检测脉冲周期等。实例必须支持服务 Get-Attribute-Single（服务代码：0x0e）。

（2）信息路由对象（Message Router）。DeviceNet 设备有且只有一个信息路由对象类实例（类 ID 为 2）。信息路由对象将显式信息转发到相应的对象，对外部并不可见。

（3）DeviceNet 类对象（DeviceNet Object）。DeviceNet 设备有且只有一个 DeviceNet 对象类实例（类 ID 为 3）。DeviceNet 对象具有以下属性：节点 MACID、通信波特率、BOI（离线中断）、分配信息。实例必须支持的服务有 Get-Attribute-Single（服务代码：0x0e）、Set-Attribute-Single（服务代码：0x10）、对象所提供的分类特殊服务 Allocate-Master/Slave- Connection-Set（服务代码：0x4B）、Release-Group- 2-Identifier-Set（服务代码：0x4c）。

（4）组合对象（Assembly Object）。DeviceNet 设备可能具有一个或者多个组合对象类实例（类 ID 为 4）。组合对象类实例的主要作用是将不同应用对象的属性（数据）组合成为一个单一的属性，从而可以通过一个报文发送。

（5）连接对象（Connection Object）。DeviceNet 设备至少具有两个连接类实例（类 ID 为 5）。每个连接对象表示网络上两个节点之间虚拟连接的一个端点。连接对象分为显式信息连接、I/O 信息连接。显式报文用于属性寻址、属性值以及特定服务。I/O 报文中数据的处理由连接对象 I/O 连接实例决定。

（6）参数对象（Parameter Object）。参数对象（类 ID 为 6）是可选的，用于具有可配置参数的设备中。每个实例分别代表不同的配置参数。参数对象为配置工具提供了一个标准的途径，用于访问所有的参数。

（7）应用对象（Application Object）。通常除了组合对象和参数对象外，设备中至少有一个应用对象。

2. DeviceNet 的报文组

DeviceNet 是一个基于连接的通信网络系统。网络上任意两个节点在开始通信之前必须事先建立连接，这种连接是逻辑上的关系，并不是物理上实际存在的。在 DeviceNet 中通过一系列参数和属性对连接实行描述，如这个连接使用的标识符、传送的报文类型、信息长度、报文的传输频率和连接的状态等。一个 DeviceNet 的连接提供了多个应用之间的路径。当建立连接时，与连接相关的传送会被分配一个连接 ID（CID）。如果连接包含双向交换那么应当分配两个连接 ID 值。连接与连接 ID 如图 7-20 所示。

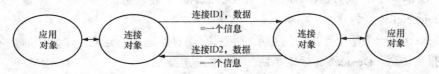

图 7-20　DeviceNet 连接及连接 ID

DeviceNet 建立在标准 CAN 2.0A 协议之上，并使用 11 位标准报文标识符，可分成 4 个单独的报文组，见表 7-7 所列。同样，基于扩展 CAN 2.0B 协议的 CAN 节点也可以兼容设计成一个 DeviceNet 设备。

表 7-7　　　　　　　　　　　　　DeviceNet 报文组的定义

连接 ID＝CAN 的标识符（bits10：0）											
10	9	8	7	6	5	4	3	2	1	0	
0	报文 ID				源 MACID						报文组 1
1	0	MACID						报文 ID			报文组 2
1	1	报文 ID			源 MACID						报文组 3
1	1	1	1	报文 ID							报文组 4
1	1	1	1	1	1	1	X	X	X	X	无效 CAN 标识符

在 DeviceNet 中，CAN 标识符被称为连接 ID。它包含报文组 ID、该组中的报文 ID、设备 MACID。MACID 为分配给 DeviceNet 每个节点的一个整数标识符，用在网络上识别这个节点。MACID 为 6 位二进制数，可标识 64 个节点，分别为 0～63，通常由设备上的拨码开关设定。源和目标地址都可作为 MACID，定义取决于报文组和报文 ID，报文组 1 和 3 中需要在标识区内指定源 MACID，报文组 2 允许在标识区指定源 MACID 或目的 MACID。系统中报文的含义由报文 ID 确定。4 个报文组分别有以下用途。

（1）报文组 1：报文组 1 分配了 1024 个 CAN 标识符（000H～3FFH），占所有可用标识符的一半。该组中每个设备最多可拥有 16 个不同的报文。该组报文的优先级主要由报文 ID（报文的含义）决定。如果两个设备同时发送报文，报文 ID 号较小的设备总是先发送。以这种方式可以相对容易地建立一个具有 16 个优先级的系统。报文组 1 通常用于 I/O 报文交换应用数据。

（2）报文组 2：报文组 2 分配了 512 个标识符（400H～5FFH）。该组的大多数报文 ID 可选择定义为"预定义主/从连接集"，其中 1 个报文 ID 定义为网络管理。优先级主要由设备地址（MACID）决定，其次由报文 ID 决定。如果要考虑各位的具体位置，那么带 8 位屏蔽的 CAN 控制器可以根据 MACID 滤除自身的报文组 2 报文。

（3）报文组 3：报文组 3 分配了 448 个标识符（600H～7BFH），具有与报文组 1 相似的结构。与报文组 1 不同的是，它主要交换低优先级的过程数据。此外，该组的主要用途是建立动态的显式连接。每个设备可有 7 个不同的报文，其中两个报文保留作未连接报文管理器端口（UCMMPort）。

（4）报文组 4：报文组 4 分配了 48 个 CAN 标识符（7C0H～7EFH），不包含任何设备地址，只有报文 ID。该组的报文只用于网络管理。通常分配 4 个报文 ID 用于"离线连接集"。其他 16 个 CAN 标识符（7F0H～7FFH）在 DeviceNet 中被禁止。

3. DeviceNet 连接的建立

DeviceNet 是一个基于连接的网络系统。只有当对象之间已建立一个连接时，才能通过网络进行报文传送。DeviceNet 规定了两种类型的连接。

（1）I/O 连接在一个生产应用及一个或多个消费应用之间提供了专用的、具有特殊用途的通信路径。特定的应用和过程数据通过这些路径传输。

（2）显式信息连接在两个设备之间提供了一个通用的、多用途的通信路径。显式信息连接提供典型的面向请求/响应的网络通信方式。

DeviceNet 中的报文总是以基于连接的方式进行交换。因此，在进行通信之前，首先必须建立连接对象。DeviceNet 节点在开机后能够立即寻址的唯一端口是"未连接信息管理器端口"（UCMM 端口）和预定义主/从连接组的"组 2 未连接显式请求端口"。当通过 UCMM 端口或者组 2 未连接显式请求端口建立一个显式报文连接后，这个连接可用于从一个节点向其他节点传送信息，或建立 I/O 信息连接。一旦建立了 I/O 信息连接，就可以在网络设备之间传送 I/O 数据。

UCMM 负责处理未连接显示请求报文和响应，通过 UCMM 端口可以动态地建立显式信息连接。通过发送一个组 3 报文（报文 ID 值设为 14）来指定未连接显式请求报文。对未连接显式请求的响应将以未连接响应报文的方式发送。通过发送一个组 3 报文（报文 ID 值设为 13）来指定未连接响应报文。

显式报文连接是无条件的点对点连接，点对点连接只存在于两台设备之间，请求打开连接的设备（源发站）是一个端点，接收和响应连接的是另一个端点。动态 I/O 连接是通过先前建立的显式报文连接的连接分类接口来建立的。

以下为动态建立 I/O 连接所要完成的步骤。

1）与将建立 I/O 连接的一个端点建立显式报文连接。

2）通过向 DeviceNet 连接分类发送一个创建请求来创建一个 I/O 连接对象。

3）配置连接实例。

4）应用 I/O 连接对象执行的配置。这样做将实例化服务于 I/O 连接所必需的组件中。

5）在另一个端点重复以上几个步骤。

动态处理便于不同种类的 I/O 连接的建立。DeviceNet 协议并不规定哪一方可以执行连接配置的任何规则。I/O 连接可以是点到点的也可以是多点的。多点通信连接允许多个节点收听单点发送。

一个支持预定义主/从连接组，并且具有 UCMM 功能的设备称为组 2 服务器。一个组 2 服务器可被一个或多个客户机通过一个或多个连接进行寻址。预定义主/从连接组用于简单而快速地建立一个连接。当使用预定义的主/从连接组时，客户机（主站）和服务器（从站）之间只允许存在一个显式连接。由于在预定义主/从连接组定义内已省略了创建和配置应用与应用之间连接的许多步骤，可以使用较少的网络和设备资源来实现 DeviceNet 通信。

不具有 UCMM 功能，只支持预定义主/从连接组的从设备，被称为在 DeviceNet 中的仅限组 2 服务器。只有分配它的主站才可以寻址仅限组 2 的服务器。仅限组 2 的设备能够接收的所有报文都在报文组 2 中被定义。支持预定义主/从连接组对设备制造商来说代表了一个简单实现的方案。绝大多数现有的 DeviceNet 设备都是基于预定义的主/从连接组，因为这在终端设备上实现起来比较简单。

4. DeviceNet 信息报文

DeviceNet 定义了两种类型的报文，即 I/O 信息报文和显式信息报文。

（1）I/O 信息报文。I/O 信息报文用于在 DeviceNet 网络中传输应用和过程数据，它提供了一个报文发送过程和多个报文接收过程之间的专用通信路径。I/O 信息报文通常使用高优先级的报文标识符，连接标识符提供了 I/O 信息报文的相关信息。I/O 信息报文传送通过 I/O 信息连接对象来实现。在 I/O 信息报文被传输之前，I/O 信息连接对象必须已经建立。图 7-21 所示为 I/O 信息报文的格式。

CAN帧头	I/O数据(0～8B)	CAN帧尾

图 7-21　I/O 信息报文格式

I/O 信息报文格式的最重要的特性是完全利用了 CAN 数据场来传输过程数据。连接标识符提供了 I/O 信息报文的相关信息。在 I/O 信息报文利用连接标识符发送之前，报文的发送和接收设备都必须先进行设定，设定的内容包括源和目的对象属性以及数据生产者和消费者的地址。只有当 I/O 信息报文大于 8 字节，需要分段形成 I/O 信息报文片段时，数据场中才有一字节（字节 0）供报文分段协议使用。

当 I/O 数据的长度超过 8 字节时称为大报文。大报文需要经过分割，形成 I/O 报文片后分帧逐一传送，这时数据域中用一个字节（字节 0）表达报文分割协议，所以只有 7 个字节能用于传输实际数据。通过分段协议可以保证报文数据的正确传送。图 7-22 给出了 DeviceNet 分段协议格式。

7	6	5	4	3	2	1	0
分段类型		分段计数器					

图 7-22　I/O 分段协议格式

上述分段协议位于报文数据场的第一字节（即字节 0）中，其中分段类型表明是首段，分段计数器标记每个独立信息段，这样接收者可以判定是否丢失了某些信息段。

（2）显式信息报文。显式信息报文用于 DeviceNet 网络中两个设备之间的一般性数据交换。显式信息报文通常使用低优先级的报文标识符。显式信息报文为点对点传送，采用典型的请求/响应通信模式，通常用于设备配置、故障诊断。显式报文传送通过显式信息连接对象来实现，在设备中建立显式信息连接对象。显式信息报文请求指明了对象、实例和属性，以及所要调用的特定分类服务，并由报文路由对象传递到相应的对象。图 7-23 所示为显式信息报文的格式。

CAN帧头	协议域和数据域(0～8B)	CAN帧尾

图 7-23　显式信息报文格式

显式信息报文格式最重要的特性是 CAN 标识符场的任何一部分都不用于显式信息报文传输协议。所有协议都包含在 CAN 数据场当中。CAN 标识符场用作连接 ID。设备之间的每个显式连接通道需要两个 CAN 标识符，一个用于请求报文，另一个用于响应报文。标识符在连接建立时确定。

含有完整显式信息报文的传输数据区包括报文头和完整的报文体两部分。如果显式信息报文的长度大于 8 个字节，那么它将以分段方式传送。连接对象提供分段/重新拼装功能。显式信息报文的一个分段包括信息头、分段协议和分段报文体。

1）报文头。报文头位于显式信息报文 CAN 数据区的第 0 字节处，应该按照图 7-24 所示进行格式化。其中分段位说明这次传送是否是分段显式信息中的一个分段（0＝不分段，1＝分段）。XID（事务处理 ID）表明这个区由应用程序用于与请求的响应相匹配，只有服务器才能在响应信息中回应这个区。服务器模块不用这个区执行任何类型的重复消息检测逻辑。MACID：包括源或目的 MACID。接收一个显式信息时，要检查信息头中的 MACID 区，如果在连接 ID 中指定的是目的 MACID，那么将在信息头中指定另一个终点节点的源 MACID。如果在连接 ID 中指定的是源 MACID，那么将在信息头中指定接收模块的 MACID。上述条件都不成立时，应放弃该消息。

字节数	7	6	5	4	3	2	1	0
0	分段位	XID	MACID					

图 7-24　显式信息报文头格式

2）报文本体。报文本体包括服务区和服务特定变量。报文本体的格式如图 7-25 所示。

报文本体中首先指定的变量是服务区，用于标识正在传送的特定请求或响应。服务区包括：服务代码——服务区字节中最低的 7 个有效位指定的值，该值指出正在传送的服务的类型；R/R——服务区中的最高有效位，该值决

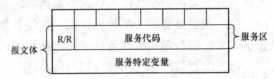

图 7-25　显式信息报文本体格式

定是请求消息还是响应消息（0＝请求，1＝响应）。表 7-8 列出了 DeviceNet 的服务代码和服务名称。

表 7-8　　　　　　　　　DeviceNet 服务代码和服务名称

服务代码	服 务 名 称	服务代码	服 务 名 称
00	保留	0D	实施属性
01	读取全部属性	0E	读取单个属性
02	设置全部属性	0F	保留
03～04	保留	10	设置单个属性
05	复位	11～13	保留
06	启动	14	出错响应
07	停止	15	恢复
08	创建	16	保存
09	删除	17	空操作（NOP）
0A～0C	保留	18～31	保留

报文本体中紧跟在服务区后面的是服务特定变量，它是正在传送的服务的特定类型的详细报文。

3）分段报文。如果传送的是分段显式信息报文的一段，那么数据区包括信息头、分段协议和信息体分段。分段协议便于长度大于 8 个字节的显式信息报文的分段和重组。分段报文格式和 I/O 信息报文分段报文格式相同，只是位于数据场中的第二个字节（即字节 1）。

每台设备必须能解释每个显式信息报文的含义，实现它所要求的任务，并产生相应的回

应，为了按通信协议解释显式报文，在真正要用到的数据量上必须有较大的一块附加量。这种类型的报文在数据量的大小和使用频率上都是非常不确定的。显式信息报文通常采用优先级较低的连接标识符，并且该报文的相关信息直接包含在报文数据帧的数据场中，包括要执行的服务和相关对象的属性及地址。

5. 设备描述与 EDS 文件

为了实现同类设备的互用性并促进其互换性，同类设备间必须具备某种一致性，即每种设备类型必须有一个标准的模型。

设备描述（Device Profiles）通过定义标准的设备模型，促进不同厂商同类设备的互操作性，并促进其互换性。ODVA 已经规定了一些工业自动化中常用产品的设备描述，如通用 I/O（离散或模拟）、驱动器、位置控制器等。

在 DeviceNet 协议中设备描述分为三个部分。

（1）设备类型的对象模型。对象模型定义了设备中所必需和可选的对象分类，还指定了实现的对象实例的个数，这些对象如何影响设备的行为及其与这些对象的接口。

（2）设备类型的 I/O 数据格式。在设备描述中指定了 I/O 数据格式，通常也包括组合对象的定义，组合对象属性包括了特定的数据的映射。

（3）配置数据和访问该数据的公共接口。描述了配置数据以及数据的公共接口实现，通常包含在电子数据文档（EDS）中，EDS 包含在设备的用户文件中。

DeviceNet 协议规定了电子数据文档（EDS）的格式，EDS 文件提供访问和改变设备可配置参数的所有必要信息。当使用电子数据文档（EDS）时，供货商可以将产品的特殊信息提供给其他供货商。这样可以具有友好的用户配置工具，可以很容易地更新，无需经常修正配置软件工具。

思 考 题

（1）简述 CAN 总线参考模型。

（2）简述 CAN 总线传输帧的类型，并阐述各自的作用。

（3）简述数据帧的组成，并找出其余远程帧的不同。

（4）分析 CAN 总线的位定时与位同步原理。

（5）简述 CAN 总线报文的仲裁方式，与以太网报文仲裁有何不同？

（6）在 CAN 总线中采用了位填充编码，请问其意义何在？

（7）分析 CANopen 通信协议中定义的几种报文，找出哪些是必须的？并说明每种报文的作用。

（8）一个 CANopen 设备的最小能力必备功能有哪些？分析为什么？

（9）在 DeviceNet 中通常使用 CAN 总线数据帧的哪个场来定义分类、实例、属性和服务？

（10）在 DeviceNet 中定义了哪些报文组？

（11）在一些简单的、非通用 CAN 网络中，用户可以根据自己的需要来定义用户层协议，试自己找一 CAN 总线应用实例，并定义自己需要的应用层协议。

第8章　基金会现场总线技术

8.1　基金会现场总线通信模型

基金会现场总线（Foundation Field Bus）是现场总线基金会（Fieldbus Foundation，FF）专为过程自动化而设计的通信协议。FF 总部设在美国休斯敦，是以 Rosemount 等公司组织的联合开发体 ISP（Interconnect System Project）和以 Honeywell 等公司组织的联合开发体 WorldFIP 通过再联合组成的。

FF 现场总线最初包括低速总线 H1（速率为 31.25kbit/s）、高速总线 H2（速率为 1Mbit/s 和 2.5Mbit/s）和 HSE（High Speed Ethernet）现场总线。HSE 主要利用现有商用的以太网技术和 TCP/IP 协议族，通过错时调度以太网数据，达到工业现场监控任务的要求。

H1 低速总线更多的是从过程工业和 DCS 应用的视角出发和考虑的，用于实现连续控制，连接现场的各种设备如传感器、执行器、控制器及 I/O 设备等。它在满足要求苛刻的使用环境、本质安全、危险场合、多变过程以及总线供电等方面，都有完善的措施。H2 总线目前应用比较少。HSE 则通过以太网将高速控制器（如 PLC）、H1 子系统、各种数据服务器及工作站连接起来，使得企业的 MIS（管理信息系统）、ERP（企业资源计划）和 HMI 系统可以直接通过数据服务获得现场信息。

FF 使用并修改了 ISO 的开放系统互联（OSI）模型，如图 8-1 所示。工业控制对于网络通信的效率、可靠性、速率有很高的要求，所以 FF 省略了一些必要性不大的层次，但增加了用户层，其主要内容是功能块应用。用户直接使用功能块构筑自己的控制系统，而不仅仅是进行通信。标准化功能块（Function Block，FB）和功能块应用进程（Function Block Application Process，FBAP）也是 H1 和 HSE 用户层的主要技术特色。所以 FF 一再强调它不仅是信号标准或通信标准，而且是一个系统标准。

如图 8-1 所示为 FF-H1 通信模型与 FF-HSE 通信模型在 OSI 标准模型上的映射。基金会现场总线 H1 通信模型采用 ISO/OSI 参考模型中的 3 层，即物理层、数据链路层和应用层，并按照现场总线的实际要求，把应用层划分为两个子层，即总线访问子层（FAS）与总线报文规范子层（FMS），省去了中间的 3～6 层，即不设置网络层、传输层、会话层与表示层。在实际的软硬件开发过程中，通常把最底层的物理层和最上层的用户层之间的部分做成一个整体，称为通信栈。这时，现场

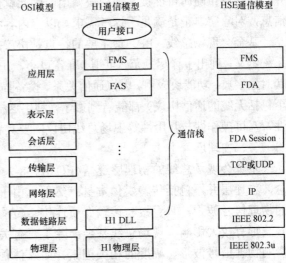

图 8-1　FF 现场总线通信模型与 OSI 模型

总线通信模型可简单地认为由物理层、通信栈和用户层 3 层组成。

8.2 FF-H1 低速总线

如图 8-2 所示为 FF-H1 通信模型，其中包含了 H1 协议所有重要的组成元素。最底层的物理层和数据链路层功能与 ISO/OSI 模型的定义基本相同，分别实现了物理上的信号传输和媒体接入控制，二者配合工作即可实现现场总线上受控制的信息传输。顾名思义，最上层的用户层是面向用户需求的功能集合，比如设置控制回路中的信号输入/输出关系、选用的控制策略（如 PID 控制算法）等。应用层的两个子层是连接用户层和底层（物理层和数据链路层）的纽带，其中 FMS 子层为用户层提供了标准的服务接口，FAS 子层利用底层协议的特性构建了几种不同类型的通信关系。FMS 中不同的服务接口进一步使用 FAS 子层中的某一种通信关系，即可实现用户需要的通信过程。

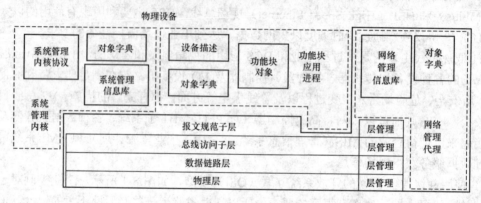

图 8-2　FF-H1 通信模型

系统管理内核负责和过程相关的控制调度工作，网络管理内核负责和通信相关的网络组织工作。在以上各个环节中，需要对设备属性、网络链接关系、相关的变量等信息进行存储，并且这些变量随时可能被其他模块调用。因此就需要一种高效、简洁的组织形式来保存这些信息，对象字典正是满足了这一需求。以上内容将在后面的章节中分别详述。

基金会现场总线（FF）最主要的特点是协议的完整性：从物理层到应用层协议都进行了系统定义，列出了详尽规范，可谓"麻雀虽小，五脏俱全"，是其后现场总线协议的一个样板，其对象字典、功能块应用、虚拟通信关系、设备描述语言等组成部分在其他的总线协议中（甚至包括无线的通信协议）都能看到影子。利用这样一个完备协议平台，FF 具备了系统的开放性、互可操作性与互用性等现场总线协议需要具备的重要特性。

一、物理层

基金会现场总线的物理层遵循 IEC 61158-2（1993）协议，按照通信协议分层的原有概念，物理层并不包括传输媒体本身。然而，由于物理层的基本任务是为数据传输提供合格的物理信号波形，且直接与传输介质连接。传输介质的性能与应用参数对所传输的物理信号波形有较大影响。现场总线基金会除了对有关物理层内部的技术参数做出规定外，还对影响物理信号波形、幅度的相关因素，如媒体种类、传输距离、接地、屏蔽等制定了相应标准。

　　现场总线基金会为低速总线颁布了 FF.81631.25kbit/s 物理层规范，也称为低速现场总线的 H1 标准。

　　在该规范中，所有的现场总线设备都具有至少一个物理层接口。在网桥设备中，则有多个物理接口。设备所支持的媒体传输种类可以是 IEC 61158-2（1993）规范中所规定的任意一种，也可以是多种。根据 IEC 物理层规范的有关规定，物理层又被划分为媒体无关子层与媒体相关子层。

　　（1）媒体无关子层是媒体访问单元与数据链路层之间的接口，负责有关信号编码、增加或去除前导码、定界码等工作。该子层具有实现编码等功能的专用电路。

　　（2）媒体相关子层负责处理导线、光纤、无线介质等不同传输媒体、不同速率的信号转换问题，也称为媒体访问单元。该单元通过其接口电路完成信号滤波与处理、信号驱动及其控制、电路隔离等功能，为媒体无关子层提供合格的物理信号波形。

　　（一）数据格式及信号编码

　　低速基金会现场总线 FF-H1 物理层遵循 IEC 61158-2（1993）标准和 ISAS50.02（1992）标准的物理层通信协议。H1 现场总线物理层数据帧格式如图 8-3 所示。

前导码	帧起始定界符	编码数据	终止符
通常1字节	1字节	8～273字节	1字节

图 8-3　FF-H1 现场总线物理层数据帧格式

　　图 8-4 显示了帧前导码、帧起始定界符和终止符的信号波形。它采用双向-L 技术的曼彻斯特编码（Manchester-Biphase-L），实际是曼彻斯特编码的反码，即信号开始为低电平，中间跳变用于信号同步，跳变后是高电平的信号表示逻辑 0；开始为高电平，跳变后是低电平的信号表示逻辑 1。该信号被称为"同步串行"信号，是因为在串行数据流中包含了时钟信息。数据与时钟信号混合形成现场总线信号。

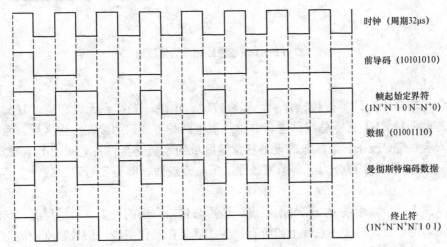

图 8-4　FF-H1 数字信号编码

　　帧的前导码信号采用标准的 10101010 信号，用于同步，通常为 1B。当采用中继器扩展传输距离时，前导码可以多于 1B。帧起始定界符和终止符采用非数据字符 N⁺ 和 N⁻，波形如

图 8-4 所示，N$^+$和 N$^-$是在时钟周期内不发生跳变的编码信号。N$^+$在整个时钟周期中保持高电平，N$^-$在整个时钟周期保持低电平。帧起始定界符和终止符各占 1B。根据通信量，用于通信的数据长度可为 8～273B。

（二）物理信号波形

电压模式的现场总线网络要求在主干电缆的两端尽头分别连接一个终端匹配器，每个终端匹配器由 100Ω 电阻和一个电容串联组成，形成对 31.25kHz 频率信号的带通电路。终端匹配器跨接在两根信号线之间，且与电缆屏蔽层之间不应有任何连接，以保证总线与地之间的电气绝缘性能。现场总线设备可以看成信号电流源，现场总线上对现场设备的网络配置如图 8-5 所示。

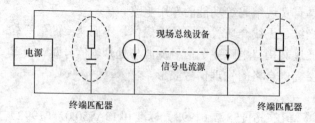

图 8-5　FF-H1 总线网络连接示意图

从图 8-5 中可以看到，这样的网络配置使得其等效阻抗为 50Ω。现场总线发送设备以 31.25kHz 的速率将 15～20mA（峰—峰值）电流信号传送给这样一个 50Ω 的等效负载，即可在现场总线网络上形成峰—峰值为 0.75～1V 的电压信号（如图 8-6 所示），实现调制在直流电源电压上（一般为 9～32V，对于本质安全应用场合，允许电压由安全栅额定值给定）的频率为 31.25kHz 的交变编码信号。

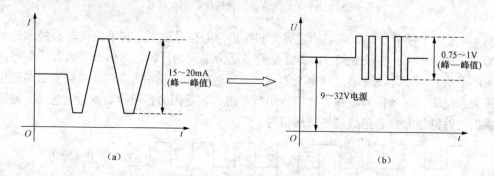

图 8-6　FF-H1 现场总线物理信号波形

（三）传输介质

基金会现场总线支持多种传输介质，即双绞线、电缆、光缆、无线介质。目前应用较为广泛的是前两种。H1 支持总线供电和非总线供电两种方式。如果在危险区域，系统应该具备本质安全性能，应在安全区域的设备和危险区域的本质安全设备之间加上本质安全栅。H1 标准采用的电缆类型可分为无屏蔽双绞线、屏蔽双绞线、屏蔽多对双绞线、多芯屏蔽电缆等。

显然，在不同传输速率下，信号的幅度、波形与传输介质的种类、导线屏蔽、传输距离等密切相关。由于要使挂接在总线上的所有设备都满足在工作电源、信号幅度、波形等方面的要求，必须对在不同工作环境下作为传输介质的导线横截面、允许的最大传输距离等做出规定。线缆种类、线径粗细不同，对传输信号的影响各异。31.25kbit/s 标准对采用不同线缆时所规定的最大传输距离见表 8-1。

表 8-1　　　　　　　　　　　　**FF- H1 线缆最大传输距离**

电缆类型	屏蔽双绞线	屏蔽多对双绞线	无屏蔽双绞线	多芯屏蔽电缆
型　号	#18 AWG	#22 AWG	#26 AWG	#16 AWG
最大传输距离（m）	1900	1200	400	200

　　H1 屏蔽双绞线的基本特性见表 8-2。H1 总线支持点对点、总线、星型和树型的网络拓扑结构，传输速度为 31.25kbit/s，支持总线供电和本安应用。挂接的现场总线设备最多为 32 台（实际应用远低于该数据），一个网段的最大传输距离为 1900m，可连接 4 个中继器，因此，最大距离可达 9500m，可连接分支电路，但允许的分支长度最大为 120m。H1 总线还支持光缆传输，传输距离取决于光缆尺寸、波长和光波功率，可从 1200~1600m。

表 8-2　　　　　　　　　　　　**H1 屏蔽双绞线的基本特性**

	低　速　总　线　H1		
传输速率（kbit/s）	31.25		
信号类型	电压		
拓扑结构	总线型、树型等		
最大传输距离（m）	1900（屏蔽双绞线）		
分支距离（m）	120		
供电方式	非总线	总线	总线
本质安全	不支持	不支持	支持
设备数/段	2~32	1~12	2~6

二、数据链路层

（一）通信设备类型

　　FF 总线跟 IEEE 802.4 令牌总线不同，它由 FF 链路活动调度器（Link Active Scheduler，LAS）执行链路活动调度，提供数据传输服务和链路时间同步服务，从而保证各台现场总线设备适时地有条不紊地共享总线。其中链路活动调度器拥有总线上所有设备的清单，由它来掌管总线段上各设备对总线的操作；任何时刻每个总线段上都只有一个 LAS 处于工作状态。总线段上的所有设备只有得到链路活动调度器 LAS 的许可，才能向总线上传输数据，因此 LAS 是总线通信活动的中心。

　　FF 的通信设备有三类，即链路主设备（Link Master Device，LMD）、基本设备（Basic Device，BD）和网桥。其中只有 LMD 和网桥才有可能成为 LAS。

　　一条总线段上可以连接多种通信设备，也可以挂接多台 LMD，但同时只能有一台 LMD 成为 LAS，没有成为 LAS 的 LMD 将起着后备 LAS 的作用。图 8-7 和图 8-8 分别表示了现场总线通信设备以及由这些设备搭建 FF 网络的两种情况，图中网桥（也称链接设备）把单个现场总线连在一起形成更大的网络。

　　（二）受调度通信与非调度通信

　　FF-H1 总线系统里，设备间的通信可分为受调度通信与非调度通信两类。

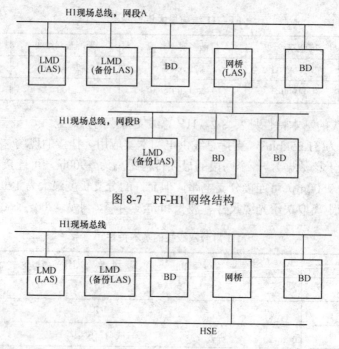

图 8-7　FF-H1 网络结构

图 8-8　H1-HSE 网络结构

（1）受调度通信。链路活动调度器（LAS）中有一张"预订调度时刻表"，这张时刻表对各个总线设备中，所有需要周期性传输数据的数据缓存器（如存在通信连接的功能块）起作用。由 LAS 按照这张时刻表周期性依次发起通信活动被称为受调度通信。

当设备发送缓冲区数据的时刻到来时，LAS 向该设备发一个强制数据（CD）。一旦收到该 CD，该设备广播或"发布"该缓冲区数据到现场总线上的所有设备，所有被组态为接收该数据的设备被称为"接收方（Subscriber）"。受调度通信示意如图 8-9 所示。

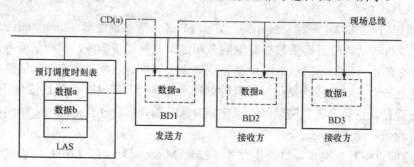

图 8-9　H1 受调度通信示意

现场总线系统中的这种受调度的通信是具有高度实时性的数据传输方式，常用于现场总线各设备间，将控制回路的数据进行有规律的、周期性的传输。例如，在现场变送器与执行器之间传送测量值或控制器输出值。

（2）非调度通信。在现场总线上的所有设备都有机会在受调度报文传送之间发送"非调度"报文。在预定调度时刻表之外的时间，通过得到令牌的机会发送报文的方式称为非调度通信。

在非调度通信过程中，LAS 通过发布一个传输令牌（PT）给一个设备，允许该设备使用现场总线，当该设备接收到 PT 时，它就被允许发送报文，直到它发送完毕或达到"最大令牌持有时间"为止。非调度通信过程示意如图 8-10 所示。

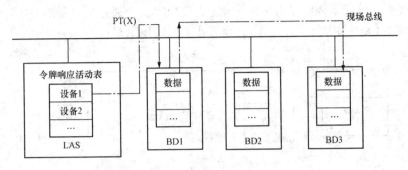

图 8-10　H1 非调度通信过程示意

由以上受调度通信以及非调度通信过程可以看到，FF 通信采用令牌总线工作方式。预定的受调度通信以及非调度通信所需要的总线"令牌"（CD、PT）都是由 LAS 掌管的。CD"令牌"是发送给某个数据缓冲区的，因此通过 CD"令牌"最终建立的是一条面向用户的高层链路；PT"令牌"是发送给某个设备的，它为某个设备分配了在一段时间内对链路层通信介质的访问权。

（三）链路活动调度器（LAS）工作过程

按照基金会现场总线的规范和要求，链路活动调度器应具有以下五种基本功能。

1）向设备发送强制数据（CD）。按照链路活动调度器内保留的调度表，向网络上的设备发送 CD。

2）向设备发送传递令牌（PT），使设备得到发送非周期数据的权利，为它们提供发送非周期数据的机会。

3）为新入网的设备探测未被采用过的地址。当为新设备找好地址后，把它们加入到活动表中。

4）定期对总线段发布数据链路时间和调度时间。

5）监视设备对传递令牌（PT）的响应，当这些设备既不能随着 PT 顺序进入使用，也不能将令牌返还时，就从活动表中去掉这些设备。

1. 链路活动调度权的竞争过程与 LAS 转交

当一个总线段上存在多个链路主设备（LMD）时，一般通过一个链路活动调度权的竞争过程，使赢得竞争的 LMD 成为网段中唯一的 LAS。在系统启动或现有 LAS 出错失去 LAS 作用时，总线段上的 LMD 通过竞争争夺 LAS 权。竞争过程将使具有最低节点地址的 LMD 成为 LAS。在系统设计时，可以给希望成为 LAS 的 LMD 分配一个低的节点地址。然而由于种种原因，希望成为 LAS 的 LMD 并不一定能赢得竞争，真正成为 LAS。例如，在系统启动时的竞争中，某个设备的初始化可能比另一个 LMD 要慢，因而尽管它具有更低的节点地址，却不能赢得竞争而成为 LAS。当具有低节点地址的 LMD 加入到已经处于运行状态的网络时，由于网段上已经有了一个在岗的 LAS，在没有出现新的竞争之前，它也不可能成为 LAS。

如果确实想让某个 LMD 成为 LAS，还可以采用数据链路层提供的另一种办法将 LAS 转交给它。这需要在该设备的网络管理信息库的组态设置中置入这一信息，以便能让设备了解到希望把 LAS 转交给它的这种要求。

一条现场总线上的多个 LMD 构成链路活动调度器的冗余。如果在岗的 LAS 发生故障或因其他原因失去链路活动调度能力时，总线上的 LMD 就会通过一个新的竞争过程，使其中赢得竞争的那个 LMD 变成 LAS，以便总线继续工作，如图 8-11 所示。

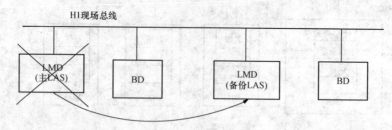

图 8-11 H1 总线上的 LAS 转交

2. 链路活动调度算法

链路活动调度器的工作按照一个预先安排好的调度时间表来进行。在这个预定的调度时间表内包含了所有按周期发生的通信活动时间。到了某个设备发布报文的预定时间，链路活动调度器就向现场设备中的特定数据缓冲器发出一个强制数据（CD），于是这个设备马上向总线上的所有设备发布报文。这是链路活动调度器执行的最高优先级行为。LAS 对链路活动的调度方法如图 8-12 所示。

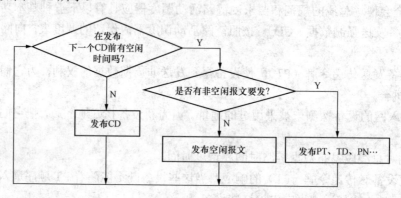

图 8-12 LAS 调度方法

链路活动调度器可以发送两种令牌，即强制数据和传递令牌。只有得到令牌的设备才有权对总线传输数据。一个总线段在一个时刻只能有一个设备拥有令牌。强制数据的协议数据单元 CDDLPDU 用于分配强制数据类令牌。LAS 按照调度表周期性地向现场设备循环发送 CD。LAS 把 CD 发送到数据发布者的缓冲器，得到 CD 后，数据发布者便开始传输缓冲器内的内容。

如果在发布下一个 CD 令牌之前还有时间，则可用于发布传递令牌（PT），或发布时间信息（TD），或发布节点探测信息。

3. 链路活动调度表及其维护

有可能对传递令牌做出响应的所有设备均被列入链路活动调度表中。链路活动调度器周期性地对那些不在活动内的地址发出节点探测信息 PN。如果这个地址有设备存在，它就会马上返回一个探测响应报文。链路活动调度器就把这个设备列入活动表，并且发给这个设备一个节点活动信息，以确认把它增加到了活动表中。LAS 在对列入活动表的所有设备都完成了一次令牌发送之后，会对至少一个地址发出节点探测报文 PN。

一个设备只要响应 LAS 发出的传递令牌（PT），它就会一直保持在活动表内。如果一个设备既不使用令牌，也不把令牌返还给 LAS，经过 3 次试验，LAS 就把它从活动表中去掉。

每当一个设备被增加到活动表，或从活动表中去掉的时候，链路活动调度器就对活动表中的所有设备广播这一变化。这样每个设备都能够保持一个正确的活动表的备份。

（四）数据链路层帧格式

表 8-3 列出了 FF-H1 现场总线的数据链路层帧格式。

表 8-3　　　　　　　　　FF-H1 现场总线的数据链路层帧格式

帧格式	帧控制码	目的地址	源地址	第二源地址	参数	协议数据	帧校验
所占字节数	1B	4B	4B	4B	2B	5～256B	2B

数据链路协议数据单元 DLPDU 提供数据链路的协议控制信息。协议控制信息由三部分组成。第一部分是帧控制码，它的长度为 1B，指明了该 DLPDU 的种类、地址长度、报文优先级种类；第二部分是数据链路地址，包括目的地址和源地址；第三部分则指明了该类 DLPDU 的参数。目前已经规定了二十多种 DLPDU 格式，其中用于数据通信与链路管理的帧种类和格式见表 8-4 所列。

表 8-4　　　　　　　FF-H1 现场总线 DLPDU 的帧类型和帧格式

帧类型	缩写符号	帧控制码	目的地址	源地址	第二源地址
建立连接帧 1	EC1	1111LF00	****	****	****
建立连接帧 2	EC2	1110LF00		****	****
拆除连接帧 1	DC1	0111LF00	****	****	
拆除连接帧 2	DC2	0110LF00		****	
强制数据帧 1	CD1	1111LFPP	****	****	
强制数据帧 2	CD2	1011LFPP	****		
数据帧 1	DT1	1101LFPP	****	****	
数据帧 2	DT2	1001LFPP	****		
数据帧 3	DT3	0101LFPP		****	
数据帧 4	DT4	未使用			
数据帧 5	DT5	01010F00		隐形地址	
状态响应帧	SR	00010F11	隐形地址	*	
强制时间帧	CT	00010F00			
时间发布帧	TD	00010F01		*	
节点探询帧	PN	00100110	*		

帧类型	缩写符号	帧控制码	数据链路地址		
			目的地址	源地址	第二源地址
探询响应帧	PR	00100111			
传递令牌帧	PT	00110FPP			
返回令牌帧	RT	00110100			
请求区间帧	RI	00100000			
申请成为 LAS 帧	CL	00000001		*	
转交 LAS 帧	TL	00000110	*		

表 8-4 显示出了数据链路协议的数据单元的帧类型和帧格式。表中，帧控制码 L 表示数据地址的长度，L＝0 是短地址，即只有低位的 2B 是真正的链路地址，地址部分高位的两个地址字节都为 0；L＝1 是长地址，即说明数据链路地址为 4B 长地址。F 表示是否为令牌的最终节点，或是否应该结束该执行序列。PP 用于标明 DLPDU 和传递令牌的优先级。数据链路地址栏中的*号表示占用的 8 位字节数，分别可为 4、2、1B，无*号则表示没有这个字节。

由表 8-4 可见，对于不同的帧格式，数据链路地址不同，有些帧需要源地址和目的地址，例如，EC1 等；有些帧只需要源地址或目的地址，例如，EC2 和 CD2；当数据发布节点为数据传输对象时，其发布的数据帧中就不需要源地址，因为接收方知道发送方是谁；在广播方式传输数据时，通常不需要目的地址；一些帧可以没有地址，例如传递令牌帧（PT）。因此数据链路控制帧长度为 5～15B。

除了上述用于一般数据通信与链路管理的协议数据帧之外，链路活动调度器（LAS）还发布含有以下特殊协议数据单元 SPDU 的通信帧。

（1）节点活动 SPDU：当节点对探测帧 PN 做出响应，发出 PR 后产生该 SPDU，并将设备带入在线状态。

（2）活动表数据库 SPDU：LAS 发布完整的活动表。

（3）活动表改变 SPDU：LAS 对活动表做修改。

（4）活动表请求 SPDU：设备请求完整的活动表。

（5）请求放弃 LAS 角色 SPDU。

（五）数据链路的时间同步

FF 网段上存在两种意义上的时间，即应用时间（Application Time）和数据链路时间（Data Link Time）。

应用时间用于对网络上发生的时间做时间标记，可以由用户选择的设备来发布应用时间。应用时间的同步是系统管理（System Management）的一个重要内容，它以数据链路时间为基础，即进行应用时间同步时，系统管理认为数据链路同步已经是正确的。所以说数据链路时间同步是整个系统时间同步的基础。

数据链路时间用于链路层通信报文调度，由每个网段中执行链路活动调度的 LAS 发布。其时间同步过程采用主/从模式，LAS 是本网段内的时间源和本地链路的时间主管。每个 LAS 网段时间（Link Schedule Time，LS-Time）可以和整个网络的数据链路时间（Data Link Time，DL-Time）有一个固定的偏差▽DLTO。

LAS 会广播一个时间发布（Time Distribution，TD）帧报文，使所有的设备正确地拥有相同的数据链路时间。实际应用中在两种情况下 LAS 会向网段上广播 TD：一种情况是某个设备中的时间发布周期定时器（TDP）超时，这个设备就请求发送一个 CT（Compel Time）帧给 LAS，LAS 收到 CT 以后就向网段上广播 TD 帧；另一种情况是 LAS 中的时间发布周期定时器（TDP，定时值是其他设备的 TDP 的 80%左右）超时，LAS 主动向网段上广播 TD 帧。

基本设备接收 LAS 的数据链路时间，然后通过同步算法来调整本身的数据链路时间，使其与所在网段内的 LS-Time 时间一致。如果在此基础上再加上该时间同 DL-Time 间的固定偏差（▽DLTO，LAS 会在 TD 中发布该偏差），基本设备就完成了同整个网络的时钟同步。

实际上，网段内部仅需要 LS-Time 即可实现调度性通信。用户应用中功能块执行都根据链路调度时间工作。这种链路的时间同步非常重要，所有调度性通信、非调度通信和其他应用进程的执行时间都以其对链路调度绝对开始时间的偏移量来计算。LAS 转交过程需要形成对这种网络时间发布的冗余。

LS-Time 本地时钟构成由两个部分组成：定时器的计数值 CNT 以及链路调度时间偏移量 ▽LSTO，即 LS-Time＝CNT＋▽LSTO。CNT 是定时器的时钟累加值，随时间推移线性增加；假设 LAS 中的▽LSTO 为零，则基本设备中的▽LSTO 为本地 CNT 同 LAS 主时钟 CNT 之间的偏差时，基本设备即完成了同 LAS 的时钟同步。

此外，DL-Time＝CNT＋▽LSTO＋▽DLTO。

（1）线路延时测算。

基本设备并不是每次接收到 TD 都要进行线路延时的测算，只有当本地设备发现 TD 帧中的源地址和以前 TD 帧的源地址不同时（就是 LAS 发生转移，或设备第一次接收 TD 帧）才执行该过程。

假设线路的传输延时为Δt，该延时可以通过本地设备发送延迟查询帧 RQ 和接收延迟查询应答帧 RR（由 LAS 响应 RQ 时发出的），并由以下公式计算得到，即

$$2\Delta t = (t_4 - t_1) - (t_3 - t_2)$$

式中，t_1、t_4 时间戳分别表示基本设备发送 RQ 和接收 RR 时刻基本设备的 CNT 的值，t_2、t_3 时间戳分别表示 LAS 接收 RQ 和发送 RR 时刻的 LAS 的 CNT 值，所有时间戳的单位都是 2^{-13}ms（1/8192000s）。所以Δt 只跟接收和发送 RQ、RR 时刻的差值有关，和两者的数据链路时间没有关系，所以即使基本设备和 LAS 的数据链路时间不同步也没有关系。

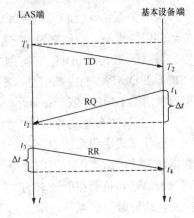

FF-H1 时钟同步工作过程如图 8-13 所示。

（2）时钟同步执行。

数据链路时间的同步实际上有两种方法：粗调和细调。粗调用于修正从时钟与主时钟间的时钟值偏差；细调用于调整从时钟的 CNT 频率。当被同步设备的数据链路时间和 LAS 的相差很多的时候，就进行粗调。粗调是通过设置 ▽LSTO 来实现的，使得该设备的数据链路时间和 LAS 的基本相等。该算法利用Δt 与时间戳 T_1、T_2 即可完成。

图 8-13　FF-H1 时钟同步工作过程

当被同步设备的数据链路时间和 LAS 的相差不多的时候，就进行细调。细调是通过调整

CNT 的频率来实现的。这种调节在每次同步的时候都要进行，以使得设备在任何时候都能与 LAS 保持同步。其实这种算法的思想跟人们日常对手表是一样的。首先通过拨动时针、分针来设定好时间，然后经过一段时间后再对表来决定让它走得更快还是更慢。

8.3 应　用　层

FF-H1 总线的应用层由总线访问子层（Fieldbus Access Sublayer，FAS）和总线报文规范子层（Fieldbus Message Specification，FMS）两部分组成。

一、总线访问子层（FAS）

总线访问子层（FAS）处于现场总线报文规范（FMS）和数据链路层（DLL）之间，现场总线访问子层的作用是使用数据链路层的调度和非调度特点，为 FMS 和应用进程提供报文传递服务。FAS 的协议机制可以划为三层，即 FAS 服务协议机制（FSPM）、应用关系协议机制（ARPM）和 DLL 映射协议机制（DMPM），它们之间及其与相邻层的关系如图 8-14 所示。

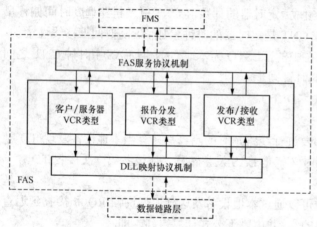

图 8-14　FF-H1 的总线访问子层（FAS）

FAS 的服务协议机制是 FMS 和应用关系端点之间的接口。它负责把服务用户发来的信息转换为 FAS 的内部协议格式，并根据应用关系端点参数，为该服务选择一个合适的应用关系协议机制。反之，根据应用关系端点的特征参数，把 FAS 的内部协议格式转换成用户可接收的格式，并传送给上层。

DLL 映射协议机制是对下层即数据链路层的接口。它将来自应用关系协议机制的 FAS 内部协议格式转换成数据链路层（DLL）可接收的服务格式，并送给 DLL，反之亦然。

应用关系协议机制（ARPM）是 FAS 层的核心，它包括三种由虚拟通信关系（VCR）来描述的服务类型。具体来说，它描述了应用关系的建立和拆除，以及与远程 ARPM 之间交换协议数据单元 FAS-PDU；它可用来建立或拆除某个特指的应用关系。ARPM 还负责接收来自 FSPM 或 DMPM 的内部信息，根据应用关系端点类型和参数生成另外的 FAS 协议信息，并把它发送给 DMPM 或 FSPM。

（一）基金会总线的三种 VCR 类型

在分布式应用系统中，各应用进程之间要利用通信信道传递信息。为应用进程之间提供数据传输的已组态的应用层通道被称为虚拟通信关系（Virtual Communication Relationship，VCR）。VCR 负责在所要求的时间内，按规定的通信特性，在两个或多个应用进程之间传送报文，这种通信关系是逻辑上的，因此才被称为虚拟通信关系。FAS 的主要活动就是围绕与 VCR 相关的服务进行的，即 FAS 利用 VCR 表示两个或两个以上应用进程之间的通信关系。基金会现场总线通过一系列报文的交互，建立或拆除某种类型的 VCR。

（1）报告分发型（Report Distribution）VCR。

报告分发型 VCR 用于事件和报警报告的分发，也称为源/宿型 VCR。报告方称为源方，报告的接收方称为宿方，它是由用户（源方）发起的一对多通信关系。一般用于现场总线设备发送报警，通知操作员控制台。

这类虚拟通信关系的特点如下：①通信是非调度通信，只有当发生警告或趋势时才有通信，因此是用户发起的非调度通信；②通信按用户优先级排队进行；③该 VCR 是组态时建立的一对多通信；④在该虚拟通信关系中，源方和宿方分别发送和接收非确认的数据的传输服务请求。

当现场总线设备有事件或趋势报告，且从 LAS 收到一个传输令牌（PT）时，将报文发送给由该 VCR 定义的一个预定的"组地址"。在该 VCR 中被组态为接收的设备将接收这个报文。

这类传输主要用于在总线上发送广播数据。通过组态可以把多个地址编为一组，并使其成为数据传输的目的地址，同时也容许多个数据发布源把数据发送到一组相同的地址上。数据接收者不一定对数据来源进行辨认与定位。

其数据传输示意如图 8-15 所示。

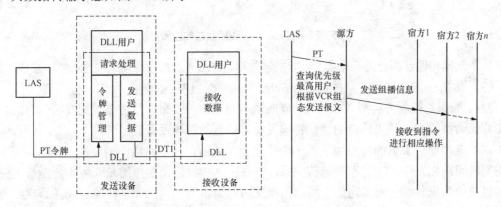

图 8-15　FF-H1 报告分发型 VCR 数据传输示意图

（2）客户/服务器类型（Clent/Server）VCR。

客户/服务器 VCR 类型用于操作员需要更改控制系统的参数（设定点改变、整定参数的存取和改变）或对报警确认、设备的上下载等操作时的通信连接。当设备从 LAS 收到一个传输令牌（PT），它可以发送一个请求报文给现场总线上的另一台设备，请求者被称为"客户"，而收到请求的设备被称为"服务器"。

这类虚拟通信关系的特点如下：①通信是非调度通信，非调度通信是非周期发生的通信。例如，操作员需要改变控制器设定值的操作就是非周期的操作，它经过操作站发送请求给现场设备。②通信按用户优先级排队进行，即设备对报文的发送和接收是按照优先级，以不覆盖原有用户报文的方式进行的。在相同优先级条件下，按先后次序排队进行通信连接。③该 VCR 是组态时建立的一对一的通信关系。④在该虚拟通信关系中，客户方与服务器方之间的数据传输服务需经过确认。⑤一般用于设置参数或改变操作模式等。

每个现场总线设备都有 3 个客户/服务器型 VCR，它们是与管理信息库、主上位机、辅助上位机或维护工具之间的虚拟通信关系。

客户/服务器类型 VCR 数据传输也属于非调度性通信，跟客户/服务器类型的 VCR 数据传输一样也是在 PT 令牌的调度下进行通信的。但是这种数据通信有捎带确认（图 8-16 中从接收端发送的 DT 就是用来确认的），并在数据发送和接收的过程中使用了滑动窗口技术和超时重传技术来进行流量控制和提高可靠性。

整个通信过程的示意图如图 8-16 所示。

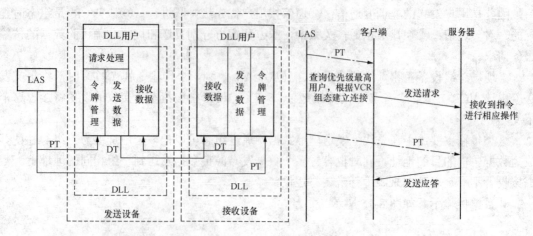

图 8-16　FF-H1 一对一有连接数据传输示意图

整个数据传输过程分为三个部分，即发送数据请求处理、接收令牌后发送数据、接收数据。

（3）发布方/预约接收方（Publisher/Subscriber）类型 VCR。

发布方/预约接收方类型 VCR 用于周期通信的连接。发布方是需要周期发布信息的现场设备，预约接收方是预先约定的接收特定发布方信息的现场设备。

这类虚拟通信关系的特点如下：①通信是调度通信，按链路活动调度器（LAS）的宏循环周期时间周期发生。②缓存型通信关系，即在网络中只保留数据的最新版本，新数据完全覆盖以前的数据。③一对多通信，发送的报文可以为多个预约的设备接收。④在该虚拟通信关系中，发布方和预约接收方分别发送和接收非确认的数据传输服务请求。⑤一般用于对现场总线设备中功能模块的输入输出进行数据的定时更新。

发布方/预约接收方 VCR 在数据链路层上是利用一种一对多有连接的数据传输方式实现的，属于周期性通信，它是在 LAS 的 CD 令牌的调度下完成的，如图 8-17 所示。LAS 根据

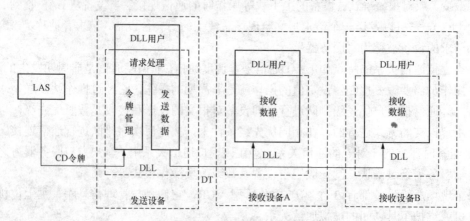

图 8-17　FF-H1 一对多连接通信过程

事先确定好的调度表，在通信周期的确定时刻向设备发送 CD 令牌。这种通信有一个数据发布者（Publisher）和多个数据预定者（Subscriber）。在数据的传输过程中没有数据确认的过程，也没有超时重传机制。但是它的实时性要求很高。另外，它与其他几种数据传输不同的是上下层之间的数据交换是通过缓冲器完成的，也就是用新数据覆盖老数据，一个缓冲器内只能存放一个数据帧。

一对多的数据传输也分为三个步骤，即刷新缓冲器、接收 CD 令牌后发送数据、接收数据。

客户/服务器类型的 VCR 和发布方/预约接收方类型的 VCR 都属于有连接的通信关系（数据传输之前都需要建立连接，数据传输完成以后都要拆除连接），都需要在数据传输前进行连接的建立。在连接建立过程中进行参数协商，确定接下来的数据传输过程中的一些通信参数。

参数协商就是在连接建立的过程中，通过连接信息的交换来确定两端的 DLCEP 的参数。需要确定的参数有：

1）地址格式：在五种 DT 格式（DT1、DT2、DT3、DT4、DT5）中选择数据传输封装的地址格式，其中 DT4 目前协议中没有使用。这些 DT 的区别就是包含地址信息数量不同。另外每种 DT 还有长地址（4B）和短地址（2B）的区分。一般地，一对一的数据传输使用 DT1 或 DT2，一对多就使用 DT3 或 DT5。

2）数据提交属性：对客户/服务器类型 VCR 的数据传输来说，因为使用的是队列提交数据，而接收端接收到的数据顺序不一定是发送端发出的顺序，数据链路层用这个属性来指明当接收端收到数据以后，是否要整理数据顺序以后才向用户提交数据（Classical 需要，Disordered 不需要）。对发布方/预约接收方类型 VCR 的数据传输来说，虽然不存在顺序的问题，但是数据链路层也要知道是否应该对数据进行编序号，以便让接收端知道缓冲器内的数据是否更新（Ordered 需要，Unordered 不需要）。

3）链路冗余活动：指数据链路层用户没有数据要发送的情况下，数据链路层是否需要定时地发送一些数据来保持链路的活动。这个参数可以由用户指定。

4）SD 参数格式：是指在传输数据的时候使用的 DT 格式。有格式 A、格式 G、格式 D 可以选用。

5）实时性：由于网络上的一些延迟，导致用户数据变得不实时，用这个属性来指明当前的数据是否是实时的。

（二）FAS 服务及其参数

FAS 为它的更高层协议提供一组服务，它们是：

（1）ASC（Associate）——创建应用关系。

（2）ABT（Abort）——解除应用关系。

（3）DTC（Data Transfer Confirmed）——确认的数据传愉。

（4）DTU（Data Transferun Confirmed）——非确认的数据传输

（5）FCMP（FAS-Compel）——FAS 向 DLL 请求发送缓冲区。

（6）GBM（Get-Buffered-Message）——取回缓冲区的报文。

（7）FSTS（FAS-Status）——向 FAS 用户报告来自 DLL 的事件状态。

二、报文规范子层（FMS）

现场总线报文规范子层（FMS）是应用层中的另一个子层，它描述了用户应用所需要的通信服务、信息格式、建立报文所必需的协议行为等内容，使得用户应用可采用标准的报文格式集在现场总线上相互发送报文。

FMS 层的主要功能如下。

（1）为上层用户提供确认或非确认服务。

（2）访问对象字典（OD）。

（3）访问网络可视对象。

（4）访问虚拟现场设备（VFD）。

FMS 由以下 7 个模块组成：虚拟现场设备（VFD）、对象字典管理、联络关系管理、域管理、程序调用管理、变量访问和事件管理。

（一）对象字典

对象字典（Object Dictionary，OD）由一系列的条目组成。每一个条目分别描述一个应用进程对象和与它相关的现场总线通信数据。对象描述用来说明通信中需要现场总线传递的或可以通过现场总线访问的数据内容。把这些对象描述收集在一起，就形成了对象字典。对象字典包含有对以下通信对象的描述：数据类型、数据类型结构描述、域、程序调用、简单变量、矩阵、记录、变量表事件。

字典的条目 0 提供了对字典本身的说明，被称为字典头。这个 OD 对象用来描述对象字典的概貌，并为用户应用的对象描述规定了第一个条目。用户应用的对象（用户通信数据）描述能够从 255 以后的任何条目开始。1～255 之间的条目定义了数据类型（如构成所有其他对象描述的数据结构、位串、整数、浮点数）、数据结构、数据类型静态表、静态对象字典、动态变量列表和动态程序调用表等对象描述，见表 8-5。目录号或者名称在对象与对象描述的服务中起到关键作用。它可以在系统组态过程中规定对象描述，但也可在组态完成后的任何时候，在两个站点之间传送。

表 8-5　　　　　　　　　　　　FF-H1 对象字典的结构

目录号	OD 内 容	所 包 含 的 对 象
0	OD 对象描述，字典头	OD 结构
1～i	数据类型静态表（ST-OD）	数据类型与数据结构
k～n	静态对象字典（S-OD）	简单的变量、数组、记录、域、事件的对象描述
p～t	动态的变量表列表（DV-OD）	变量表的对象描述
u～x	动态的程序调用表（DP-OD）	程序调用的对象描述

对象字典中的第一个条目为字典头，即目录 0，它描述了对象字典的概貌。

数据类型（data type）对象指出对象字典中的 AP 所采用的数据类型。目录 1～63 作为标准数据类型定义，数据结构定义从对象字典的目录 64 开始。例如，布尔变量对象在对象字典中的描述见表 8-6。需要注意的是，数据类型不可以远程定义。它们在静态类型字典（ST-OD）中有固定的配置，数据类型对象不支持任何服务。

表 8-6　　　　　　　　　　　FF-H1 现场总线布尔值数据类型对象

目录号	数据类型	字节数	说　　　明
1	Boolean	1	布尔值（11111111 为真，00000000 为假）

　　数据类型结构（data structure）对象说明记录的结构和大小。FF 定义的数据结构有：块、值和状态（三种：浮点、数字、位串）、比例尺、模式、访问允许，报警（三种：浮点、数字、总貌）、事件、警示（三种：模拟、数字、更新）、趋势（三种：浮点、数字、位串）、功能块链接、仿真（三种：浮点、数字、位串）、测试、作用等。

　　静态条目对象字典中接下来的一组条目是静态定义的 AP 对象的内容，或称为静态对象字典。静态对象字典中包含了对简单变量、数组、记录、域、事件等对象的描述。对象字典给每一个对象描述分配一个目录号。

　　动态条目包括动态变量表列表和动态程序调用表两部分。前者为变量表的对象描述，后者为程序调用的对象描述。

　　动态变量表对象及其对象描述是通过 Define variable List（定义变量表）服务动态建立的，也可以通过 Delete variable List 服务删除它，还可对它赋予对象访问权。给每个变量表对象描述分配一个目录号，还可以给它分配一个字符串名称。它所包含的基本信息有：变量访问对象号、变量访问对象的逻辑地址指针、访问权等。

　　动态程序调用表包含有程序调用对象的对象描述。它所包含的基本信息有："域"对象号及其逻辑地址指针、访问权等。此外，它还可以包含一个预定义的程序调用段。

（二）虚拟现场设备

　　虚拟现场设备（VFD）是实际不存在的设备映像，是通过通信建立的。由通信伙伴看来，虚拟现场设备（VFD）是一个自动化系统数据和行为的抽象模型，它用于远距离查看对象字典中定义过的本地设备的数据。VFD 对象是虚拟现场设备的基础。

　　VFD 对象包含有可由通信用户通过服务使用的所有对象及其描述。对象描述存放在对象字典中，每个 VFD 有一个对象描述。因而虚拟现场设备可以看成应用进程的网络可视对象和相应描述的体现。

　　一个典型的现场总线设备可有几个 VFD，且至少应该有两个虚拟现场设备。一个称为管理虚拟现场设备（management VFD），用于网络与系统管理，它提供对网络管理信息库（NMIB）和系统管理信息库（SMIB）的访问。它以 VFD 对象为基础，远程查看对象字典中的本地设备数据。网络管理信息库（NMIB）包括虚拟通信关系（VCR）、动态变量和统计信息。当该设备成为链路主设备时，它还负责链路活动调度器的调度工作。系统管理信息库（SMIB）数据包括设备位号、地址信息以及对功能块执行的调度。另一个称为功能块虚拟现场设备（FBVFD），用于与现场总线设备中的功能模块进行信息交换。

　　FF-H1 现场设备 VFD 示意如图 8-18 所示。

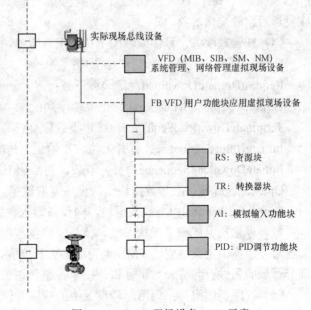

图 8-18　FF-H1 现场设备 VFD 示意

VFD 对象的寻址由虚拟通信关系表（VCRL）中的 VCR 隐含定义。VFD 对象有几个属性，如厂商名、模型名、版本、行规号等，逻辑状态和物理状态属性说明了设备的通信状态及设备总状态，VFD 对象列表具体说明它所包含的对象。

（三）FMS 服务

虚拟现场设备通过虚拟通信关系建立通信，实现对变量的访问、程序的调用、事件的服务处理和域的上传和下载。与 7 个模块对应，主要提供的服务如下。

（1）对象字典服务：FMS 的对象描述服务容许用户访问或者改变虚拟现场设备中的对象描述。

GetOD：读取对象描述；

InitiatePutOD：开始对象描述装载；

PutOD：把对象描述装载到设备；

TerminatePutOD：终止对象描述装载。

（2）VFD 服务：用于确定虚拟现场设备状态。

Status：读取设备状态、用户状态；

UnsolicitedStatus：发送主动提供的未经请求的状态；

Identify：读取制造商名、设备类型、版本等。

（3）联络关系管理：用于建立和解除虚拟通信关系，包含了对 VCR 的管理和约定。

Initiate：建立虚拟通信关系；

Abort：解除虚拟通信关系；

Reject：拒绝不正确的服务。

在 FMS 看来，一个 VCR 由静态和动态属性组成。静态属性是事先设定的，相应参数放在 NMIB，包括静态虚拟通信关系标识（VCR ID）、总线报文规范子层虚拟现场设备标识（FMS VFD ID）等；动态属性是动态创建的，它的参数在 VCR 初始化时确定，包括动态 VCR ID、FMS State 等。每个 VCR 变化对象，在收到一个确认性服务时，创建变化对象，在相应的响应发送后删除变化对象。

（4）域管理服务：程序或域的上传和下载服务，域表示一台设备中的一个存储空间。

RequestDomainUpload：请求域上传；

RequestDomainDownload：请求域下载；

TerminateUploadSequence：终止上传序列；

TerminateDownloadSequence：终止下载序列；

InitiateUploadSequence：打开上传，初始化上传的序列；

InitiateDownloadSequence：打开下载，初始化下载的序列；

UploadSegment：上传数据块，从设备读取数据；

DownloadSegment：下载数据块，向设备写入数据；

域管理包括上载和下载状态机。域是一段包含程序和数据的连续的存储区。域的最大字节在对象字典中定义，它比 FMS 编码的最大长度大，因此，FMS 允许上传和下载一个域的部分。域的属性有名称、数字标识、口令、域状态、访问权限等。

（5）程序调用服务：调用远程设备中的程序并使其运行。

CreateProgramInvocation：创建程序调用对象；

DeleteProgramInvocation：删除程序调用对象；

Start：启动程序；

Stop：停止程序；

Resume：恢复程序执行；

Reset：程序复位再启动；

Kill：废止程序。

程序调用管理（Program Invocation Management）用程序调用状态机使调用程序的状态在非活动状态、空闲状态、停止状态和运行状态之间进行切换。程序调用的对象可以预先定义，也可以在线定义。对象字典被刷新时，所有程序对象被删除。

（6）变量访问服务：用于用户对变量的访问和改变与对象描述有关的变量。

Read：读取变量；

Write：写变量；

Readwithtype：读取变量及其类型；

Writewithtype：写变量及其类型；

Physread：读取存储区域；

Physwrite：写存储区域；

InformationReport：作为发布方或源方来发送或报告数据；

InformationReportwithtype：发送或报告带数据类型的数据；

DefineVariableList：定义用于传送的变量表；

DeleteVariableList：删除变量表。

变量访问对象包含物理访问对象、简单变量、数组、记录、变量表及数据类型对象、数据结构说明对象等。物理访问对象、简单变量、数组、记录等被定义在 S-OD 中，是不可删除的。其中，物理访问对象描述一实际字节串的访问入口。它没有明确的 OD 对象说明，属性是本地地址和长度，服务有读及写。变量表是变量对象的集合，它被动态地存放在动态对象字典中。

（7）事件管理服务：用于用户应用的报告事件和管理事件的处理。

EventNotification：报告事件；

EventNotificationwithtype：报告一个事件与事件类型；

AcknowledgedEventNotification：对事件的确认报告；

AlterEventConditionMonitoring：警告和警报事件的条件监视（允许或禁止事件）。

事件用于警告一个应用检测到一些重要的事情。例如，故障、数据更新和报警都是事件。事件管理（Event Management）是在事件发生时，应用程序激活有关的时间警告服务，使操作员确认等。事件为从一个设备向另一个设备发送重要信息而定义。事件报告服务是报告分发型虚拟通信关系。

（四）FMS 数据帧格式

在应用层的应用实体之间以总线报文规范子层的协议数据单元（FMS PDU）形式交换信息。该协议数据单元用 ISO 8824 标准的正式抽象语法表示方法，即 ASN.1 表示。其帧格式见表 8-7 所列。

表 8-7　　　　　　　　　　　　**FF-H1 现场总线 FMS 数据帧格式**

标　识　信　息					用户信息	数据
第一标识信息			调用标识	第二标识信息		
P/C	标签号	长度				
1 位	3 位（可扩展）	4 位（可扩展）	1 字节	1 字节	2～256 字节	2 字节

标识信息包含固定的 3 个字节长度，分别为第一标识信息的固定部分、调用标识、第二标识信息，它们分别占用一个字节。其中第一标识信息中的标签号和长度部分可以扩展，相应的该部分信息长度加长。

第一标识信息由 P/C 标识、标签号及长度组成，用于描述服务类型。

（1）P/C（Primitive/Constructed）：1 位，用于标识简单元素（0）还是结构元素（1）。

（2）标签号（Tag）：3 位，说明服务的类型。例如，001 表示确认请求，010 表示确认响应，011 表示出错确认，100 表示非确认服务，101 表示拒绝请求，110 表示初始化服务。由于服务类型多于 8 个，因此，用 111 表示需要扩展标签，即在第一标识信息后增加一个字节的扩展标签。这时标签号可扩展为 7～255。

（3）长度（Length）：4 位，表示简单元素所占字节和结构元素所含简单元素个数。例如结构元素 Sequence 含 2 个元素，其长度表示为 0010。长度在 0～14 内可不使用扩展长度。当长度大于 14 时，将标识字节中的长度项设置为 1111，表示使用扩展长度字节，扩展长度占 1 字节。因此，可扩展长度为 15～255。扩展长度字节在扩展标签字节后面。

（4）调用标识长度为 1 字节，用以激活标识；第二标识信息用以进一步识别该 PDU，如确认性请求中的读、写等。

8.4　用　户　层

基金会现场总线的用户层由网络管理、系统管理和模块等部分组成。

一、网络管理

为了在设备的通信模型中把第二至第七层，即数据链路层至应用层的通信协议集成起来，并监督其运行，基金会现场总线采用网络管理代理（Network Management Agent，NMA）、网络管理者（Network Manager，NMgr）工作模式。网络管理者实体在相应的网络管理代理的协同下，完成网络的通信管理，它们之间的相互作用关系如图 8-19 所示。

每个现场总线网络至少有一个网络管理者，网络管理按照系统管理者的规定，负责维护网络运行。网络管理者监视每个设备中通信栈的状态，在系统运行需要或系统管理者指示时，执行某个动作。网络管

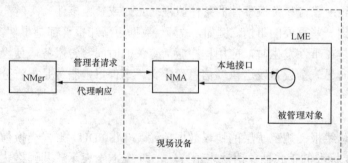

图 8-19　FF-H1 网络管理者、网络管理代理、被管理对象之间的相互作用关系

理者通过处理由网络管理代理生成的报告，来完成其任务。它指挥网络管理代理，通过 FMS，执行它所要求的任务。一个设备内部网络管理与系统管理的相互作用属于本地行为，但网络管理者与系统管理者之间的关系，涉及系统构成。

可由 NMgr 使用一些 FMS 服务，通过与 NMA 建立 VCR 对其进行访问。

每个设备都有一个 NMA，NMA 响应来自 NMgr 的指示，也可在一些重要的事件或状态发生时通知 NMgr。NMA 是一个设备应用进程，在网络上实际可以看到的是网络管理代理虚拟现场设备（NMA VFD）这样的模型化表示。它的功能如下。

（1）组态管理：设置通信栈内的参数，重新组态等；

（2）运行管理：选择工作模式和内容，监视运行状态；

（3）监视网络通信：监视和判断通信是否出错。

在工作期间，NMA 可以观察、分析设备通信的状况，如果判断出有问题，需要改进或者改变设备间的通信，就可以在设备一直工作的同时实现重新组态。是否重新组态则取决于它与其他设备间的通信是否已经中断。组态信息、运行信息、出错信息尽管大部分实际上驻留在通信栈内，属于通信栈整体或各层管理实体（LME）的信息，但都以网络管理对象的形式集合于网络管理信息库 NMIB 中，借助虚拟现场总线设备管理和对象字典来描述。

NMA VFD 像其他虚拟现场设备那样，具有它所包含的所有对象的对象描述，并形成对象字典。与其他对象字典一样，NMA VFD 对象字典使用索引号，并把对象字典本身作为一个对象进行描述，存放在索引号为 0 的条目中。其内容有标识号、存储属性（ROM/RAM）、名称长度、所支持的访问保护、OD 版本、本地地址、OD 静态条目长度、第一个索引对象目录号等。

网络管理代理索引对象是包含在 NMIB 中的一组逻辑对象。每个索引对象包含了要访问的由 NMA 管理的对象所必需的信息。通信行规、设备行规、制造商都可以规定 NMAVFD 中所含有的网络可访问对象。这些附加对象收容在 OD 里，并为它们增加索引，通过索引指向这些对象。要确保被增加的对象定义不会受底层的管理互操作的影响，即所规定的对象属性、数据类型不会被改变、替换或删除。

二、系统管理

系统管理实现的基本功能是：根据 LAS 的时间表定时启动设备中的有关功能块，管理分布式现场总线系统中各设备的运行。

每个设备中都有系统管理实体，该实体由用户应用和系统管理内核 SMK 组成。基金会现场总线采用系统管理器和管理代理的模式进行系统管理。每个设备的系统管理内核（SMK）承担代理者角色，对从系统管理者（SMgr）实体收到的指示做出响应。系统管理可以全部包含在一个设备中，也可以分布在多个设备之间。

系统管理内核（SMK）可看成一种特殊的应用进程 AP。从它在通信模型中的位置可以看出，系统管理是通过集成多层的协议与功能而完成的。其主要功能如下。

（1）节点地址和设备地址分配。

每个现场总线设备都必须有一个唯一的网络地址和物理设备位号，以便现场总线有可能对它们实行操作。为了避免在仪表中设置地址开关，这里通过系统管理自动实现网络地址分配。为一个新设备分配网络地址的步骤如下：

1）通过组态设备分配给这个新设备一个物理设备位号。这个工作可以"离线"实现，也可以通过特殊的默认网络地址"在线"实现。

2）系统管理采用默认网络地址询问该设备的物理设备位号，并采用该物理设备位号在组态表内寻找新的网络地址。然后，系统管理给该设备发送一个特殊的地址设置信息，迫使这个设备移至这个新的网络地址。

3）对进入网络的所有设备都按默认地址重复上述步骤。

（2）设备识别。

SMK 的识别服务容许应用进程从远程 SMK 得到物理设备位号和设备标识 ID。设备 ID 是一个与系统无关的识别标志，它由生产者提供。在地址分配中，组态主管也采用这个服务去辨认已经具有位号的设备，并为这个设备分配一个更改后的地址。

（3）应用时钟分配。

基金会现场总线支持应用时钟分配功能。系统管理者有一个时间发布器，它向所有的现场总线设备周期性地发布应用时钟同步信号。数据链路调度时间与应用时钟一起被采样、传送，使得正在接收的设备有可能调整它们的本地时间。应用时钟同步允许设备通过现场总线校准带时间标志的数据。

在现场总线网络上，设备应用时钟的同步是通过在总线段上定期广播应用时钟和本地链路调度时间（LS-Time）实现的。由时间发布者广播时钟报文：Clock_Message（AP-Time，LS-Time），预约接收者收到该报文后，读出 LS-Time 并计算出应用时钟时间。有关时钟发布间隔、主时间发布者、当前时间等信息被保留在 SMIB 中。

时间发布者可以冗余，如果在现场总线上有一个后备的应用时钟发布器，当正在起作用的时间发布器出现故障时，后备时间发布器就会替代它而成为起作用的时间发布器。

（4）寻找位号（定位）服务。

系统管理通过寻找位号服务搜索设备或变量，为主机系统和便携式维护设备提供方便。系统管理对所有的现场总线设备广播这一位号查询信息，一旦收到这个信息，每个设备都将搜索它的虚拟现场设备（VFD），看是否符合该位号。如果发现这个位号，就返回完整的路径信息，包括网络地址、虚拟现场设备编号、虚拟通信关系（VCR）目录、对象字典目录。主机或维护设备一旦知道了这个路径，就能访问该位号的数据。

（5）功能模块调度。

功能模块调度是指 SMK 可以通知用户应用，现在已经是执行某个功能块或其他可执行任务的时间了。SMK 使用 SMIB 中的调度对象和由数据链路层保留的链路调度时间来决定何时向它的用户应用发布命令。

功能块执行是可重复的，每次重复称为一个宏周期（Macrocycle），宏周期通过使用值为零的链路调度时间作为它们起始时间的基准而实现链路时间同步。也就是说，如果一个特定的宏周期生命周期是 1000，那么它将以 0、1000、2000 等时间点作为起始点。

每个设备都将在它自己的宏周期期间执行其功能块调度。如数据转换和功能块执行时间通过它们相对各自宏周期起点的时间偏置来进行同步。设备中的功能块执行则在 SMIBFBStartEntryObject 中定义。合适的功能块调度和它的宏周期必须下载到执行该功能块设备的 SMIB 中，可以采用调度组建工具来生成功能块和链路活动调度。

设备利用这些对象和当前 LS-Time 来决定何时执行它的功能块。SMK 可以通过无连接数据传输方式直接对功能块数据在链路层上的传输进行控制（如 LAS 发布 CD 报文等）。因此 FF 链路层所呈现的受调度和非调度的通信特性和 SMK 对功能块的调度控制密不可分。

三、功能块应用进程

功能块应用进程（Function Block Application Process，FBAP）位于基金会现场总线通信模型的最高层——用户层。功能块应用进程是用户层的重要组成部分，每一种功能块代表一种独立完整的控制功能。功能块是组成控制应用的逻辑单元，所有功能块应用进程都是由一个或多个功能块构成。构成功能块应用进程的功能块可以是在同一个设备中，也可以分散在多个设备中。通过适当的组态完成控制算法，功能块应用进程不但能够根据现场数据执行控制功能，而且具有故障自诊断和故障自恢复的能力。

1. 用户模块

FF 规定了基于"模块"的用户应用，不同的块表达了不同类型的应用功能。典型的用户应用块包括功能块、资源块和转换器模块。

（1）资源块。资源块描述了现场设备的一般信息，如设备名、制造者、系列号。每个现场设备都必须有一个并且只能有一个资源块。为了使资源块表达这些特性，规定了一组参数。资源块设有可连接参数（如输入或输出参数），其功能参数都是内含参数。它将功能块与设备硬件特性隔离，可以通过资源块在网络上访问与资源块相关设备的硬件特性。

（2）转换器模块。转换器模块是用户应用功能模块与设备硬件输入输出之间的接口。它主要完成输入输出数据的量程转换和线性化处理等。转换器模块读取传感器硬件，并写入到相应的要接收这一数据的硬件中。允许转换器模块按所要求的频率从传感器中取得数据，并确保将数据写入到要读取数据的硬件中。转换器模块不包含运用该数据的功能块，这样便于把读取、写入数据的过程从制造商的专有物理 I/O 特性中分离出来，便于提供功能块的设备入口，并实现一些功能。

转换器模块包含量程数据、传感器类型、线性化处理、I/O 数据表示等信息，它可以加入到本地读取传感器功能块或硬件输出的功能块中。通常每个输入或输出功能块内都会有一个转换器模块。

（3）功能块。功能块应用进程提供一个通用结构，把实现控制系统所需的各种功能划分为功能模块（Function Block，FB），使其公共特征标准化，规定它们各自的输入、输出、算法、事件、参数与块控制图，并使用一个位号和一个 OD 目录识别。

与资源块和转换器模块不同，功能块的执行是按周期性调度或按事件驱动的，并且每个功能块的执行都受到准确的调度。单一的用户应用中可能有多个功能块。在功能块中，按时间反复执行的函数被模块化为算法，输入参数按功能块算法转换得到输出参数。反复执行即表示功能块是按周期或事件的发生重复作用的。图 8-20 所示为一个功能块的内部结构。功能块的输入输出参数可以跨网段实现连接。

从图 8-20 中的结构可以看到，不管在一个功能块内部执行的是哪一种算法，实现的是哪一种功能，它们与功能块外部的连接结构是通用的。分布于图 8-20 中左、右两边的一组输入参数与输出参数，是本功能块与其他功能块之间要交换的数据和信息，其中输出参数是由输入参数、本功能块的内含参数、算法共同作用而产生的。图 8-20 中上部的执行控制用于在某个外部事件的驱动下，触发本功能块的运行，并向外部传送本功能块的执行状态。

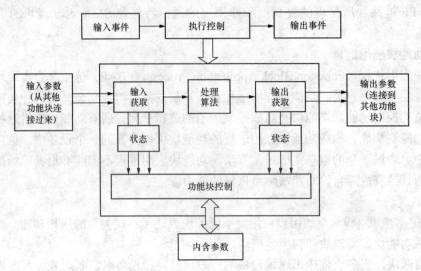

图 8-20   FF-H1 功能块内部结构图

采用这种功能块的通用结构，内部的处理算法与功能块的框架结构相对独立。使用者可以不必顾及功能与算法的具体实现过程。这样有助于实现不同功能块之间的连接，便于实现同种功能块算法版本的升级，也便于实现不同制造商产品的混合组态与调用。功能块的通用结构是实现开放系统构架的基础，也是实现各种网络功能与自动化功能的基础。

功能块可以实现某种应用功能或算法，如 PID 功能块实现 PID（比例、积分、微分）控制功能，模拟输入（AI）和模拟输出（AO）功能块分别实现参数输入和输出功能，如将 AI、PID、AO 功能块的输出端和输入端相连接就可以实现单回路控制策略。

（4）附加对象。转换器模块支持模块的连接，它采用下列对象实现。

1）连接对象。连接对象规定了功能块之间的连接关系，它包括一个设备内部各块之间的连接关系，也包括跨越现场总线的不同设备间的输入与输出之间的连接关系。

为了组成系统，在 AP 之间和 AP 内部用连接对象把不同功能块连接在一起，用来记录这类信息的对象称为连接对象。运用连接对象来定义输入输出参数之间的连接关系，定义从外部访问观测对象、趋势对象和报警对象时的连接关系。

2）趋势对象。趋势对象允许将功能块参数局部趋势化，它可以被上位机或其他设备访问。因此，趋势对象将短期历史数据收集起来，并存储在一个设备中，用于特性分析等。

3）报警对象。报警对象用于监测块状态，通知报警状态和控制网络中发生的事件。当判断出有报警或事件发生时，报警对象生成通知报文。它在报警和事件发生时，发出事件通知，并在一个特定的响应时间内等待响应。如果在预定时间内没有收到响应，将重发事件通知，以确保报警信息不会丢失。

为功能块、事件报告规定了两类报警。当功能块偏离了一个特定的状态时，例如当一个参数越过了规定的门限时，采用事件报道状态变化；在功能块处于特殊状态时，对其特殊状态采用报警，而且当它返回到正常状态时也使用报警，以表明状态发生了变化。报警与事件的区别是报警需要操作员确认，而事件不需要操作员确认。

4）观测对象。观测对象支持功能块的管理和控制，提供对状态与操作的可视性，观测对象将操作数据转换成组并做相应处理，使参数可被一个通信请求成组地访问。通过预先定义观测对象，把人机接口采用的块参数组分成几类。

2. 功能块应用进程

功能块应用进程由功能块应用对象、对象字典、设备描述几部分组成。

现场总线设备的功能由它所具有的用户模块以及模块与模块之间的相互连接关系所决定。图 8-21 所示为一个功能块应用对象的例子。它包含了功能块、资源块、变换块及附加对象。现场总线通信系统中，运用虚拟现场设备，实现网络上的设备功能可视。虚拟现场设备的对象描述及其相关数据可以采用虚拟通信关系跨越现场总线远程访问。

FF 现场总线功能块应用对象包括块对象和普通对象。其中，块对象包括资源块、功能块和转换块。普通对象共

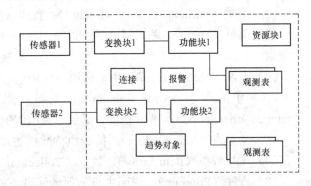

图 8-21　FF-H1 功能块应用对象实例

包含链接对象（Link Object）、视图对象（View Object）、趋势对象（Trend Object）、警报对象（Alert Object）、程序调用对象（Program Invocation Object）、域对象（Domain Object）和行为对象（Action Object）。所有的对象都是为了配合功能块应用进程中功能块的正常执行和支持网络监控设备和显示设备的有效工作而设置的。所有对象的描述信息都存放在功能块应用进程的对象字典之中，可通过网络对其中的相关设置进行读取、修改操作。

功能块应用进程把它的虚拟现场设备（VFD）模块化为一个个资源。一个资源等同于一个功能块应用进程，每个资源中都有一个资源块。资源块通过定义一些内部参数来描述现场设备的物理特性和一些硬件特性，如设备名、制造者、系列号、存储器状态等。为了使资源块表达这些特性，规定了一组参数。资源块没有输入或输出参数。它将功能块与设备硬件特性隔离，可以通过资源块在网络上访问与资源块相关设备的硬件特性。

8.5　设 备 描 述 语 言

现场总线设备所需要的关键特性是互可操作性。为实现互可操作性，除了标准功能块参数和行为定义外，还要为理解不同设备的数据意义提供条件。基金会现场总线正是采用了设备描述（Device Discription，DD）这一关键技术来理解来自不同制造商的设备的数据意义，并为此提供必需的信息。可把设备描述看成控制系统或主机对某个设备的驱动程序，可以说设备描述是设备驱动的基础。

1. 设备描述语言（DDL）

设备表述的层次结构在块参数部分已有叙述，现场总线基金会将标准 DD 做在 CD-ROM 上。用户可以从设备供应商处得到扩充的 DD，或者在供应商将扩充的 DD 向现场总线基金会登记后从现场总线基金会处得到扩充的 DD。如果设备支持装载服务以及包含一台 DD 的 VFD，那么扩充的 DD 也可以直接从挂接在现场总线的设备上读出。

设备描述语言（Device Description Language，DDL）是一种用于设备描述的标准编程语言，

通过它描述现场总线接口可访问的信息，表示一个现场设备如何与主机应用及其他现场设备相互作用。采用设备描述编译器，把 DDL 编写的设备描述的源程序转化为机器可读的输出文件。控制系统正是凭借这些机器可读的输出文件来理解不同制造商设备的数据意义的。DDL 是可读的结构文本语言，由一些基本结构件组成。基金会现场总线共有 16 种基本结构，它们是：

（1）块（Block）：它描述一个块的外部特性；

（2）变量（Variable）、记录（Record）、数组（Array）：分别描述设备包含的数据；

（3）菜单（Menu）、编辑显示（Edit Display）：提供人机界面交互方法，描述主机如何提供数据；

（4）方法（Method）：描述主机应用与现场设备间发生相互作用的复杂序列的处理过程；

（5）单元关系（Unit Relation）、刷新关系（Refresh Relation）及整体写入关系（Write_as_onerelation）：描述变量、记录、数组间的相互关系；

（6）变量表（Variable List）：按成组特性描述设备数据的逻辑分组；

（7）项目数组（Item Array）、数集（Collection）：描述数据的逻辑分组；

（8）程序（Program）：说明主机如何激活设备的可执行代码；

（9）域（Domain）：用于从现场设备上载或向现场设备下载大量的数据；

（10）响应代码（Response Code）：说明一个变量、记录、数组、变量表、程序或域的具体应用响应代码。

以上每个结构件有一组相应的属性，属性可以是静态的，也可以是动态的，它随参数值的改变而改变。

2. 设备描述服务（DDS）

在主机一侧，采用称为设备描述服务（DD service，DDS）的库函数来读取设备描述。注意，DDS 读取的是描述，而不是运行值。运行值是通过 FMS 通信服务从现场总线上的设备中读取的。

主机系统把 FF 提供的 DDS 作为解释工具，对 DD 目标文件信息进行解释，实现设备的互操作性。DD 目标文件一般存于主机系统中，也可存在于现场设备中。在同一主机人机接口程序的版本下，DDS 技术就可使得来自不同供应商的设备运行在同一条现场总线上。新设备加入现场总线，只需简单地通过连线把设备接到总线上，并把标准 DD 和对这个新设备进行描述的附加 DD（如果有）装入控制系统或主机，新设备就可以与系统协同工作了。

8.6　FF-H1 低速总线应用范例

如果说总线上传输的信息是车辆的话，通过以上的工作，实际上就建立了设备和设备之间、功能块和功能块之间信息交换的"公路网"。进一步通过系统管理充当"交通管制员"的角色，就可以使总线"通车"了。

SMK 利用调度建立工具完成了用户功能块的生成和链路活动调度器（LAS）的调度。假定调度建立工具已为图 8-22 中描述的回路建立了一个预定调度时刻表（如图 8-23 所示），储存在 LAS 中（接受

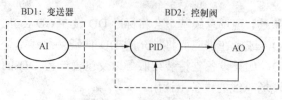

图 8-22　FF-H1 系统应用实例

对象字典的统一管理）。

表 8-8 　　　　　　　　　　　　　**LAS 中的预定调度时刻表**

受调度的功能块	AI 功能块执行	AI 通信	PID 功能块执行	AO 功能块执行
偏移值（ms）	0	10	30	50

表 8-8 中，偏移值是相对于当前调度循环期起始时刻的时间偏移量。其中，调度循环周期代表了一个设备内进行一次调度所花费的时间。在该表中有一个周期性的通信任务：AI功能块向 PID 功能块发送的过程信息，利用了发布者/预约接收者类型的 VCR（一对多的有连接传输方式），其中发布者是变送器的 AI 功能块，预约接收者是控制阀的 PID 功能块。

系统上电后的执行步骤如下。

（1）通过组态过程，将上述 LAS 调度时刻表下载到 LAS 设备以及表中各个功能块所涉及到的现场设备中。

（2）现场设备将该组态信息插入到对象字典中，该信息由其系统管理者进行管理。在这一过程中可能用到 FMS 层提供的对象字典服务，如：InitiatePutOD、TerminatePutOD。也可能会调用 FMS 层提供的变量访问服务或域管理服务。

（3）两个功能块（AI 和 PID）首先要建立发布者/预约接收者类型 VCR，假设该 VCR 是由预约接收者方（PID 功能块）发起建立的，根据一对多的有连接通信关系建立过程，建立过程中的信息传递过程如图 8-23 所示

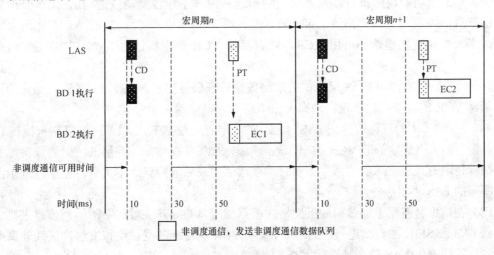

图 8-23　FF-H1 现场总线 VCR 建立过程

（4）进入通信宏周期后，系统管理者根据应用时钟，依次启动各个功能块的执行。LAS的 SMK 直接利用无连接的传输方式，无需经过 FAS 层即可发布 CD 和 PT 报文。

本例中，建立连接后 PID 功能块就可以顺利接收 AO 功能块发布的测量信息并将之应用在控制器算法中了。链路活动调度循环周期，其功能块调度过程如图 8-24 所示。

图 8-24 中，变送器的系统管理在 0 偏移处执行 AI 功能块。在偏移量 20 时，链路活动调度器（LAS）向变送器的 AI 功能块缓冲寄存器发出强制数据（CD），然后该缓冲区中的数据将在现场总线上发布。在偏移量为 30 时，控制阀中的系统管理使 PID 功能模块执行，紧接

着在偏移量为 50 时，使 AO 功能模块执行。

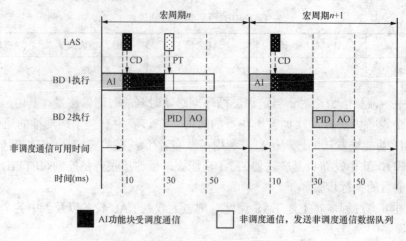

图 8-24　FF-H1 现场总线功能块调度过程

在功能块执行的间隙，链路活动调度器 LAS 还向所有现场设备发送令牌消息，以便它们可以发送它们的非受调度消息，如报警通知（利用报告分发型 VCR，无连接的数据传输方式）、改变设定值（利用 VCR 一对一的有连接数据传输方式）等。在这个例子中，只有偏移量从 10～30，即当 AI 功能块数据正在总线上发布的时间段不能进行非调度通信。

（5）当某一功能块的执行涉及到总线通信过程时（不包含受调度通信），系统管理者通过网络管理者在网络管理信息库（NMIB）中查找 VCR 静态属性，判断是否存在可以完成调度时刻表中规定的通信的可用 VCR，被查找的 VCR 静态属性由 FMSVFDID 和 VCRID 来标识。

（6）网络管理者调用 FMS 层提供的联络关系管理服务建立 VCR，在 VCR 初始化的过程中，创建 VCR 的动态属性，包括动态 VCRID、FMState 等。

（7）建立 VCR 的过程传递到 FAS 子层，该子层首先根据 FAS 服务协议机制查找该 FMS 服务类型所对应（绑定）的 VCR 类型。然后根据该 VCR 在数据链路层的映射协议机制所对应的数据传输方式建立通信关系。必要时，在通信完成后解除该通信关系。整个过程中需要调用不同的 FAS 子层服务。

（8）在数据链路层上，传输的报文格式根据相应 VCR 建立过程中的协商信息来确定，将来自 FAS 或 SMK 的数据进一步封装后，放入 VCR 所对应的受调度报文缓冲区或非调度报文队列，等待来自 LAS 的令牌进行发送。

8.7　HSE 网 络

H1 现场总线因其波特率太低不能满足大系统信息汇集的需要，也不能满足制造工业快速过程的需要（如 PLC 应用）。因此，基金会设计了 100Mbit/s 或 1Gbit/s 高速以太网现场总线（HSE），并被收入 IEC-61158 标准。

在 H1 协议的基础上，HSE 的特色之一是它的冗余设计。HSE 规范支持包括标准以太网应用的冗余。HSE 冗余提供通信路径冗余（冗余网络）和设备冗余两类，允许所有端口通过选择连接。通信路径冗余是 HSE 交换机、链接设备和主机系统之间的物理层介质冗余，或称介质冗余。冗余路径对应用是透明的，当其中一条路径发生中断时，可选用另一条路径通信。而设备冗余是为了防止由于单个 HSE 设备的故障造成控制失败，在同一网络中附加多个相同设备。

　　HSE 的另一项技术特色是灵活功能块。功能块是 FF 的技术特色之一，但是在灵活功能块推出之前，FF 设备根本不接收传统的离散信号。HSE 不仅支持 FF 所有标准功能块，而且增加了灵活功能块（Flexible Function Blocks，FFB），以实现离散控制。灵活功能块是具体应用于混合、离散控制和 I/O 子系统集成的功能模块，它包含了 8 个通道的多路模拟量输入输出、离散量输入输出和特殊应用块，并使用 IEC 61131-3 定义的标准编程语言，也可以使用于 H1 中。灵活功能块的应用包括联动驱动、监控数据获取、批处理、先进 I/O 子系统接口等。它支持多路技术、PLC 和网关，可以说给用户提供了一个标准化的企业综合协议。

　　HSE 的物理层、数据链路层采用了 100Mbit/s 标准。同时，网络层和传输层则充分利用现有的 IP 协议和 TCP、UDP 协议，如图 8-25 所示。由于实际应用对实时性要求非常高时，通常采用 UDP 来承载测量数据；对非实时的数据，则可以采用 TCP 协议。在应用层，HSE 也引入了目前现有的 DHCP 协议、SNTP、SNMP。但为了和 FMS 兼容，还特意设计 FDA（Field Device Access），负责如何使用 UDP/TCP 协议传输系统（SM）和 FMS 服务。DHCP 的目的就是在 HSE 系统里为现场设备动态地分配 IP 地址。显然，HSE 系统设备要想协调一起工作，那么各网络设备就需要保持一个时间基准的同步，保证各设备采用相同时钟进行工作是由 SNTP 协议来完成的。SNMP 则主要用来监控 HSE 现场设备的物理层、数据链路层、网络层、传输层的运行情况。

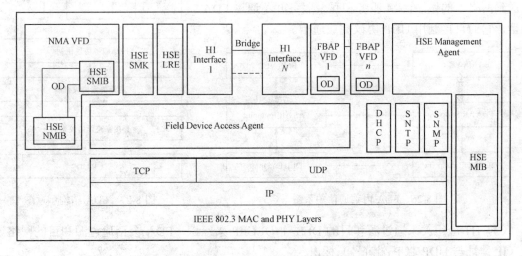

图 8-25　FF HSE 协议栈结构

　　与 H1 协议十分类似的部分有：

　　（1）FMS 位于 FDA 和用户层之间，它主要是定义通信的服务、信息格式；功能块应用进程主要是通过 FMS 服务来实现对网络设备的访问。

　　（2）用户层主要包含系统管理、网络管理、功能块应用进程以及与 H1 网络的桥接接口。

系统管理功能主要通过系统管理内核（SMK）和它的服务来完成，SM 用到的数据组被称为系统管理信息库（SMIB），网络上可见的 SMK 管理的数据被整理到设备 NMA VFD 的对象字典中。网络管理也共享这个对象字典。网络管理允许网络管理者（HSE NMgr）通过使用与它们相关的网络管理代理（HSE NMA）在 HSE 网络上执行管理操作。HSE NMA 负责管理 HSE 设备中的通信栈。HSE NMA 充当了 FMS VFD 的角色，HSE NMgr 使用 FMS 服务来访问 HSE NMA 内部的对象。

1. FDA

FDA 是 HSE 设计的关键所在，它使用 TCP/UDP 来传送系统管理 SM 报文和 FMS 报文。它与 H1 中的 FAS 具有很大相似的特点，FDA 内部通信关系图如图 8-26 所示。为了区分 FAS 应用关系，把 FDA 应用关系称为 FDA 会话（Session）。FDA 也有三种虚拟通信关系，即客户端/服务器（C/S）、发布者/预约接收者（P/S）和报告分发（R）。

FDA 主要由四个部分组成，即虚拟通信关系（VCR）、FDA 服务协议机制（FSPM）、应用关系协议机制（ARPM）以及套接字映射协议机制（SMPM），如图 8-27 所示。HSE VCR 和它的下层协议的接口参照 FMS 和 FAS 间的接口来建立模型——FDA 的服务协议机制。把上面的 HSE VCR 转换成 FDA 的应用关系，需要使用 ARPM 来完成。最终报文以 UDP/TCP 报文的形式发送到网络上，套接字（Socket）就是 UDP/TCP 封装的一套机制。套接字映射协议机制就是应用关系机制与 UDP/TCP 通信的接口。

2. FDA 与 FAS 对比

HSE VCR 使用 FDA 会话来传输 FMS 报文，其实就相当于 H1 的 VCR。最具标志性的两个相似点如下。

（1）H1 中的 SMK 通信直接通过数据链路层把数据发送到网络上的做法，SM 服务和冗余服务并不通过 FDA 会话，它们直接利用 UDP 协议完成通信。

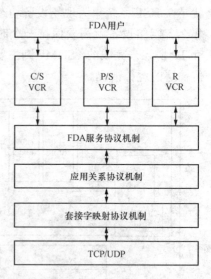

图 8-27　FDA 结构示意图

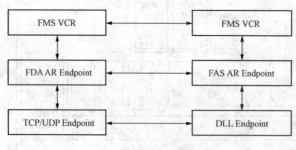

图 8-26　FDA 内部通信关系图

（2）H1 应用关系通过源和目的 DLSAP/DLCEP 来标识，FDA 会话通过源和目的网络地址（IP 地址与 UDP/TCP 端口号）标识。

相应的，FDA 会话与 H1 应用关系不同之处在于：

（1）一个 FDA 会话能支持多个 HSE VCR，H1 应用关系仅支持单个 FMS VCR。

（2）FDA 会话可把多个报文通过单个 UDP/TCP 报文发送，而 H1 DLL 数据帧仅能承载单个 FMS 报文。

（3）HSE 支持无连接的客户端/服务器会话，会话建立在 UDP 上。H1 不支持无连接的客户端/服务器应用关系。

（4）面向连接的会话建立在 TCP 基础上，H1 面向连接的关系建立在数据链路层上。

三、通信关系的组态

HSE 设备正常在网络上与其他设备共同完成自动化系统的功能之前，它的 NMIB 和 SMIB 必须被组态，配置其相关参数。FDA 会话和 HSE VCR 的组态包括在 NMIB 中。组态过程使用客户端/服务器会话来完成。

FF 中规定 HSE NMIB 和 SMIB 中信息的修改只能由 NMA 组态会话来完成，一次只能有一个组态会话打开。当组态会话打开后，访问 HSE NMA 和 H1 NMA 的 VCR 就分别被打开了。组态会话也可以提供对 VFD 的组态，但不能和其他会话一起来写这些 VFD 的参数。

非组态客户端/服务器会话通过使用 FMS Initiate 服务提供对 NMA VFD 的只读访问，并对其他 VFD 提供读写访问。除了 NMIB、SMIB 和 VCR 需要组态外，功能块应用进程同样也需要组态，组态方式既可通过组态会话，也可以通过非组态会话来完成。

客户端/服务器会话和客户端/服务器 VCR 由系统默认定义，不能被组态，除非它们通过 HSE 对 H1 的访问。在这种情况下，只有客户端点被组态，服务器端点在建立时动态得到它的属性值。发布者/预约接收者、报告分发会话和它们相关的 HSE VCR 通常可被组态。

四、HSE 网络结构

FF 支持以下拓扑结构。

（1）一个或多个 H1 网段。H1 现场总线可由一个或多个 H1 网段经 H1 桥互连而成。物理设备之间的通信由 H1 物理层和数据链路层提供。

（2）由标准以太网设备连接的一个或多个 HSE 网段。

（3）由 HSE 连接设备连接 H1 网段和 HSE 网段。

（4）被一个 HSE 网段分开的两个 H1 网段，每个 H1 网段通过 HSE 连接设备和 HSE 网段连接。

HSE 系统的构架如图 8-28 所示。

图 8-28 说明了 HSE 网络中各类设备的相互关系。在这一系统构架下，可以实现三种设备间的传输方式，即同一 H1 网段内设备的传输、不同 H1 网段间设备的传输、H1 网段内设备同 HSE 设备间的传输。其中链接设备（Linking Device，LD）起到了重要作用。一方面 LD 负责从所挂

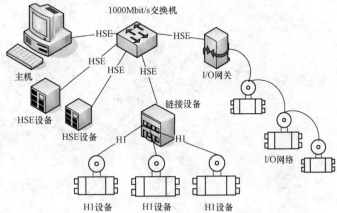

图 8-28　基于 HSE 的现场总线控制系统

接的 H1 网段收集现场总线信息，然后把 H1 地址转换成 IPv4 或者 IPv6 的地址，选择 H1 网段的数据就可以在 TCP/UDP/IP 网络上进行传递；另一方面将接收到 TCP/UDP/IP 信息的 LD 可以将 IPv4/IPv6 地址转换为 H1 地址，将发往 H1 网段的信息放到现场目的网段中进行传送。这样，通过 LD 就可以实现跨 H1 网段的组态，甚至可以把 H1 与 PLC 等其他控制系统集成起来。这样 LD 就同时具有了网桥与网关的功能。

只有在同一个 H1 或 HSE 网段内，才进行功能块的执行同步。换句话说，属于不同网段内的设备功能块不会安排在同一个通信宏周期内执行。所涉及的通信类型包括 H1 网段内部通信、H1 网段间通信以及 HSE 设备同 H1 设备间的通信。

思 考 题

（1）对照 ISO/OSI 七层模型，简述 FF 总线通信模型。

（2）FF 的链路层通信属于哪种通信机制，和 HART 有何不同？

（3）阐述链路活动调度器（LAS）是如何管理受调度通信和非调度通信的？

（4）解释链路活动调度权的竞争过程与 LAS 转交的机理。

（5）FF 总线是如何对数据链路的时间进行同步的？

（6）以设备为通信端点同以功能块为基本通信端点本质上有何区别？

（7）请简述对象字典同网络管理、系统管理和功能块应用进程间的联系。

（8）简述三种虚拟通信关系（VCR）类型的工作方式。

（9）试说明 OD 中的静态 VCR 条目和动态 VCR 条目分别是怎么生成的。

（10）试说明在 8.6 节给出的应用范例中，如果变送器报警或者 LAS 需要修改 PID 参数时的操作流程，并画出通信时序。

（11）简述 HSE 网段的调度机制。

（12）如利用 FF 总线系统搭建一个串级控制系统，请简述整个工作流程（包括组态过程和系统运行过程）。

第9章 PROFIBUS 与 PROFInet 总线技术

9.1 PROFIBUS 分类及其协议结构

PROFIBUS 是 Process Fieldbus 的缩写，是一种国际化、开放式、不依赖于设备生产商的现场总线标准，适用于制造业自动化、流程工业自动化和楼宇、交通、电力等其他领域自动化。

PROFIBUS 由三个兼容部分组成，即 PROFIBUS-DP（Decentralized Periphery）、PROFIBUS-PA（Process Automation）、PROFIBUS-FMS（Fieldbus Message Specification），主要使用主/从方式，通常周期性地与传动装置进行数据交换。PROFIBUS 的应用范围如图 9-1 所示。

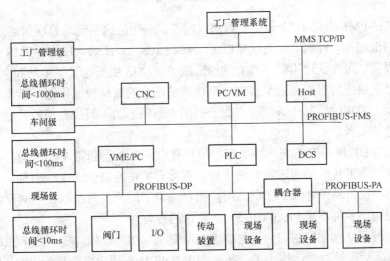

图 9-1 PROFIBUS 的应用范围

PROFIBUS-DP：专为自动控制系统和设备级分散 I/O 之间通信设计，用于分布式控制系统的高速数据传输。

PROFIBUS-FMS：解决车间级通用性通信任务，提供大量的通信服务，完成中等传输速率的循环和非循环通信任务，用于纺织工业、楼宇自动化、电气传动、传感器和执行器、可编程控制器、低压开关设备等一般自动化控制。由于 DP 的广泛使用，FMS 基本已经不使用。

PROFIBUS-PA：专门为过程自动化设计，标准的本质安全的传输技术，实现了 IEC 61158-2 中规定的通信规程，用于对安全性要求高的场合及由总线供电的站点。

PROFIBUS 是以公认的国际标准为基础的，协议的结构是根据 ISO 7498 国际标准化开放式系统因特网络（Open System Interconnection，OSI）作为参考模型的。PROFIBUS 的结构如图 9-2 所示。

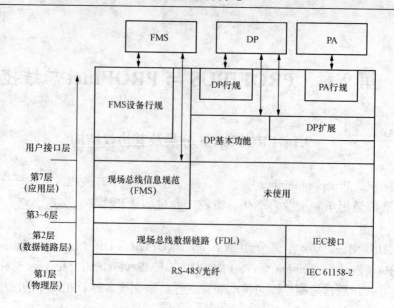

图 9-2　PROFIBUS 的协议结构

　　PROFIBUS-FMS 中第 1、2 和 7 层均加以定义。应用层包括现场总线信息规范（Fieldbus Message Specification，FMS）和底层接口（Lower Layer Interface，LLI）。FMS 包括了应用协议并向用户提供了可广泛选用的强有力的通信服务。FMS 主要定义了主站和主站通信功能，目的是在信息交换应用层次上定义多主站系统间的统一的通信报文规范，满足针对车间或一条流水线层面上的实时控制任务，重点在于提供大范围下的车间控制层的、中等速度的、循环和非循环通信服务。

　　PROFIBUS-DP 使用第 1 层、第 2 层和用户接口，第 3 层到第 7 层未加以描述。这种流体型结构确保了数据传输的快速和有效进行，直接数据链路映像（Direct Data Link Mapper，DDLM）使用户接口易于进入第 2 层。用户接口规定了用户及系统以及不同设备可调用的功能，并详细说明了各种不同 PROFIBUS-DP 设备的行为。

　　为了解决过程自动化控制中大量的要求本质安全通信传输的问题，PI（PROFIBUS 国际组织）在 DP 之后有针对性地推出了一种新的 PROFIBUS 用户界面规程 PROFIBUS-PA。其物理层采用了完全不同于 PROFIBUS-FMS 和 PROFIBUS-DP 的标准 IEC 61158-2（又称 MBP），能够进行总线供电，具有本质安全特点，通信速率固定为 31.25kbit/s，主要用于防爆安全要求高、通信速率低的过程控制场合，例如对安全性要求高的石化企业中的过程控制等。

　　PROFIBUS-PA 的数据传输采用扩展的 DP 协议，另外还使用了描述现场设备行为的 PA 行规。根据 IEC 61158-2 标准，这种传输技术可确保其本质的安全性并可通过总线为现场设备供电。通过使用分段式耦合器，PROFIBUS-PA 设备能很方便地集成到 PROFIBUS-DP 网络。

9.2　PROFIBUS 物理层

PROFIBUS 提供了三种数据传输类型。

（1）用于 PROFIBUS-DP 和 PROFIBUS-FMS 的 RS-485 传输。

（2）用于 PROFIBUS-PA 的 IEC 61158-2 传输。

（3）光纤传输可用于 PROFIBUS-DP 和 PROFIBUS-FMS。

一、RS-485 传输技术

PROFIBUS-DP/-FMS 一般采用 RS-485 传输技术，由于 PROFIBUS-DP 与 PROFIBUS-FMS 系统使用了同样的传输技术和统一的总线访问协议，因而，这两套系统可在同一根电缆上同时操作。使用 RS 构建网络时，一般采用终端匹配的总线型结构，不支持环型或星型网络。

RS-485 采用的电缆是屏蔽双绞铜线，利用平衡差分传输方式，在一个两芯卷绕且有屏蔽层的双绞电缆上传输大小相同而方向相反的电流，以削弱工业现场噪声，且避免多个节点间接地电平差异的影响。其传输数据的速率为 9.6kbit/s～12Mbit/s，且一个系统中总线上的传输速率对连接在总线上的各个设备来说是统一设定的。各个设备均连在具有线型拓扑结构的总线上。每一个线段可以连入的最大设备数为 32，每个线段的最大长度为 1200m。当设备数多于 32 时，或扩大网络范围时，可使用中继器连接各个不同的网段。

二、IEC 61158-2 传输技术

PROFIBUS-PA 物理层上跟 FF-H1 一样，采用符合 IEC 61158-2 标准的传输方式。其特点是编码采用曼彻斯特（Manchester）方式，具有固定的传输速率（31.25kbit/s），且采用总线向各设备供电（Bus-Power，BP）方式。

IEC 61158-2 技术用于 PROFIBUS-PA，其传输以下列原则为依据。

（1）每段只有一个电源作为供电装置。

（2）当站收发信息时，不向总线供电。

（3）每站现场设备所消耗的为常量稳态基本电流。

（4）现场设备的作用如同无源的电流吸收装置。

（5）主总线两端起无源终端线作用。

（6）允许使用线型、树型和星型网络。

（7）为提高可靠性，设计时可采用冗余的总线段。

（8）为了调制的目的，假设每个总线站至少需用 10mA 基本电流才能使设备启动。通信信号的发生是通过发送设备的调制，从 ±9mA 到基本电流之间。

IEC 61158-2 具有如下几个传输技术特性。

（1）数据传输：数字式、位同步、曼彻斯特编码。

（2）传输速率：31.25kbit/s，电压式。

（3）数据可靠性：前同步信号，采用起始和终止限定符避免误差。

（4）电缆：双绞线，屏蔽式或非屏蔽式。

（5）远程电源供电：可选附件，通过数据线。

（6）防爆型：能进行本征及非本征安全操作。

（7）拓扑：线型或树型，或两者相结合。

（8）站数：每段最多 32 个，总数最多为 126 个。

（9）中继器：最多可扩展至 4 台。

三、光纤传输技术

PROFIBUS 标准中详细说明了光纤 FO 的应用规范，说明了如何集成 RS-485 和 MBP 电缆，以确保 FO 与现有的 PROFIBUS 系统的向下兼容。

光纤接入网络的拓扑结构，主要采用总线型、环型和星型三种基本网络拓扑结构。

　　光纤电缆使用中的一个重要问题是如何使 FO 与普通电缆互连，几种常见的互连方法是使用 OLM 模块（Optical Link Module）、OLP 插头（Optical Link Plug）、集成的光纤电缆连接器等。

　　OLM 模块类似于 RS-485 的中继器，有两个功能上互相隔离的电气通道，可占有一个或两个光通道，通过一根 RS-485 导线与各个总线上的现场设备或总线段相连接。OLP 插头可简单地将总线上的从站设备连接到一个单光纤电缆上。接插入总线上的 9 针 D 型连接器。OLP 接头由总线上的站点供电而不需要它们自备电源，但站点的 RS 电源必须保证能提供至少 80mA 的电流

四、中继器

　　使用双向放大器（中继器）可扩展总线的长度和增加站个数，两个站间最多可有 4 个中继器。在 31.25kbit/s 以及总线线段是串行的（线型总线拓扑结构）情况下，总线段长度和可连接站的最大数值见表 9-1 所列。

表 9-1　　　　　　　　PROFIBUS 总线中继器连接的总线段长度与连接站数

中继器	总线段长度	可连接站	中继器	总线段长度	可连接站
1 个中继器	3.8km	62 个站	3 个中继器	7.6km	122 个站
2 个中继器	5.7km	92 个站	4 个中继器	9.5km	127 个站

五、耦合器

　　PA/DP 耦合器的作用是把传输速率为 31.25kbit/s 的 PA 总线段和传输速率为 9.6kbit/s～12Mbit/s 的 DP 总线段连接起来，PA 总线还可以为现场仪表提供电源。PA/DP 耦合器分为两类：本质安全型（Ex 型）和非本质安全型（非 Ex 型）。通过 Ex 型耦合器连接的 PA 总线最大的输出电流是 100mA，它可以为 10 台现场仪表提供电源；通过非 Ex 型耦合器连接的 PA 总线最大的输出电流是 400mA。

　　PA/DP 链接器最多由 5 个 Ex 型和非 Ex 型 PA/DP 耦合器组成，它们通过一块主板作为一个工作站连接到 PROFIBUS-DP 总线上。通过一个 PA/DP 链接器允许连接不超过 30 台现场仪表，这个限制与所使用的耦合器类型无关。PA/DP 链接器的上位总线（DP）的最大传输速率是 12Mbit/s，下位总线（PA）的传输速率是 31.25kbit/s，因此 PA/DP 链接器主要应用于对总线循环时间要求高和设备连接数量大的场合。

　　图 9-3 所示为 PROFIBUS-DP 与 PA 的典型结构图。基于 IEC 61158-2 传输技术总线段与基于 RS-485 传输技术总线段可以通过耦合装置相连，耦合器使 RS-485 信号和 IEC 61158-2 信号相适配。每段通常配一个电源装置，电源装置经耦合器和 PA 总线为现场设备提供电源，这种供电方式可以限制 IEC 61158-2 总线段上的电流和电压。如果需要外接电源设备，根据 EN50020 标准必须用适当的隔离装置，将总线供电设备与外接电源设备连接在本质安全总线上。

　　PROFIBUS-PA 的网络拓扑可以是总线型、树型和两种拓扑的混合。线型结构沿着总线电缆连接各个站点，树型结构允许现场设备并联地接在现场配电箱上。混合拓扑结构适合多数实际系统的要求，它可以使总线的结构和长度趋于最优。PROFIBUS-PA 使用的传输介质是双绞线电缆，建议使用表 9-2 中所列的 IEC 61158-2 传输技术的参考电缆规格，也可以使用更粗截面导体的其他电缆。

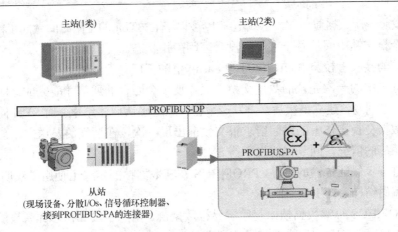

图 9-3　PROFIBUS DP/PA 的连接

　　连接到一个端的站点数量最多限于 32 个。如果使用本质安全型总线供电方式，总线上的最大供电电压和最大供电电流均具有明确的规定。按防爆等级和总线供电装置，总线上的站点数量也将受到限制。为此，PROFIBUS-PA 总线段的设计应遵循：①根据现场仪表的型号和数量初步计算所需要的电流；②根据现场的防爆要求和电源装置的功率要求选择合适的电源装置；③根据现场对总线长度的要求确定电缆类型。

　　电源装置的特性参数和传输介质的长度见表 9-2 所列。

表 9-2　　　　　　　　　　　**PROFIBUS-PA 参考电缆、电源与传输介质**

电缆设计	双绞线屏蔽电缆	电源装置型号	Ⅰ型	Ⅱ型	Ⅲ型	Ⅵ型
额定导线面积（mm^2）	0.8	使用领域	EExia/ibIIC	EExia/ibIIC	EExia/ibIIB	非本质安全
回路电阻（Ω/km）	44	供电电压（V）	13.5	13.5	13.5	24
阻抗（31.25kHz）（Ω）	100±20%	最大供电电流（mA）	110	110	250	500
39kHz 衰减（dB/km）	3	典型站点数*	8	8	22	32
电容不平衡度（nF/km）	2	0.8mm^2 电缆长度（m）	≤900m	≤900	≤400	≤650
		1.5mm^2 电缆长度（m）	≤1000	≤1500	≤500	≤1900

*　表中的站点数依据每个设备耗电 10mA 计算。

9.3　PROFIBUS 数据链路层

一、PROFIBUS 帧结构与传输管理

1. 帧结构

　　PROFIBUS 采用光纤和 RS-485 传输数据时使用 UART 编码，即每传送一个字节的数据，要实际传输 11 位。此外 PROFIBUS 的 UART 编码中还做了如下规定。

　　（1）总线在非传输静止状态时呈现逻辑 1 电平。

（2）在发起一次数据通信前，总线电缆上至少需有 **33Tbit** 的空闲时间做同步标识（SYN）。

（3）一个报文帧中间的各个字符间没有空闲静止状态。

（4）通信的接收者校验 Start、Stop 和 Parity 位的正确与否。

　　PROFIBUS 中的一次完整的数据交换一般需要多个回合的通信才能完成，即由发起方提出请求，响应方回复，建立链接后，再发送数据，经过确认后才结束。而 SYN 同步标识仅在一次完整的数据交换操作中的发起请求报文帧前出现一次，在后续的发送方帧前则不再插入 SYN。对有响应的情况，回复帧前也不需 SYN。

　　为了能进一步保证传输的可靠，PROFIBUS 在其数据帧的定义上使用了汉明（Hamming）码距为 4 的编码结构，即 HD＝4。

　　所有 PROFIBUS 每幅数据帧由起始定界符数据链、信息字段和循环冗余校验（CRC）组成，如图 9-4 所示。信息字段分为地址字段和控制字段。另外，还可以存在一个数据字段。信息字段在短应答中是空的。

图 9-4　PROFIBUS 数据帧结构

图 9-4 中，各项解释如下。

FDL 报文：现场总线数据链路报文；

SDF：起始定界符数据链，长度为 1 个或 4 个八位位组；

DA：目的地址－信息字段；

SA：源地址－信息字段；

FC：帧控制－信息字段；

DATA_UNIT：数据字段，长度为"信息字段长度－3"，最大 246 个八位位组；

CRC：循环冗余检验，长度为 2 个八位位组。

　　从 PROFIBUS 的 FDL 层上看，传输的报文帧结构仅有 4 种类型，分别如下所述，这些帧可以携带不同的参数或组合完成不同的功能。

（1）SD1：无数据域，只是用作查询总线上的激活站点，见表 9-3。

表 9-3　　　　　　　　　　　　　**PROFIBUS 总线 SD1 帧**

SD₁	DA	SA	FC	FCS	ED
0x10	xx	xx	x	x	0x16

（2）SD2：带有固定 8 字节长的数据域，见表 9-4。

表 9-4　　　　　　　　　　　　　**PROFIBUS 总线 SD2 帧**

SD₂	DA	SA	FC	DU	FCS	ED
0xA2	xx	xx	x	x	x	0x16

（3）SD3：数据域长度可变，参数域的配置多且功能强大，是 PROFIBUS 中应用最多的

一种帧结构，见表 9-5。

表 9-5　　　　　　　　　　　　　　　　**PROFIBUS 总线 SD3 帧**

SD₃	LE	LEr	SD	DA	SA	PC	DU	FCS	ED
0x68	x	x	0x68	xx	xx	x	x	x	0x16

（4）SD4：Token 令牌帧，固定结构，见表 9-6。

表 9-6　　　　　　　　　　　　　　　　**PROFIBUS 总线 SD4 帧**

SD₄	DA	SA
0xDC	xx	xx

报文中各个主要数据段的意义如下。

LE：LE 仅出现在 SD3 帧中，标示 DA、SA、FC 及 DU 4 个数据域的长度，代表着一个变长帧中所承载数据信息的长度。因为 PROFIBUS 中规定了最长的帧是 255 字节 SD2 帧减去帧头中的 6 个控制域长度后为 249 字节，故 LE 的最大值为 249 字节。扣除 DA，SA，FC 各占的一个字节后，其 DU 中所含数据长度最大为 246 字节，最小为 1 字节。

DA/SA：SD1、SD2、SD3 类帧中包含了地址域，其 DA 域中的低 7 位表示实际的地址在 0～127 之间。其中的 127 作为广播地址保留（向一个段中所有站点广播发送或群发），而地址 126 则是作为初始化的默认现场设备地址，即在一个 PROFIBUS 系统进入运行状态之前必须预先赋予各个站点一个明确的地址。这样，在实际的运行状态下一个段中只能有最多 126 个站点。

FC：功能码域（Function Code）是一个重要的域，它代表着两方面的信息。首先它标识了报文帧的类型，如 Request 或 Send/Request，Acknowledgement 或 Response-Frame。因此它在 SD1、SD2、SD3 类帧中都存在。其次 FC 域还包含了传输过程和相应控制过程中的信息，如是否数据丢失或需要重复传输、站点的种类以及 FDL 的状态。

FCS：FCS 是为了校验汉明码而设立的，其值为帧中的除了起始符 SD 和结束符 ED 域外的所有各域的二进制代数和，位于 ED 码前。SD1、SD2、SD3 类帧中均有该 FCS 域，其值在 0～255 之间。对 SD1、SD2 类定长帧结构，FCS 等于 DA、SA、FC 3 个域的二进制代数和。此时的计算不考虑 SD、ED 和 DU 用户数据域；而对 SD3 类可变长度帧，FCS 的计算还包括了 DU 域本身。

DU：又可写成 PDU（Protocol Data Unit），由两部分组成，即扩展地址部分和真正要传输的用户数据部分（对 FDL/FMA1/2 层而言的数据）。由前述的 LE 部分解释可知，DU 的最大长度为 246 字节，去除 DSAP 和 SSAP 两个扩展地址（服务节点 SAP）后，用户数据的最大长度为 244 字节。

2. 数据传输与管理功能

PROFIBUS 的主站与主站之间，主站和从站之间能够传输周期性和非周期性数据。这些数据传输用来完成参数设定，检测、控制数据的递交等。所有的数据传输都是通过以下几种基本功能实现的。

（1）SDN：发送数据，不需确认。SDN 服务用于由一个主站向多个站点的数据广播发送（Broadcast）及群发（Multicast），故而不需要回复响应，主要用于同步发送、状态宣告。

相对于此，另外的几项服务（除了 CS 外）则是基于两方的点对点的通信，即发起者（有发送权利时）和响应者（任意一个站，无需发送权利）之间在有数据发送后需有另一方的确认或给出响应数据。这种即时答复的机制对确保总线系统的通信可靠性是十分重要的。

（2）SDA：发送数据，需确认。SDA 是一种基本服务，即一个主动发起者向另外的站点发送数据且接收响应答复，因为通信的双方不能直接用数据回答或响应。SDA 只发生在主站间的通信中。

（3）SRD：发送数据，且要求回复数据。SRD 不同于 SDA 之处在于，通信的发起者发送数据到另一端的同时，还要求响应者立即回复数据。对只有输出功能的从站，则回复一个确认短帧 0xE5。它常用在主站对从站的轮询中。通过发送空消息到对方，还可以要求响应方回传数据。

（4）CSRD：周期性发送且要求回复数据（周期性数据交换）。CSRD 是由主站周期性地轮询从站，以采集前端的数据等。此服务只是在 FMS 规约中有定义，在后来 DP 的各个版本中已不再使用。其中一个原因是它会产生较大的总线数据通信量。

在现在使用最为广泛的 PROFIBUS-DP 中仅适用 SDN 和 SRD 功能。

管理功能包括了对物理层和数据链路层的控制，可以分为本地服务和异地服务两种。第一种服务对本站点起作用，而后一种对网络上其他站点的管理起作用。

（1）本地服务有以下几种。

1）复位、设置参数、读参数、事件、SAP 激活、SAP 非激活：FMA 将此要求从上层送到第 2 层和第 1 层后，则由 FMA1/2 产生相应的复位信号，通过接口送给各层（实质上是产生了进程调用）且等待相关的答复。

2）设置参数：这是一个可选用服务功能，用于在必要时重新设置变量参数值，由 FMA1/2 产生 FDL_SET_VALUE.request 和 PHY_SET_VALUE.request 命令且传送给物理层和 FDL 层。

3）读参数：这也是一个可选用服务功能，用于读取 FDL 和 PHY 层的参数值，FDL_Read_VALUE.request 和 PHY_SET_VALUE.request 命令将欲查的参数名送到相应的层，然后等待答复。

4）事件：该服务用于将 FDL 和 PHY 层中发生的事件和错误通知上层用户，当出现错误指示 PHY_EVENT.indication 或 FDL 时，FMA1/2 就产生 FMA1/2_EVENT.indication 且传递给 FMA。

5）SAP 激活：使用该服务可由用户初始化定义或激活 SAP（Service Access Point）。SAP 服务接入节点功能类似 TCP/IP 中的服务端口，即各层的信息交换接口。在后文会详细叙述其定义和作用。它包括了允许的消息、地址及数据长度等，当一个 SAP 截获一个消息时，首先会检查其是否符合该 SAP 的条件，然后将其转发给相应的接口（进程），对错误的通信则给出出错回复。

6）SAP 非激活：该服务是激活 SAP 的辅助，用于将激活后的 SAP 及其所属的相关服务关闭。

（2）异地服务有以下几种。

1）Ident：使用此服务可以获知网络上所连站的软、硬件版本号，但要注意的是此功能只适用于已激活的站点。

2）LSAPstatus：该服务不是强制的，用于询问网络上其余站点的 FDL_服务（如 SDA、SRD）中的 SAP 初始化值。

3）Live_List：利用此服务，用户可得知总线上目前活动的站点情况，得出一个标有激活站点名字和 FDL 地址的列表。它实际上是由主站先在网上广播发送一个 Request_FDL_Status 命令，再接收各个响应，从而获知网络上目前所有活动站点的信息。

二、PROFIBUS 总线存取协议

PROFIBUS-DP、FMS 和 PA 均使用一致的总线存取协议。该协议是通过 OSI 参考模型的第 2 层来实现的，也包括数据的可靠性以及传输协议和报文的处理。

PROFIBUS 的数据链路层使用的是基于令牌传递的主从轮询协议。PROFIBUS 中令牌类总线协议的最大特点是总线上的各站点地位不均等，分为主、从站点（Master-Slave）两种。主站统一管理着各个从站分时接入总线的权利，而从站不能自由地接入公共传输介质总线，通过这种方式可使总线上传输冲突得以避免。

其总线存取协议如图 9-5 所示。

总线上的这些主站形成的系统形成一个令牌循环的逻辑环。令牌是一个特别定义的数据帧，在总线上按升序沿着逻辑环上的各个主站点间轮转。一个 PROFIBUS 系统中可以有多个网段，但全系统中只有一个令牌。拿到令牌的主站就具有了控制总线的权利，可以向所有属于它的

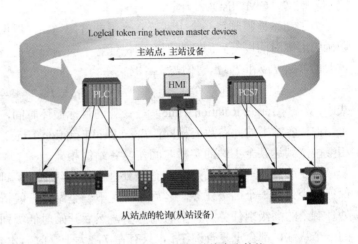

图 9-5　PROFIBUS 总线存取协议

从站发起通信，交换数据，而从站在平时只能扮作一个哑终端，被动地等待主站前来联系。这种主/从通信是按照事先定义在主站中的一个轮询表逐一按序进行的，持续至该主站持有令牌的时间到达上限，或轮询表中的任务全部处理完，则交出令牌到下一个主站。

与 IEEE 802.4 规定的令牌网络一样，PROFIBUS 系统上的各点都连在总线上，物理地位等同，被赋以统一的逻辑地址（称为 FDL 地址）。总线上的各个站点按照功能、本身智能化程度等特性的不同分为主站、从站两种类型。

主站：由 PC 或 PLC 担任，负责网络的管理和数据的收集处理、加工和反馈，与上层的 ERP 网络的数据联系等。

从站：前端的传感器、执行器，负责上传采集到的数据并执行由主站下达的功能等。

这种数据交换通信的发起者是主站，响应者是从站，故称为主/从式工作方式。这种工作机制包括了两个环节：主站之间的令牌传递方式和主站与所属从站之间的主/从方式的分时轮询传输，可以保证总线上不会有多于两个点同时使用总线，故而可以完全避免冲突的发生。这种工作机制具有分散式的管理特点，使得每一个主站和每一个从站能在一个首先可确定的最大时间内获得对总线介质的接入占有权。相对于 802.3 以太网的 CSMA 协议的特点——各点可以随机占有总线，使发送延迟时间不确定，这种时间上的预先确定性对工业控制网络来说是十分重要的。

不同于 IEEE 802.4 标准令牌总线，PROFIBUS 系统为了提供 QoS 给不同的报文任务，规

定了从站通信任务的高、低两个优先级别。高优先级队列中主要包含了诸如报警、紧急通知类时间要求甚严的任务，报文短，数据量不大。与各从站的周期性数据交换、逻辑环的管理维护任务则放在低优先级任务队列中。每一个主站中建有一个轮询表，存有隶属的从站参数等。若有两个从站，则表长为 2。每个从站在被轮询时，向主站传送诸如最新的测试数据且接收主站新的指示、输出数据等。

逻辑环的管理任务指每一个主站要动态探测 TS（This Station）到下一个站 NS（Next Station）间隔中是否有新站的加入，要定时发出报文探测是否有新主站加入。一些用户自定义的、时间要求不高的非周期性任务也加在低优先级队列中。低优先级报文主要可分为如下三种：轮询列表报文（Poll_list），非循环的低优先级报文（Non_Cyclic Low Priority），站间隔列表报文（GAP_list）及环管理任务。

为了动态地限制每一个主站持有令牌的时间 T_{TH}，以保证后续主站上的新任务能有较为明确的上限时间以得到服务处理，即保证各个级别任务的带宽，PROFIBUS 中还定义了两个重要的参数 T_{TR} 和 T_{RR}，它们与 T_{TH} 的关系为：

$$T_{TH} = T_{TR} - T_{RR}$$

式中：T_{TR}（Target Rotation Time）是令牌的目标循环时间，它是在系统初始化时赋给每一个主站的，各站上的此参数值相同；T_{RR}（Real Rotation Time）是令牌的实际循环周期，即令牌相继两次到达某个主站的实际时间差，各站值相异。

当令牌到达一个主站后，它首先处理高优先级队列。即使令牌迟到，T_{TH} 小于零，也会保证至少处理一个高级任务，之后令牌送下一个站。一般情况下，如果 T_{TH} 大于零，则继续处理剩余的高级别任务，直至队列为空，然后开始对低级别队列的处理，每处理完轮询表中的一个从站，都会重复查询 T_{TH}，只有在 T_{TH} 大于零时，才会继续下去。若 T_{TH} 计数到 0，则剩余的任务不再执行处理，需等到下一个令牌循环回到此主站上时，按序处理完高优先级任务后，再从中断处重新开始。轮询表中的数据交换任务被处理完后，若还有 T_{TH} 时间，则开始执行一系列对逻辑环的管理任务及用户自定义的非周期性的数据传递任务等。

图 9-6 所示为系统的总线循环时序，主站 1（CPU 315-2）在持有令牌时，分别与三个从站 S1、S2、S3 互相交互周期性数据，之后经过非周期时间并把令牌传输到下一个主站。

1. 主站的通信

总线上的主站在系统的运行中承担着两个角色，即数据的交换中心和网络的运行管理两方面

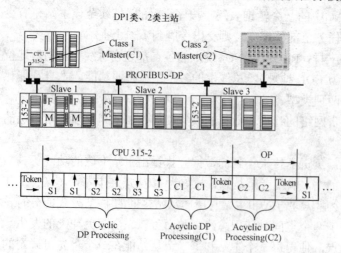

图 9-6 PROFIBUS 总线循环时序

的工作，细分为如下任务：初始化从站且与初始化完成了的从站交换数据；检查与从站的通信失败与否；监测总线时间关系是否满足要求；监测从站的响应时间（包括失败后的重发）；发送和接收令牌，控制令牌的运行处理；监测维护令牌环，包括站点的加入和离去。

PROFIBUS 的主站能主动地送出输出数据，即输出数据给从站且由从站得到输入系统的数据，这种主从站间发生的数据交换通信占据了网络流量的绝大部分。其中又可进一步分为周期性的轮询和非周期的突发数据的交换。

（1）主站的类型和功能。

在 PROFIBUS-DP 中定义了两类主站：Class 1 和 Class 2。Class 1 主站负责与从站间的用户数据交换任务。Class 2 主站负责对系统的管理、监控、初始化总线参数等，也可在短时间内承担控制从站的任务。在早期的 PROFIBUS 系统中，两类主站位于不同的机器上，而近年的发展趋势是将两者合在一个机器平台上，由不同的软件完成两者的任务。

两类主站间除了有令牌的通信外，还有一些控制数据信息的交换，如首先将存在 Class 1 主站上的初始化数据送给 Class 2 主站，或将 Class 1 上系统运行状态数据送给 Class 2，从而由在 Class 2 上运行的监控软件将其实时地显示出来。而用户数据的交换（过程处理中的数据）在 PROFIBUS-DP 中没有定义。

主站 Class 1、Class 2 间的数据通信都是由 Class 2 发起请求，且数据前要求加上功能编号和标识符。其中。功能编号指明使用哪一种类型的服务；标识符详细说明了所选的服务。

主站之间的通信所用服务有如下几种。

1）读从站初始化的诊断信息。

2）把总线初始化信息下载到 Class 2 主站。

3）从 Class 1 主站中得到总线初始化信息。

4）激活装入的参数集。

5）激活/非激活从站中装入的参数集。

（2）主站的发现和加入。

一个基于令牌传输的网络系统必须能够允许站点的自由加入和离开，且同时能保持系统的正常运行，这就要求 PROFIBUS 的令牌传输协议中的主站具有对系统变化的感知和管理的能力，即在维持逻辑环和从站周期性数据交换的同时还须不时地探测总线上的站点变化。这种管理包括了几方面内容：对主站和从站两类站点不同方面的管理。其中对从站的管理较为简单，一旦在主站的参数初始化阶段在主站上利用工具软件定义了所属从站的通信参数，则从站的在线或离线只影响到该从站与主站的通信。当某一从站突然发生故障或离线时，主站则仍会发起对它的数据交换请求指令，但收不到答复。一旦该从站恢复正常后，即可自动加入与主站间的数据周期交换序列。而若在定义初始化参数时，从站就脱离了总线，从而不能完成主站的参数初始化过程，在主站的数据缓冲区就不能建立相应的对应空间，则主从站间通信则永久不能进行。

为了说明 PROFIBUS 的令牌传输协议对主站加入的检测过程，先做如下定义。

PS（Previous Station）：前一站地址（相对 TS 而言，令牌由此站传来）。

TS（This Station）：本站地址（本地重点）。

NS（Next Station）：下一站地址（令牌传递给此站）。

在总线初始化和启动阶段，Class 2 主站首先广播发出探询指令，判定总线上所有主站节点地址和从站节点地址，并将它们分别记入 LAS 活动站列表（Live_List）。当系统中只有一个主站时，PS＝TS＝NS；有多个主站时，PS、TS、NS 不同且按升序排列（因为逻辑环上的主站地址按升序排列）。

为了对逻辑环的动态变化及时监控,每一个主站负责对 TS 和 NS 间的区间周期性地检测,看是否有新的主站加入。TS 和 NS 的地址区间用 Gap 表示。如果 Class 2 的 Gap＝(2,6),则 Gap_List 表示了 2～6 之间的各个地址。要注意的是,Gap_List 不包括 HAS＝127 和系统中的最高地址间的区域。

当一个主站得到令牌,在执行完高、低级别的传输任务后,且仍有令牌持有时间,即 T_{TH} 大于零时,即执行一个 Request_FDL_Status 指令,探测 Gap 中间的一个地址。若发现了在此地址段中有新的主站响应,则更新自身的 LAS 表,且将此地址赋予 NS,在下一个令牌的循环中将令牌交给此新 NS 站。若此 Request_FDL_Status 指令无响应答复,则认为无新主站加入,就交令牌到原 NS 站。至下一次重新获得令牌后,再探测 Gap 中的下一个地址。如果经过一段时间(多次令牌的循环)的搜查,Gap_List 中的每一个地址均无响应,就说明没有新的主站加入此 Gap 段。

通过这种探查方式,每一个主站能够动态探知在与本站相邻的一段区间中有否新主站的加入。同时,本主站还能及时知道与自己相邻的下一个主站是否离线或发生故障,且更新 NS,从而能动态维持逻辑环,使系统通信在发生意外情况时,仍能持续进行。

但由于令牌的 T_{TH} 是动态变化的,TS 站不能保证在每一次令牌到来时都有足够的 T_{TH} 时间以发出 Reguest_FDL_Status 指令去查询 Gap 中的一个地址,且更新 NS 值,以至于不能及时对系统中的主站点的变化情况做出反映。因此系统又设置了一个强制更新 Gap 情况的时间参数 TGUD,并设置一个计数器从 TGUD 开始倒计时。计时到时会强制发出 Reguest_FDL_Status 指令去查询。

(3)主站的状态机。

PROFIBUS 的 Token_Passing 协议是由 802.4 令牌总线标准发展来的,其状态机的变化也是较为复杂的。从 FDL 层的控制管理角度看,通信的进行过程有 12 个状态,如图 9-7 所示。

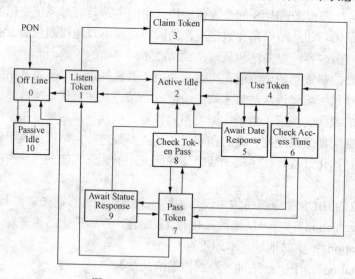

图 9-7 PROFIBUS 主站的状态机

0—离线(Off Line);1—听从令牌(Listen Token);2—主动空闲(Active Idle);3—申请令牌(Claim Token);
4—使用令牌(Use Token);5—等待数据响应(Await Data Response);6—检查访问时间(Check Access Time);
7—传递令牌(Pass Token);8—检查令牌传递(Check Token Pass);9—等待状态响应(Await Statue Response);
10—被动空闲(Passive Idle)

当系统上电后，主从站点均处于 Offline 状态，装入系统参数。从站点（被动性的）进入 Passive Idle 状态，从而在被激活后开始对总线被动监听。若收到发到总线上的报文中的接收地址与自己的地址对应相符，它就给出相应的一个响应或一个数据答复（Acknowledge 或 Response）以示收到，完成一次正常通信的起始过程。

当主站已经处在逻辑环上时，则在 Offline 后进入 Listen Token 监听令牌状态。它根据收到的令牌情况首先建立一个 LAS（List of Active Stations）表，表明逻辑环上已有的主站的列表，从而得知逻辑环上活动主站的地址。然后，该站就等待前一个主站（PS）发出的 Request_FDL_Status 指令，并发出答复响应"已在环上"，即成为逻辑环上的正式成员。经过邀请后新加入者才能加入逻辑环。此后，它进入 Active Idle 状态，监听总线上有无合适于自身地址的报文帧。此时，该主站就如同处于 Passive Idle 的从站一样，所不同的是主站点在收到令牌帧后，转换进入 Use Token 状态。若经过长时间监听总线后，仍旧收不到令牌，则进入 Claim Token 状态，以准备重新初始逻辑环（假定此时 LAS 仍有效），或准备产生新令牌，建立新的逻辑环。在正常运行情况下，经过一段时间的等待，该主站会得到令牌，则从 Use Token 进入 Check Access Time 状态，开始计算能持有令牌的时间，决定是否继续持有令牌或是交出令牌。如果此时持有令牌时间已到，则回到状态 Use Token，执行其与从站间的周期性的数据交换操作。若某次操作需要响应答复作为确认，则由 Use Token 状态进入等待数据响应状态，即 Await Data Response，直至收到响应答复。如果收到不同响应答复，则它重发试探一次；若仍没有响应答复，则产生一个出错警告给上层的用户。

主站与从站间的数据交换循环一直持续到令牌持有时间消减到零为止，然后转入 Pass Token 状态，将令牌交给下一主站（NS）。此时还要检测令牌是否被正确收到，即进入 Check Token Pass 状态。如果下一站没有在接收到令牌后给予回复，该主站就进入 Await Status Response 状态且等待一定时间，直到收到此回复信号，才回到 Active Idle 的最初状态。然后，等待下一次令牌的到来。若一直收不到此信号，则认为令牌丢失，重新回到 Pass Token 状态，准备再次发出令牌。

2. 从站的通信

从站如主站那样也有确定的各种状态。相比主站的 12 种状态变化而言，从站的状态和变化条件要简单得多，如图 9-8 所示。图 9-8 中还标明了各种转换条件（触发事件），下面将逐一简单解释。

从站在上电或复位后，进入 Wait_Prm 等待初始化参数状态，即等待总线上由 Class 2 主站发来的 Set_Slave_Add 指令，以改变本身的默认地址。通常从站上有非挥发性存储

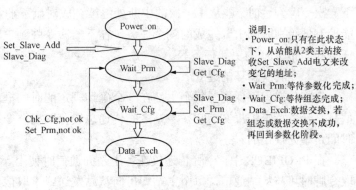

说明：
· Power_on:只有在此状态下，从站能从2类主站接收Set_Slave_Add电文来改变它的地址；
· Wait_Prm:等待参数化完成；
· Wait_Cfg:等待组态完成；
· Data_Exch:数据交换，若组态或数据交换不成功，再回到参数化阶段。

图 9-8　PROFIBUS 从站初始化

器，如 EPROM 等，可以保存该地址。如果不需要改变地址，从站将直接接收 Prm_Telegram 参数赋值指令。其携带了两部分参数，即 PROFIBUS 标准规定的参数，如 ID 号、Sync/Freeze 属主站的地址等；还有由用户应用程序特别指定的从站参数。除了以上两种与地址参数相关

的赋值指令外，此时的从站不接收其他任何指令。

然后，从站进入 Wait_Cfg 等待组态初始化，即跟在参数赋值指令后面的是组态初始化指令。它定义系统要输入输出的数据结构的详细情况，即主站通知从站要输入输出数据的字节数量、哪一个模块是输入或输出等，以准备开始周期性的 MSO 数据交换。如果从站是一个带有 MPU 的智能从站，则通信 ASIC 会将此初始化要求上传到用户层，由应用程序验证是否符合应用层要求。如果合乎用户的要求，则由应用程序计算出用户数据长度，并以响应的形式返还给主站。

对主站来说，可以在以后的任何时候向从站强制发送 Get_Cfg 指令，以询问初始化情况，从站能在任何状态下接收 Get_Cfg 且给出响应答复。

3. 数据通信的优先级

为了保证某些重要数据、事件的优先传输，PROFIBUS 中定义了两个通信任务的优先级别队列，即在每一个主站上设置两个排队队列。一般的通信任务，如周期性循环数据交换等被放入低优先级等待队列（记为 P2 类任务），而高优先级队列中则包含了有严格响应时间要求的任务，如报警事件等被放入高级别等待队列（记为 P1 类任务）中。一旦有令牌传到此主站上，则该站点上的高级别任务的通信首先被执行，数据信息很快到达接收者，而一般的数据通信则在低级别队列中等待。

为了保证重要数据的传输，PROFIBUS 协议规定了在主站获得令牌后，即使是 T_{TH} 小于零，也要至少执行一个高级别任务，然后才能将令牌释放到下一个主站。

一般高级别队列包含了诸如报警类等不可延迟传输的任务，而低级别队列则包括了如下几方面任务。

（1）按轮询表中的顺序，周期性地对从站轮询。

（2）非周期性数据传输任务。

（3）总线管理和逻辑环管理任务（如 Live_List，探询总线上所有站点地址，以更新 Gap_List）。

某个主站对其从站的轮询可能在令牌对它的一个访问周期中仅进行一部分。这是因为，T_{TH} 的值可能不足以保证对所有从站的一次遍历轮询。此时，FDL 层能探知此情况，从而在下一次令牌到达时，能从上一次的中断处继续完成对剩下的从站轮询。同样，增加 FDL 层还能控制低级别队列中未完成的剩余任务，在下一次令牌到来时继续执行，如非周期数据交换任务和 Gap_List 的更新任务等。

三、令牌逻辑环的建立

令牌传递程序保证了每个主站在一个确切规定的时间框内得到总线存取权（令牌）。令牌信息是一条特殊的报文，它在主站之间传递总线存取权，令牌在所有主站中循环一周的最长时间是事先规定的。

在 PROFIBUS 中，令牌传递仅在各主站间通信时使用。主从方式允许主站在得到总线存取令牌时可与从站通信，每个主站均可向从站发送或索取信息。通过这种存取方法，有可能实现下列系统配置。

（1）纯主/从系统。

（2）纯主/主系统（带令牌传递）。

（3）混合系统。

图 9-9 所示为一个由 4 个主站和 5 个从站构成的 PROFIBUS 系统配置。4 个主站构成令牌逻辑环,当某主站得到令牌报文后,该主站可在一定时间内执行主站工作。在这段时间内它可依照主/从关系表与所有从站通信,也可依照主/主关系表与所有主站通信。

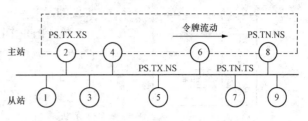

图 9-9　PROFIBUS 系统配置

令牌环是所有主站的组织链,按照它们的地址构成逻辑环。在这个环中,令牌(总线存取)在规定的时间内按照次序(地址的升序)在各主站中依次传递。

在总线系统初建时,主站介质存取控制(MAC)的任务是制定总线上的站点分配并建立逻辑环。在总线运行期间,断电或损坏的主站必须从环中排除,新上电的主站必须加入逻辑环。总线存取控制保证令牌按地址升序依次在各主站间传递,各主站的令牌具体保持时间长短取决于该令牌配置的循环时间。另外,PROFIBUS 介质存取控制还可监测传输介质及收发器是否有故障,检查站点地址是否出错(如地址重复)以及令牌错误(如多个令牌或令牌丢失)。

在逻辑环中的每一个站内都存放着一张 LAS 表,在 LAS 表中列出 PS、TS、NS。在正常情况下,每一个站都按 LAS 表进行令牌传递。对于具体某个站而言,令牌一定是从它的 PS 传来,传到它的 NS 去,各站的 LAS 表如图 9-10 所示。

TS	2
NS	4
	6
PS	8
结束	

站2 LAS表

PS	2
TS	4
NS	6
	8
结束	

站4 LAS表

	2
PS	4
TS	6
NS	8
结束	

站6 LAS表

NS	2
	4
PS	6
TS	8
结束	

站8 LAS表

图 9-10　PROFIBUS LAS 表

当一个站把令牌传递给自己的下一个站后,它还应当监听一个时间片(Slot Time),看下一站是否收到令牌。当下一站收到令牌,无论是发送数据还是再向它的下一站传递令牌,都将在帧的 SA 段填入监听站的 NS。若监听不到则再次向自己的 NS 发令牌,若连试两次仍收不到 SA 等于自己 NS 的帧,则表明自己的下一站 NS 出了故障。于是此站应向再下一站传递令牌。若找到新的下一站,则令牌绕过故障站继续流动;若失败,则再向下找一站。如果一直没有找到下一站,则表明现有令牌持有站是逻辑环上唯一的站,必须重新建立逻辑环。

PROFIBUS 协议首先人为设定逻辑环中地址最小的主站为环首,环首首先自己给自己发一令牌帧,这一特殊的令牌帧用来通知其他主站要开始建立逻辑环了,然后环首用“Request FDL Status”,按地址增大顺序发给自己的下一站。若下一站用“Not Ready”或者“Passive”应答,则首环把此站地址登记到 GAPL 表中;若下一站用“Ready for the Logical Ring”应答,则环首把此站地址登记到 LAS 表中,这样逻辑环就建立起来了。

在逻辑环上的站,必须在 LAS 表上登记增加的新站或者删去退出的站,同时 LAS 表随着站的增减而变化。在逻辑环上从本站到自己的下站这段地址空间叫 GAP,GAP 的状态表叫 GAPL 表,逻辑环上的每个站都要对自己的 GAP 进行检查,如果主站退出逻辑环,则相应的 GAPL 表应相应修改。例如图 9-9 中主站 4 退出逻辑环,则站 2 的 GAPL 表变成图 9-11 所示的形式。逻辑环中主站的增减是通过周期性询问 GAP 后,对 LAS 以及 GAPL 表修改

3	Passive
4	— ? —
5	Passive
结束	

图 9-11　PROFIBUS 站 2 的 LAS 表

实现的。

在 PROFIBUS 总线协议中，一旦某主站获得了令牌，它就按主从方式控制和管理全网，并按优先级进行调度。首先进行逻辑环维护，这段时间不计入令牌持有时间；然后处理高优先级任务；最后处理低优先级任务。高优先级任务即使超过了令牌持有时间，也应全部处理完。在处理完高优先级任务后，再根据所剩的令牌持有时间对低优先级任务进行调度。优先级的高低是由主站提出通信要求、用户进行选择的，选择高任务优先级，则该任务为高优先级任务；反之为低优先级任务。

这类由主站随机提出的通信任务，采用非周期发送请求方式传输数据。如果通信任务是由用户预先在每个主站中输入一张轮询表（Polling List），该表定义了此主站获得令牌后应轮询的从站及其他主站，并规定此主站与轮询表中各站按周期发送/请求方式传输数据。对于这类任务，PROFIBUS 一律按低优先级任务调度，即：当处理完高优先级任务后，如果剩有令牌持有时间，则安排轮询表规定的任务，按照轮询表规定的顺序，在令牌持有时间内，采用周期发送/请求方式向各站发送数据，并要求立即给予带数据的应答。

9.4　PROFIBUS　行　规

PROFIBUS-DP 协议明确规定了用户数据怎样在总线各站之间传递，但用户数据的含义是在 PROFIBUS 行规中具体说明的。另外，行规还具体规定了 PROFIBUS-DP 如何用于应用领域。使用行规可使不同厂商所生产的不同设备互换使用，而工厂操作人员无须关心两者之间的差异，因为与应用有关的含义在行规中均作了精确的规定说明。

（1）NC/RC 行规（3.052）：此行规描述许多操作机器和许多装配机器人怎样通过 DP 来实现控制。

（2）编码器行规（3.062）：此行规描述 PROFIBUS-DP 到编码器的连接，如旋转编码器、角度编码器和线性编码器，两类设备定义基本功能和补充功能（如比例尺、中断处理和扩展的诊断）。

（3）变速传动行规（3.071）：知名的驱动技术的制造商都参加了 PROFIDRIVE 的制定。此行规指出驱动器如何参数化以及设定点和实际值如何被传输，这就使不同制造商的驱动器能互换。此行规包括必要的速度和位置控制的规范，还说明了对 DP 或 FMS 的应用功能关系。

（4）操作员控制和过程监视行规（HMI）：简单操作员控制和过程监视设备（HMI）的行规指出这些设备通过 PROFIBUS-DP 怎样与高层自动化部件连接。此行规使用扩展的 PROFIBUS-DP 通信功能。

PROFIBUS-PA 行规保证了不同厂商所生产的现场设备的互换性和互操作性，它是 PROFIBUS-PA 的一个组成部分。行规的任务是选用各种类型现场设备真正需要通信的功能，并提供这些设备功能和设备行为的一切必要规格。

目前，PROFIBUS-PA 行规已对所有通用的测量变送器和其他的一些设备类型作了具体规定，如压力、液位、温度和流量变送器；数字量输入和输出；模拟量输入和输出；阀门、定位器等。

（5）对过程自动化的行规（3.042）：这是专为过程自动化制定的行规。依据功能块技术，它包括对所有类型现场设备都有效的一般定义和设备数据单（如温度、压力、液位、流量变送器和定位器等）。

FMS 提供了范围广泛的功能来保证它的普遍应用。在不同的应用领域中，具体需要的功能范围必须与具体应用要求相适应，设备的功能必须结合应用来定义，这些适应性定义称之为行规。行规提供了设备的可互换性，保证不同厂商生产的设备具有相同的通信功能。FMS 对行规做了如下规定（括号中的数字是文件编号）。

（1）控制间的通信（3.002）：这是一个通信行规，对标准的控制器类型描述了必要的服务、参数和数据类型。

（2）楼宇自动化（3.011）：这是专为楼宇自动化制定的分支行规，它包括一般定义，如楼宇自动化设备如何使用 PROFIBUS-FMS 协议进行通信。

（3）低压开关设备（3.032）：这是一个分支行规。它定义低压开关装置如何使用 PROFIBUS-FMS 协议进行通信。

9.5　PROFInet

PROFInet 最初是由 Siemens 和 PNO 联合发起开发的通信标准，它选用以太网作为通信媒介，一方面它可以把基于通用的 PROFIBUS 技术的系统无缝地集成到整个系统中，另一方面它也可以通过代理服务器 Proxy 实现 PROFIBUS-DP 及其他现场总线系统与 PROFInet 系统的简单集成。

PROFInet 的物理层到传输层中没有定义任何新的网络协议，而是综合使用了现有的通信标准和协议。其 MAC 层使用了 IEEE 802.3-CSMA/CD 协议，在应用层使用了大量的软件新技术，如 Microsoft 的 COM 技术、OPC、XML、TCP/IP 和 ActiveX 等技术。从这个意义上讲，PROFInet 和 PROFIBUS 是完全不同的两种现场总线的通信标准，两者具有相同的 PROFI 前缀仅表明了它们源自一个出处。

从 OSI 模型的角度来看，PROFInet 的 MAC 层仍旧使用了传统的 802.3 协议，但采用了交换机连接各个站点。各站点独占一段网段，以避免 CSMA 协议中的传输碰撞。因此，可以说它是一个典型的交换以太网（Switch-Ethernet）。同时，它不同于传统的各种现场总线的是增加了网络层和传输层的控制，如在 PROFIBUS 中原来无 IP 层，传输帧由数据链路层上来后就直接到应用层，而在 PROFInet 中则使用了 TCP/IP 协议进行额外的控制。

尽管 PROFInet 在概念上不同于 PROFIBUS 那样的现场总线系统，但是它已经成功地定义了从现场总线向以太网的全透明网络转换策略，可在基于 PROFInet 的系统中使用其 PROFIBUS 产品，而不必做任何更改。PROFInet 不仅可以集成 PROFIBUS，而且还可以集成其他现场总线系统，如 FF、DeviceNet、Interbus、CC-Link 等。PROFInet 成功地实现了工业以太网和实时以太网技术的统一，使得工业以太网技术向底层现场级控制的延伸成为可能。由于 PROFInet 能够完全透明地兼容各种传统的现场工业控制网络和办公室以太网，因此，通过使用 PROFInet 就可以在整个工厂内实现统一的网络架构，真正实现了一网到底。

在整个协议构架中，独立于制造商的工程设计系统对象（ES-Object）模型和开放的、面向对象的 PROFInet 运行期（Runtime）模型是 PROFInet 定义的两个关键模型。

一、工程设计系统对象模型

工程设计系统对象模型用于对多制造商工程设计方案作出规定，提供用户友好的

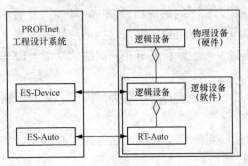

PROFInet 系统的组态，PROFInet 的对象模型如图 9-12 所示。

PROFInet 自动化解决方案包含在运行期进行通信的自动化对象中，即运行期自动化对象（RT-Auto）。RT-Auto 是在 PROFInet 物理设备上运行的软件部件，它们之间的相互连接必须用组态工具进行规定。在组态工具中，与 RT-Auto 相对应的是工程系统自动化对象（ES-Auto），它包含整个组态过程所需要的所有信息。当编译和装

图 9-12 PROFInet 的对象模型

载应用时，就从每个 ES-Auto 创建与之相匹配的 RT-Auto，组态工具将知道该自动化对象是哪台设备上的，也就可获得该对象的对应物，即工程系统设备（ES-Device）。严格地说，ES-Device 对应于逻辑设备（LDev），逻辑设备和物理设备之间有一种分配关系，多数情况是 1:1 的分配关系，也就是说相对于每一个硬件或物理设备就有一个固件精确地与之相对应。

工程设计系统对象（ES-Object）包括了用户在组态期间检测和控制的所有对象，ES-Object 的实例、相互连接和参数化构成了自动化解决方案的实际模型，然后通过下载激活，就可以建立以工程设计模型为基础的运行期软件。PROFInet 规范描述了应用 ES-Object 约定支撑的对象模型。

对设计者而言，他无需关注以太网方面的通信细节。对用户而言，PROFInet 组态工具的基本功能只是定义对象的通信连接，接口之间彼此相连接以后，把互连信息下载到设备中，全部的功能已包含在运行期内，接收方或消费者仅根据互连信息就可建立与数据或事件的生产者的连接并请求组态的数据。

另外，PROFInet 还引入了"页面（Facet）"的概念，它起到了两方面的作用：一是为用户提供一种可视化的方式来表达对象。页面执行一组专用的 ES-Object 的功能或子功能，相互连接的页面仅处理该对象与其他对象的通信链接，用户可利用设备分配页面将一个自动化对象分配给一台物理设备，通过下载页面将相互连接信息装载到该设备上；二是用来定义专用的功能扩展。有些页面是由 PROFInet 标准定义的，其他的页面是专用的，不同制造商可在其自动化对象上定义自己类型的页面。例如，以最佳方式提供设备非常专用的诊断信息的诊断页面，对设备的一些特殊功能进行测试的测试页面等。

PROFInet 在工程设计领域，一旦无需对通信进行编程而只需很方便地进行组态，创建自动化解决方案就变得相当简单。

二、运行期模型

PROFInet 指定了一种开放的、面向对象的运行期（Runtime）概念，它以具有以太网标准机制的通信功能为基础（如 TCP、UDP/IP），基本机制的上层提供了一种优化的 DCOM 机制，作为用于硬实时通信性能的应用领域的一种选择。PROFInet 部件以对象的形式出现，这些对象之间的通信由上面提到的机制提供，PROFInet 站之间通信链接的建立以及它们之间的数据交换由已组态的相互连接提供。

图 9-13 所示为 PROFInet 设备必须实现的运行期对象模型，图中可以看到：

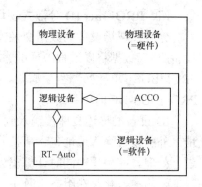

（1）物理设备（PDev）。PDev 代表设备整体并作为其他设备的入口点，也就是说用此设备建立与 PROFInet 设备的最初联系。在每台硬件设备部件上确实有一个物理设备的实例（如 PLC、PC、驱动器）与之对应。

（2）逻辑设备（LDev）。LDev 代表实际的程序媒介，也就是代表实际 PROFInet 节点设备的那些部分，它是具有扫描运行状态、时/日、组和详细的诊断信息的接口。在嵌入式设备中，通常没有必要区分物理设备和逻辑设备；

图 9-13　PROFInet 运行期模型

然而，若在 PC 的运行期系统上，这种区分很重要，因为两台 SoftPLC 可运行在同一台 PC 上。这种情况下，PC 是物理设备，而每台 SoftPLC 则是逻辑设备。

（3）运行期自动化对象（RT-Auto）。RT-Auto 代表该设备的实际技术功能。

（4）活动控制连接对象（ACCO）。LDev 或 RT-Auto 的代理服务器在工程模型中是 ES-Device 或 ES-Auto，与其他 PROFInet 设备发生相关作用的最重要的对象是 ACCO，它可以建立相互间的通信连接并自动地处理数据交换（包括通信故障的处理）。

三、PROFInet 数据通信

要实现 PROFInet 方案，设备制造商必须在他们的设备上实现 PROFInet 运行期模型。为此目的，PNO 提供了 PROFInet 栈作为原始资料。这使得设备制造商方便地将 PROFInet 运行期模型集成到他们的设备中。同时，这也确保了不同制造商以相同的方式实现 PROFInet 方案。这样，不能互操作的问题降至最小。

从通信的角度看，这将产生 PROFInet 设备的如下基本方案。

（1）DCOM 机制（通过 TCP）。DCOM 的传输是由事件驱动的，较低的那些层提供连接的安全性。

（2）以太网上的实时通信。按照 UDP/IP，生产数据应采用（在动态资源的开销方面）尽可能小的协议传输。所要求的传输确定性是可调的并且在运行期必须监视其确定性。该解决方案可用标准的网络部件实现。

图 9-14 代表了 PROFInet 设备的通信结构体系。在所有情况下，PROFInet 应用可通过 DCOM 进行彼此间的通信，DCOM 的下面还有诸如 TCP 协议和实时优化的 UDP 协议，PROFInet 设备可根据它们各自的实时要求决定使用这些层中的哪种协议。

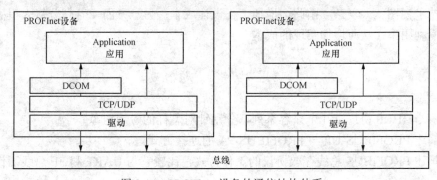

图 9-14　PROFInet 设备的通信结构体系

四、PROFInet IO 分散式现场设备

分散式现场设备的数据交换方式与通常的 PROFIBUS-DP 中的远程 I/O 方式相似，现场设备的 IO 数据将以过程映像的方式循环地传输给控制主站。PROFInet IO 中的设备模型，以 PROFIBUS-DP 的特性为基础，由槽和通道组成。PROFInet IO 的体系结构也类似于 PROFIBUS-DP 的体系结构。

IO 设备的描述文件被输入到组态工具中。现场设备的各个 IO 通道都被赋予外围设备地址。外围设备输入地址包含所接收的过程值。用户的应用程序采集和评估这些值后，对它们进行处理。应用程序同时计算出外围设备输出值，将它们发送给过程。此外，各个 IO 模块或通道的参数化是在组态工具中实现的，例如，模拟通道的电流范围为 4mA。

组态完成时，将组态数据下载到 IO 控制器（可看出是类似 DP 中的主站）。PROFInet 的（主）控制器自动地对 IO 设备（类似 DP 中的从站）进行参数化和组态，然后进入数据循环交换状态。

五、PROFInet/CBA 分布式自动化

PROFInet/CBA 的核心思想是将一个生产线上的各个设备的逻辑功能按照机械、电气和控制功能的不同，分割成技术模块，每个模块由机械、电气/电子和相应的应用软件组成，然后封装成多个 PROFInet 中的组件，再进行组态。

在 PROFInet/CBA 中，每一个设备站点被定义为一个工程模块，可由一系列（包括机械、电子和软件三个方面）属性表示定义。对外可把这些属性按照功能分块包装为多个 PROFInet 组件。每个 PROFInet 组件都有一个接口，包含与其他组件交换的工艺技术变量。然后，通过一个连接编辑器（Connection Editor）工具定义网络上的各个组件间的通信关系，用 TCP/IP 的方式下载到各个站点。

PROFInet 组件实际上可看成是一个封装的可再使用的软件单元，如同一个面向对象的软件技术中采用的类的概念。各个组件可以通过它们的接口进行组合并可以与具体应用互连，建立与其他组件的关系。因为，PROFInet 中定义了统一的访问组件接口的机制，因此组件可以象搭积木那样灵活地组合，而且易于重复使用，用户无需考虑它们内部的具体实现。组件由机器或设备的生产制造商创建。组件设计对于降低工程设计和硬件的成本以及对自动化系统的时间有关的特性有着重要影响。组件库形成后可重复使用。在组件定义期间，组件的大小可从单台设备伸展到具有多台设备的成套装置。要注意的一点是，在规划其大小时，可从成本和可用性两个方面来综合考虑在各种系统中它们的可重复使用性。其目的是尽可能灵活地采用模块化原理来组合各个组件，以创建一个完整的系统。一方面，若过程分得太细，设备的工艺技术视图就太复杂，由此会增加工程设计成本；另一方面，若划分得太粗糙，又会降低可重复利用率，从而增加实现的成本。

思 考 题

（1）PROFIBUS 协议有几个兼容系列，分别针对怎样的应用对象？

（2）简述 PROFIBUS-DP 与 PROFIBUS-PA 的连接方式。

（3）阐述 PROFIBUS 总线存取协议的工作方式，比较它与 HART 和 FF 总线工作方式的异同。

（4）对照 ISO/OSI 七层模型，简述 PROFIBUS 通信模型。

（5）简述 IEC 61158-2 传输技术（本安传输）的特性。

（6）如何计算 PROFIBUS-DP 的总线循环时间？

（7）简述 PROFIBUS-DP 中主站发现的过程。

（8）简述 PROFIBUS-DP 的总线循环方式和 HART 的不同。

（9）设计一个简单的 PROFIBUS-DP 与 PROFIBUS-PA 的混合系统。

第 10 章　典型工业实时以太网技术

工业以太网技术是普通以太网技术在工业控制网络延伸的产物。前者源于后者又不同于后者。以太网技术经过多年的发展特别是它在 Internet 和 Intranet 中的广泛应用，使得它的技术更为成熟，并得到了广大开发商与用户的认同。因此无论从技术上还是产品价格上，以太网较其他类型网络都有明显的优势。另外，随着技术的发展，控制网络与普通计算机网络、Internet 的联系变得越来越密切。

以太网技术和应用的发展，使其从办公自动化走向工业自动化。首先是通信速率的提高，以太网从 10Mbit/s、100Mbit/s 到现在的 1000Mbit/s、10Gbit/s，速率提高意味着网络负荷减轻和传输延时减少，网络碰撞几率下降；其次采用双工星型网络拓扑结构和以太网交换技术，使以太网交换机的各端口之间数据帧的输入和输出不再受 CSMA/CD 机制的制约，缩小了冲突域；再加上全双工通信方式使端口间两对双绞线（或两根光纤）上分别同时接收和发送数据，而不发生冲突。这样，全双工交换式以太网能避免因碰撞而引起的通信响应不确定性，保障通信的实时性。同时，由于工业自动化系统向分布式、智能化的实时控制方面发展，使通信成为关键，用户对统一的通信协议和网络的要求日益迫切。这样，技术和应用的发展，使以太网进入工业自动化领域成为必然。

工业以太网技术以普通以太网技术为基础，根据工业控制网络的特殊需求进行了某些特性和协议的改良，因此工业以太网技术是普通以太网技术在工业控制网络延伸的产物。国际上，工业以太网协议发展迅速，出现了多个协议组织和标准，如 HSE、PROFInet、Ethernet/IP 等。

与此同时，世界上各个公司或者国家根据自己的发展需要制定各种实时工业以太网标准，2003 年，IEC/SC65C 正式决定制定工业以太网国际标准；经过 5 年多的努力，2007 年 12 月，IEC 发布了现场总线国际标准 IEC 61158（第二版），收录了包括中国的 EPA（Ethernet for Plant Automation）、德国 BECKHOFF 公司的 EtherCAT、日本横河公司的 Vnet、日本东芝公司的 TCnet、德国赫优讯的 SERCOS-III、奥地利 B&R 公司的 PowerLink、法国施耐德的 Modbus /TCP（RTPS）等在内的工业实时以太网协议。

10.1　工业以太网定义与要求

通常，人们习惯将用于工业控制系统的以太网统称为工业以太网。但是，如果仔细划分，按照国际电工委员会 SC65C 的定义，工业以太网是用于工业自动化环境、符合 IEEE 802.3 标准、按照 IEEE 802.1D "媒体访问控制（MAC）网桥"规范和 IEEE 802.1Q "局域网虚拟网桥"规范、对其没有进行任何实时扩展（Extension）而实现的以太网。通过采用减轻以太网负荷、提高网络速度、采用交换式以太网和全双工通信、采用信息优先级和流量控制以及虚拟局域网等技术，到目前为止可以将工业以太网的实时响应时间做到 5~10ms，相当于现有的现场总线。工业以太网在技术上与商用以太网是兼容的。

工业以太网协议在本质上仍基于以太网技术，在物理层和数据链路层均采用了 IEEE 802.3 标准，在网络层和传输层则采用被称为以太网"事实上的标准"的 TCP/IP 协议族（包括 UDP、TCP、IP、ARP、ICMP、IGMP 等协议），它们构成了工业以太网的低四层。在高层协议上，工业以太网协议通常都省略了会话层、表示层，而定义了应用层，有的工业以太网协议还定义了用户层（如 HSE）。图 10-1 给出了一般工业以太网的通信模型。

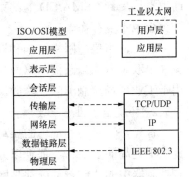

图 10-1　工业以太网与 OSI 互联参考模型分层对照

与商用以太网相比，工业以太网在以下几方面具有明显的特征。

1. 通信确定性和实时性

工业控制网络是与工业现场测量控制设备相连接的一类特殊通信网络，控制网络中数据传输的及时性与系统响应的实时性是控制系统最基本的要求。在工业自动化控制中需要及时地传输现场过程信息和操作指令，工业控制网络不但要完成非实时信息的通信，而且还要求支持实时信息的通信。这就不仅要求工业控制网络传输速率快，而且还要求响应快，即响应实时性要好。

所谓实时性是指在网络通信过程中能在线实时采集过程的参数，实时对系统信息进行加工处理，并迅速反馈给系统完成过程控制，满足过程控制对时间限制的要求。同时要求网络通信任务的行为在时间上可以预测确定。

实时性表现在对内部和外部事件能及时地响应，并做出相应地处理，不丢失信息，不延误操作。工业控制网络处理的事件一般分为两类，一类是定时事件，如数据的定时采集、运算控制等；另一类是随机事件，如事故、报警等。对于定时事件，系统设置时钟，保证定时处理。对于随机事件，系统设置中断，并根据故障的轻重缓急预先分配中断级别，一旦事故发生，保证优先处理紧急故障。

对于控制网络，它主要的通信量是过程信息及操作管理信息，信息量不大，传输速率一般不高于 1Mbit/s，信息传输任务相对比较简单，但其实时响应时间要求较高，为 0.01～0.5s。除了控制管理计算机系统的外部设备外，还要控制管理控制系统的设备，并具有处理随机事件的能力。实际操作系统应保证在异常情况下及时处置，保证完成任务或完成最重要的任务，要求能及时发现纠正随机性错误，至少保证不使错误影响扩大，应具有抵制错误操作和错误输入信息的能力。

在工业以太网中，提高通信实时性的措施主要包括采用交换式集线器、使用全双工（Full-Duplex）通信模式、采用虚拟局域网（VLAN）技术、提高服务品质（QoS）、有效的应用任务的调度等，具体措施如下。

（1）在网络拓扑结构上采用了星型连接代替总线型连接。其中星型连接用网桥或者路由器等设备将网络分割成多个网段，在每个网段上以一个多口集线器为中心，将若干个设备或者节点连接起来，这样挂接在同一网段上的所有设备形成一个冲突域。每个冲突域均采用 CSMA/CD 机制来管理网络冲突。这种分段方法可以使每个冲突域的网络负荷减轻、碰撞几率减小。

（2）使用以太网交换技术和虚拟局域网（VLAN）技术，将网络冲突域进一步细化。用智能交换设备代替共享式集线器，使交换设备各端口之间可以同时形成多个数据通道，可以避免广播风暴，大大降低网络的信息流量。

（3）采用全双工通信技术，可以使设备端口间两对双绞线上同时接收和发送报文帧，从而也不再受到 CSMA/CD 的约束。这样任一通信节点在发送信息报文帧时不会再发生碰撞，冲突域也不复存在。

总之，用星型网络结构和以太网交换技术后，可以大大减少（半双工方式）或者完全避免（全双工方式）碰撞，从而使以太网的通信确定性和实时性大大增强，并为以太网技术应用于工业现场控制清除了障碍。

2. 环境适应性和安全性

首先，针对工业现场的振动、粉尘、高温和低温、高湿度等恶劣环境，对设备的可靠性提出了更高的要求。在基于以太网控制系统中，网络设备是相关设备的核心，从 I/O 功能块到控制器中的任何一部分都是网络的一部分。网络硬件把内部系统总线和外部世界联系到一体，任一工业以太网设备在这种性能稳定指标上都应高于普通商业以太网。为此，工业以太网产品针对机械环境、气候环境、电磁环境等需求，对线缆、接口、屏蔽等方面做出专门的设计，符合工业环境的要求。

在易燃易爆的场合，工业以太网产品通过隔爆和本质安全两种方式来提高设备的生产安全性。

在信息安全方面，利用网关构建系统的有效屏障，对经过其的数据包进行过滤。同时随着加密、解密技术与工业以太网的进一步融合，工业以太网的信息安全性也得到了进一步的保障。

3. 产品可靠性设计

工业控制网络的高可靠性通常包含三个方面的内容。

（1）可使用性好，网络自身不易发生故障。这要求网络设备质量高，平均故障间隔时间长，能尽量防止故障发生。提高网络传输质量的一个重要技术是差错控制技术。

（2）容错能力强，网络系统局部单元出现故障，不影响整个系统的正常工作。如在现场设备或网络局部链路出现故障的情况下，能在很短的时间内重新建立新的网络链路。

在网络的可靠性设计中，主要强调的思想是尽量防止出现故障。但是无论采取多少措施，要保证网络 100%无故障是不可能的，也是不现实的。容错设计则是从全系统出发，以另一个角度考虑问题，其出发点是承认各单元发生故障的可能，进而设法保证即使某单元发生故障，系统仍能完全正确地工作，也就是说给系统增加了容忍故障的能力。

提高网络容错能力的一个常用措施是在网络中增加适当的冗余单元，以保证当某个单元发生故障时能由冗余单元接替其工作，原单元恢复后再恢复出错前的状态。

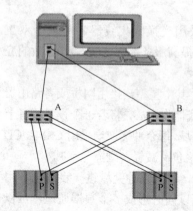

图 10-2　端口冗余网络

（3）可维护性高，故障发生后能及时发现和及时处理，通过维修使网络及时恢复。这是考虑当网络系统万一出现失误时，系统一是要能采取安全性措施，如及时报警、输出锁定、工作模式切换等，二是要具有极强的自诊断和故障定位能力，且能迅速排除故障。

在高可靠性网络中，通常采用冗余链路以提高网络的可用性。这通常可以采用以下方法。

（1）端口冗余。工业以太网设备中，可设计两个以太网通信端口和冗余切换机制，这样设备可以通过两个冗余端口连接到同一个网络中，在工作端口故障发生时，快速切换到冗余端口，如图 10-2 所示，采用了端口冗余。

（2）链路冗余。链路冗余是指两个工业以太网设备之间通过两条独立的链路连接在一起，如图 10-3 所示。这种设备同时向两条链路发送。在接收端，对于同样的信息，如果先到达的报文正确无误，则进行处理并抛弃后到报文；如果先到达的报文有误，而后到达的报文正确，则对后者进行处理。这种方式可以更加迅速地消除故障。

（3）设备冗余。设备冗余是指同一类型的关键设备进行冗余配置，并通过不同的链路连接到网络上，这样一个设备处于工作状态，另一个设备处于待机状态，当工作设备出现故障时，可以在较短的时间内切换到冗余设备，如图 10-4 所示。

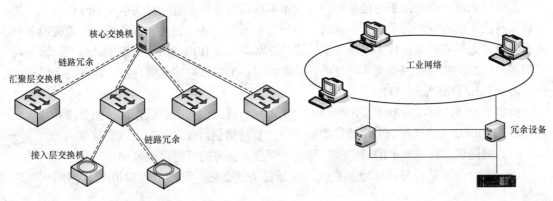

图 10-3　链路冗余网络　　　　　　　　图 10-4　设备冗余网络工业以太网

（4）环网冗余。如前介绍，冗余双环链路可以通过具有故障探测与恢复功能的交换机或中继器，在冗余双环网络中自动进行路由，找到合适的链路，并恢复正常通信，如图 10-5 所示。

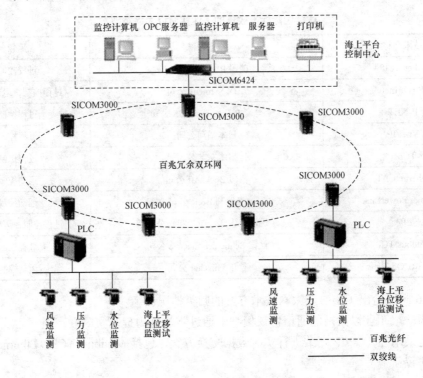

图 10-5　环网冗余

10.2　实时以太网技术

一、实时以太网性能要求与分类

工业以太网仅仅是针对工业应用环境的要求，采用信息领域现有技术而设计的一种工业自动化网络。从本质上讲，工业以太网仍然是以太网，并没有进行任何针对实时通信的扩展或修改。

工业以太网一般应用于通信实时性要求不高的场合。对于响应时间小于 5ms 的应用，工业以太网已不能胜任。为了满足高实时性能应用的需要，各大公司和标准组织纷纷提出各种提升工业以太网实时性的技术解决方案。这些方案建立在 IEEE 802.3 标准的基础上，通过对其和相关标准的实时扩展提高实时性，并且做到与标准以太网的无缝连接，这就是实时以太网（Real Time Ethernet，RTE）。

根据 IEC 61784-2 标准定义，所谓实时以太网，就是根据工业数据通信的要求和特点，在 ISO/IEC 8802-3 协议基础上，通过增加一些必要的措施，使之具有实时通信能力。

（1）网络通信在时间上的确定性，即在时间上，任务的行为可以预测。

（2）实时响应适应外部环境的变化，包括任务的变化、网络节点的增/减、网络失效诊断等。

（3）减少通信处理延迟，使现场设备间的信息交互在极小的通信延迟时间内完成。

2007 年出版的 IEC 61158 现场总线国际标准和 IEC 61784-2 实时以太网应用国际标准收录了以下 10 种实时以太网技术和协议（见表 10-1）。

表 10-1　　　　　　　　　　　　**IEC 国际标准收录的工业实时以太网类型**

技术名称	技术来源	应用领域
Ethernet/IP	美国 Rockwell 公司	过程控制
PROFInet	德国 Siemens 公司	过程控制、运动控制
P-NET	丹麦 Proces-Data A/S 公司	过程控制
Vnet/IP	日本横河公司	过程控制
TCnet	日本东芝公司	过程控制
EthernetCAT	德国 Beckhoff 公司	运动控制
Ethernet PowerLink	奥地利 B&R 公司	运动控制
EPA	中国浙江大学、中控科技公司等	过程控制、运动控制
Modbus/TCP	法国 Schneider-Electric 公司	过程控制
SERCOS-III	德国 Hilscher 公司	运动控制

图 10-6 同时给出了实时以太网技术方案的归类情况。

（1）为一般工业以太网的通信协议模型，通过常规努力提高实时性；

（2）是采用在 TCP/IP 之上进行实时数据交换方案，包括 Modbus /TCP、Ethernet/IP 等实时以太网协议；

（3）是采用经优化处理和提供旁路实时通道的通信协议模型，包括 PROFInet v2、IDA 等；

（4）是采用集中调度提高实时性的解决方案，包括 EPA、PROFInet v3、PowerLink 等；

（5）是采用类似 Interbus 现场总线"集总帧"通信方式和在物理层使用总线拓扑结构提升以太网实时性能，包括 EthernetCAT 等。

其中 EPA 采用集中调度提高实时性的解决方案，改善以太网的通信实时性；Ethernet/IP 采用在

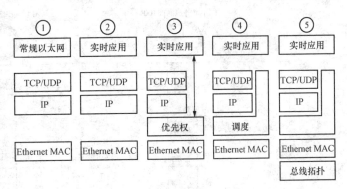

图 10-6　实时以太网技术分类

TCP/IP 之上进行实时数据交换方案，它不改变物理层/数据链路层的结构，只是定义了以太网的应用层，增加了 CIP，它的实时性并不强；EthernetCAT 采用类似 Interbus 现场总线"集总帧"通信方式和在物理层使用总线拓扑结构提升以太网实时性能。10.3 节～10.5 节将详细介绍 EPA、Ethernet/IP、EthernetCAT 这三种工业以太网。

二、实时以太网时间同步技术

1. 网络时间协议（SNTP）

简单网络时间协议（SNTP）是一个简化了的 NTP 服务器和 NTP 客户端策略，它提供了全面访问时间和频率传播服务的机制。组织时间同步子网并且为参加子网的每一个地方时钟调整时间。在一般的情况下可达到 1～50ms 的精确度，精确度的大小取决于同步源和网络路径等特性。SNTP 能在单播（点对点）或者广播（点对多点）模式中操作。单播客户端发送请求到服务器并且期望从那里得到答复，即得到有关服务器的往返传播延迟和本地时钟补偿；而广播服务器周期性地发送信息给一个指定的 IP 广播地址或者 IP 多播地址，并且通常不期望从客户端得到请求，广播客户端监听广播地址但通常不给服务器发请求。

SNTP 适用于简单的末端子网络，没有提供错误管理和复杂的过滤系统。所以，SNTP 可达的精度不高，适用于对时间要求不是十分严格的网络。

2. IEEE 1588 简介

IEEE 1588 标准定义了一个在测量和控制网络中与网络交流、本地计算和分配对象有关的精确同步时钟的协议（PTP）。此协议特别适合于基于以太网的技术，精度可以达到微秒的范围。

IEEE 1588 使用时间戳来同步本地时间。在网络通信时，同步控制信号可能会有一定的波动，但它所达到的精度使得这项技术适用于基于以太网的系统。通过采用这种技术，以太网、TCP/IP 协议不需要大的改动就可以运行于高精度的网络控制系统之中。

实时以太网系统中的现场设备发送和接收有时间信息的报文，并且在每一个发送和接收的报文中加上发送和接收的时间戳。有了时间戳，接收方就可以计算出自己在网络中的时钟误差和延时。为了管理这些信息，PTP 协议定义了四种多点传送的报文类型，即同步报文（Sync）、同步报文之后的报文（Follow_Up）、延时请求报文（Delay_Req）、延时请求的回复报文（Delay_Resp）。同步报文是由主时钟周期性发出的（一般为每 2s 一次）。通过两次包含有时间戳的报文的发送，真正的发送时间被正确地记录下来，用来最终准确地计算出主时钟和从时钟之间的时间差。具体过程如图 10-7 所示。

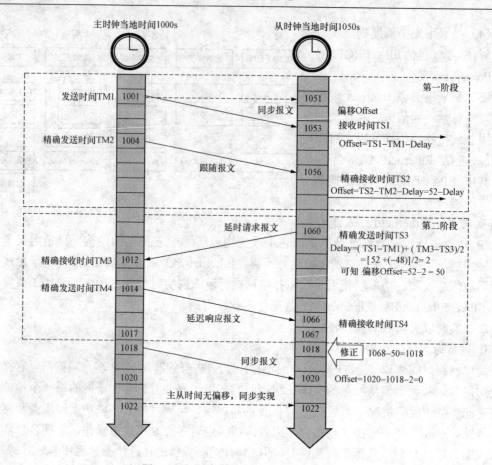

图 10-7 1588 主从时钟同步过程示意图

在第一阶段测出主时钟与从时钟之间的时间偏移量，称为偏移测量。在修正偏移量的过程中，主时钟按照定义的预设间隔时间周期性地向相应的从时钟发出唯一的同步报文。这个同步报文包括该报文离开主时钟的时间估计值。主时钟测量传递的准确时间 TM1，从时钟测量接收的准确时间 TS1。之后主时钟发出第二条报文——跟随报文（Follow_UpMessage），此报文与同步报文相关联，且包含同步报文放到 PTP 通信路径上的更为精确的估计值。这样，对传递和接收的测量与标准时间戳的传播可以分离开来。从时钟根据同步报文和跟随报文中的信息来计算偏移时间，然后按照这个偏移时间来修正从时钟的时间，如果在传输路径中没有延迟，那么两个时钟就会同步。

但是主从时钟传输路径中肯定有延迟，为了提高修正精度，必须把主时钟到从时钟的报文传输延迟等待时间考虑进来，即延迟测量，这是同步过程的第二个阶段。在这个过程中，假设传输介质是对称均匀的。从时钟向主时钟发出一个延迟请求报文（Delay_ReqMessage），在这个过程中决定该报文传递准确时间 TS3。主时钟对接收报文打上一个时间戳，然后在延迟响应报文（Delay_ResponseMessage）中把接收时间戳 TM3 送回到从时钟。根据传递时间戳 TS3 和主时钟提供的接收时间戳 TM3，从时钟就可非常准确地计算与主时钟之间的延迟时间。根据延迟时间和主从偏移时间，从时钟就可以修正自己的当地时间，从而实现时间同步。与偏移测量不同，延迟测量是不规则进行的，其测量间隔时间（默认值是 4～60s 之间的随机值）比偏移值测量间隔时间要大。这样使得网络尤其是设备终端的负荷不会太大。经过报文的交换，从属时钟与主时钟实现了时间同步。

为了用一个标准时间的时钟（主时钟）来校正其他的时钟，主、从时钟的时间差和报文传输延迟计算如下：

$$Master\_to\_slave\_delay = (sync\_receipt\_time) - (originTimestamp)$$

或

$$Master\_to\_slave\_delay = (sync\_receipt\_time) - (preciseOriginTimestamp)$$

从、主时钟时间差和报文传输延迟计算如下：

$$slave\_to\_master\_delay = (delayReceiptTimestamp) - (delay\_req\_sending\_time)$$
$$Delay = (master\_to\_slave\_delay + slave\_to\_master\_delay)/2$$
$$Offset = (sync\_receipt\_time) - (originTimestamp) - delay$$

3. PTP 与 SNTP 或 NTP 比较

PTP 与其他常用于 EthernetTCP/IP 网络的同步协议如 SNTP 或 NTP 相比，主要的区别是：PTP 是针对更稳定和更安全的网络环境设计的，所以更为简单，占用的网络和计算资源也更少。PTP 主要针对于相对本地化、局域网络化的系统，内部组件相对稳定，特别适合于工业自动化和测量环境。PTP 定义的网络结构可以使自身达到很高的精度，设定冗余的网络路径进入 PTP 协议的非激活状态。与 SNTP 和 NTP 相反，时间标记更容易在硬件上实现，并且不局限于应用层，这使得 PTP 可以达到微秒级以内的精度。此外，PTP 模块化的设计也使它很容易适应低端设备。表 10-2 为上述 PTP 与 SNTP 时钟同步技术的对比。

表 10-2　　　　　　　　　　　**PTP 与 SNTP 比较**

性　能	PTP	SNTP
最大误差	100ns～100μm	1～100ms
网络类型	以太网	以太网
典型扩展	少数子网	LAN/WAN
类型	主/从	全体同等/客户 服务
协议	UDP/IP 多播	UDP/IP 多播（主要）
延迟校正	有	有
网络管理	自组织	设定
客户端硬件支持	最高精度时需要	无
更新级别	2s（可设置）	不等，通常为 min 级别

10.3　EPA 控制网络技术

20 世纪 80 年代中期产生的现场总线控制系统（Fieldbus Control System，FCS）体现了数字化、网络化、智能化、信息化等特点，成为新型工业控制系统与自动化仪器仪表产业的重要发展方向。

长期以来，现场总线技术一直是我国工业自动化产业的发展瓶颈。由于我国在现场总线方面缺少原始创造，国外先进国家利用专利、芯片、国际标准制定主导权与话语权，长期垄断先进技术，我国只能对国外的现场总线技术进行跟踪研究，无法突破其核心专利、掌握核心技术。随着 IT 技术的发展，办公室自动化领域广泛应用的以太网技术由于通信速率高、价格低廉、可靠性高等特点，逐步渗透到了传统控制系统，成为 DCS、PLC 等的网络首选，并已有直接应用于现场总线的趋势。

EPA（Ethernet for Plant Automation）标准的提出，对于我国在新一代总线技术中实现跨越式发展，缩小与国外同类先进技术的差距，打破国外垄断，在国际标准化工作中争取中国工业自动化产业应有的话语权，改变我国工业自动化产业一直所处的跟踪研究与低端产品开发的状态，突破产业实现跨越式发展的瓶颈，推动我国仪器仪表产业走出低谷，具有十分重要的意义。

EPA 标准被国际电工委员会发布为现场总线标准 IEC 61158-3-14/-4-14/-5-14/-6-14，以及实时以太网应用行规 IEC 61784-2/CPF14（Common Profile Family 14，通用行规簇 14），成为第一个由中国人自主制定的工业自动化国际标准，成功将以太网直接应用于现场总线，从而成功地将商用办公室网络——以太网进行了技术改造，使之完全适用于环境恶劣下的流程工业自动化仪器仪表之间的通信，实现了从管理层、控制层到现场设备层等各层次网络的"E（Ethernet）网到底"，如图 10-8 所示。

一、EPA 标准

EPA 标准定义了确定性通信调度控制方法、网络安全导则、必要的通信规范与服务接口，以及基于 EPA 的分布式现场网络控制系统体系结构、模型与特征，同时制定了复杂工业环境下的应用导则，以及应用于复杂工业现场的环境适应性要求（包括机械环境适应性、气候环境适应性、电磁兼容性以及可靠性等要求），为建立基于 EPA 的控制系统及其应用提供指导。

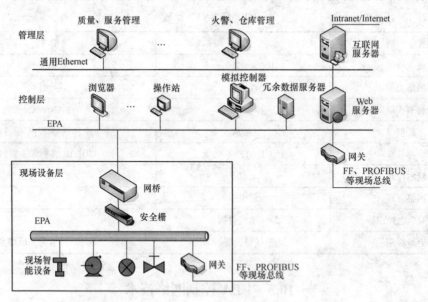

图 10-8 "E 网到底"

EPA 标准通过增加一些必要的改进措施，改善了以太网的通信实时性，在以太网、TCP/IP协议之上定义工业控制应用层服务和协议规范，将在 IT 领域应用较为广泛的以太网（包括无线局域网，蓝牙）以及 TCP/IP 协议应用于工业控制网络，实现工业企业综合自动化系统中由信息管理层、过程监控层直至现场设备层的无缝信息集成。

1. EPA 网络拓扑结构

EPA 网络拓扑结构如图 10-9 所示，它用逻辑隔离式微网段化技术形成了"总体分散、局部集中"的控制系统结构。它由两个网段组成，即过程监控层 L2 网段和现场设备层 L1 网段。

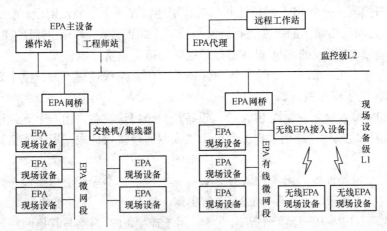

图 10-9 EPA 系统网络拓扑结构图

现场设备层 L1 网段用于工业生产现场的各种现场设备（如变送器、执行机构、分析仪器等）之间以及现场设备与 L2 网段的连接；过程监控层 L2 网段主要用于控制室仪表、装置以及人机接口之间的连接。

无论是过程监控层 L2 网段还是现场设备层 L1 网段，均可以分为一个或几个微网段。

（1）微网段。一个微网段即为一个控制区域，用于连接几个 EPA 现场设备。在一个控制区域内，EPA 设备之间互相通信，实现特定的测量与控制功能。一个微网段通过一个 EPA 网桥与其他微网段相连。

一个微网段可以由以太网、无线局域网或蓝牙三种类型网络中的一种构成，也可以由其中的两种或三种类型的网络组合而成，但不同类型的网络之间需要通过相应的网关或无线接入设备连接。

（2）EPA 设备。EPA 控制系统中的设备有 EPA 主设备、EPA 现场设备、EPA 网桥、EPA 代理、无线接入设备等几类。

1）EPA 主设备。EPA 主设备是过程监控级 L2 网段上的 EPA 设备，具有 EPA 通信接口，不要求具有控制功能块或功能块应用进程。EPA 主设备一般指 EPA 控制系统中的组态、监控设备或人机接口等，如工程师站、操作站和 HMI 等。

EPA 主设备的 IP 地址在系统中必须是唯一。

2）EPA 现场设备。EPA 现场设备是指处于工业现场应用环境的设备，如变送器、执行器、开关、数据采集器、现场控制器等。

EPA 现场设备必须具有 EPA 通信实体，并包含至少一个功能块实例。

EPA 现场设备的 IP 地址在系统中必须是唯一。

3）EPA 网桥。EPA 网桥是一个微网段与其他微网段或与监控级 L2 连接的设备。一个 EPA 网桥至少有两个通信接口，分别连接两个微网段。

EPA 网桥是可以组态的设备，具有以下功能。

通信隔离：一个 EPA 网桥必须将其所连接的本地所有通信流量限制在其所在的微网段内，而不占用其他微网段的通信带宽资源。这里所指的通信流量包括以广播、一点对多点传输的组播以及点对点传输的单播等所有类型的通信报文所占的带宽资源。

报文转发与控制：一个 EPA 网桥还必须对分别连接在两个不同微网段、或一个微网段与 L2 网段的设备之间互相通信的报文进行转发与控制，即连接在一个微网段的 EPA 设备与连接在其他微网段或 L2 网段的 EPA 设备进行通信时的报文负责控制转发。

本标准推荐每个 L1 微网段使用一个 EPA 网桥。但在系统规模不大、整个系统为一个微网段时，可以不使用 EPA 网桥。

4）无线 EPA 接入设备。无线 EPA 接入设备是一个可选设备，由一个无线通信接口（如无线局域网通信接口或蓝牙通信接口）和一个以太网通信接口构成，用于连接无线网络与以太网。

5）无线 EPA 现场设备。无线 EPA 现场设备具有至少一个无线通信接口（如无线局域网通信接口或蓝牙通信接口），并具有 EPA 通信实体，包含至少一个功能块实例。

6）EPA 代理。EPA 代理是一个可选设备，用于连接 EPA 网络与其他网络，并对远程访问和数据交换进行安全控制与管理。

2. EPA 通信协议模型

EPA 通信模型（如图 10-10 所示）参考 ISO/OSI 开放系统互连模型（见 ISO 7498），低四层采用 IT 领域的通用技术，其中物理层与数据链路层兼容 IEEE 802.3、IEEE 802.11、IEEE 802.15，网络层以及传输层采用 TCP（UDP）/IP 协议，并在网络层和 MAC 层之间定义了一个 EPA 通信调度接口，完成实时信息和非实时信息的传输调度。会话层和表示层未使用。应用层定义了 EPA 应用层协议与服务、EPA 套接字映射接口，以及 EPA 管理功能块及其服务，同时还支持 IT 领域现有的协议，包括 HTTP、FTP、DHCP、SNTP、SNMP 等。另外，增加了用户层，采用基于 IEC 61499 和 IEC 61804 定义的功能块及其应用进程。

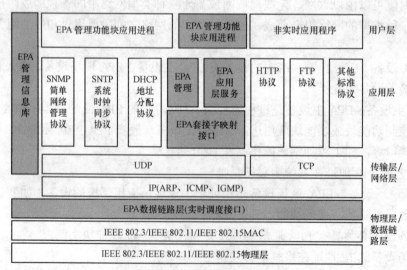

图 10-10　EPA 通信模型

EPA 通信结构模型与 ISO/OSI 七层通信结构模型之间的关系见表 10-3 所列。

表 10-3   **EPA 通信模型同 ISO/OSI 七层参考模型比较**

ISO 各层	EPA 各层
	（（用户层）用户应用进程）
应用层	HTTP、FTP、DHCP、SNTP、SNMP 等 EPA 应用层协议
表示层	未使用
会话层	
传输层	TCP/UDP
网络层	IP
物理层和数据链路层	EPA 通信调度管理实体 ISO/IEC 802.3/IEEE 802.11/IEEE 802.15

各层概况如下。

（1）物理层和数据链路层。

EPA 的物理层与数据链路层，为 EPA 提供数据传输物理通道以及多个设备共享通信信道的机制，并定义了数据帧的同步，数据传输错误的校验与纠错等。本标准中采用了 IEEE 802 协议集，包括 IEEE 802.3、IEEE 802.11 和 IEEE 802.15，但在传输介质与物理接口上增加了适用于工业生产现场的应用导则。

EPA 通信调度接口定义了网络层（即 IP 层）与数据链路层（或 MAC 层）之间的接口，用于控制由网络层到 MAC 层的实时数据包与非实时数据包（包括基于 HTTP、FTP 等协议的应用程序数据包）的传输调度，以满足 EPA 周期与非周期信息传输的实时性要求。

（2）网络层和传输层。

EPA 的网络层和传输层为 EPA 应用层提供报文传输与控制的平台。本标准定义的网络层采用因特网协议（IP），版本为带 32 位地址的 IPv4，提供由 RFC 791 定义的可靠、无连接的数据报文传输服务。

在传输层采用 TCP（UDP）协议集。其中 UDP 协议不需要在通信两端建立连接和确认，用于 EPA 实时数据通信；而对于其他实时性要求不高、对传输的可靠性要求高的应用，可使用 TCP 协议，也可使用 UDP 协议。

（3）应用层。

EPA 应用层规范为 EPA 设备与控制系统、装置之间实时和非实时的传输数据提供通信通道和服务接口。它由 EPA 实时通信规范和非实时通信协议两部分组成。其中 EPA 实时通信规范是专门为 EPA 实时控制应用进程之间的数据传输提供实时的通信通道和服务接口。而非实时通信协议则主要包括 HTTP、FTP、TFTP 等互联网络中广泛使用的通信协议。

EPA 应用层规定了以下三个 EPA 实体规范，即 EPA 应用层服务实体、EPA 管理功能块与 EPA 套接字映射接口实体。

1）EPA 应用层服务实体。根据通信服务特性，EPA 应用层服务实体描述通信对象、服务以及关系模型。

EPA 系统中，由一个或多个分布在同一设备或不同设备中的功能块实例组成不同的功能块应用进程，EPA 应用层服务实体描述了不同功能块实例之间的通信功能，如读/写测量控制测值、下载/上传程序、处理事件等。

一个设备的功能块实例与另一个设备的功能块实例间的通信，其通信访问路径由对应的链接对象唯一指定，该链接对象由 EPA 设备、功能块实例标识 ID 以及变量对象索引 ID 等三级元素组成。EPA 应用层服务实体定义了几类必要的实时通信服务，这些服务按功能分为以下三类。

域管理服务：用于字符串或文本文件（如链接对象、调度域）等域对象的下载或上装。

变量访问服务：用于变量对象（如简单变量对象、数组对象、结构对象、复合对象等）的读/写访问。

事件管理服务：用于事件对象的请求、应答等处理的服务。

按服务类型分，EPA 实时通信服务可分为有确认和无确认服务。

2）EPA 管理功能块实体。

EPA 管理功能块实体用于管理 EPA 设备的通信活动，将 EPA 网络上的单个设备集成为一个协同工作的通信系统。EPA 管理功能块实体支持设备识别、设备定位、地址分配、时间同步、EPA 链接对象管理以及功能块调度等功能。为支持这些功能，EPA 管理功能块定义了 EPA 通信活动所需的对象，包括设备对象、EPA 链接对象、EPA 功能块调度对象等，以及必要的服务。

3）EPA 套接字映射接口实体。

EPA 套接字映射接口实体提供了 EPA 实时通信服务以及 EPA 管理服务与 TCP(UDP)/IP 之间的映射接口。其主要任务是：①提供 EPA 实时通信服务映射到 TCP（UDP）服务；②根据服务类型将 EPA 实时通信服务报文以单播、组播或广播的方式发送到 EPA 网络上；③为 EPA 确认服务提供超时诊断与控制，并将正确或错误的应答信息返回给这些服务；④为 EPA 实时通信服务提供优先级管理；⑤采用统计方法实现 EPA 链路状况的监视，并通过 EPA 实时服务向用户进程报告链路正常或故障状态；⑥使用 TCP 传输数据时，还需要建立和释放 TCP 连接。

（4）用户层。

用户层直接面向用户，用户根据自己的控制逻辑需要，利用 EPA 组态软件组态不同功能块应用进程以完成各种控制策略，也可根据自己的需要组态各种非实时性应用程序的服务。

EPA 用户层规范采用基于 IEC 61499 介绍的功能模块结构模型和 IEC 61804 定义的功能模块元素。

3. EPA 标准的特点

（1）没有改变以太网结构，但完全避免了报文碰撞，使以太网通信变为"确定"，即每个 EPA 节点均能在确定的时间内发送到目的节点。

（2）各设备的通信角色地位平等，无主从之分，避免了主从式、令牌式通信控制方式中由于主站或令牌主站的故障引起的整个系统通信的故障。

（3）适用于线性结构、共享式集线器连接和交换式集线器（交换机）连接的以太网。

（4）支持标准以太网报文（作为优先级较低的非周期报文）与 EPA 实时以太网报文在同一个网络上并行传输。

（5）实时数据得以优先传输，减少了通信排队处理延迟，提高了工业以太网通信的实时性。

二、链路层通信调度规程

1. EPA 通信调度管理实体

EPA 通信调度管理实体 CSME，全称为 Communication Schedule Management Entity，是在 ISO/IEC 8802-3 协议规定的数据链路层基础上进行的扩展（EPA 数据链路层模型如图 10-11 所示），它从 DLS_User 接收数据报文，并传送给 LLC；同时解析从本地 LLC 接收的数据帧，并传送给 DLS_User。

EPA 通信调度管理实体不改变 ISO/IEC 8802-3 数据链路层提供给 DLS_User 的服务，也不改变与物理层的接口，只是完成对数据报文的调度管理。

EPA 标准规定由 EPA 通信调度管理实体保证 EPA 报文传输的确定性。EPA 通信调度管理实体用于对 EPA 设备向网络上发送报文的调度管理，采用分时发送机制。按预先组态的调度方案，对 EPA 设备向网络上发送的周期报文与非周期报文发送时间进行控制，以避免碰撞：EPA 周期报文按预先组态的时刻发送；EPA 非周期报文按时间有效以及报文优先级和 EPA 设备的 IP 地址大小顺序发送。

所谓时间有效，是指在一个通信宏周期内的剩余时间足以将该非周期报文完整发送出去。在时间有效的情况下，优先级高的报文先发送；如果两个设备的非周期报文优先级相同，则 IP 地址小的 EPA 设备先发送非周期报文。

2. EPA 通信调度原理

（1）报文优先级。

EPA 协议将所有报文分优先级，采用基于时间片调度和基于优先级调度相结合的算法。

EPA 标准中报文的优先级分为 6 级，即 0、1、2、3、4、5，其中 0 表示最高的优先级。

EPA 标准规定，所有 EPA 报文均高于其他不符合本协议的报文。不符合本协议的报文是指符合 ARP、RARP、HTTP、FTP、TFTP、ICMP、IGMP 等协议的数据报文。

（2）通信调度过程。

EPA 通信调度管理实体 CSME 只是完成对数据报文的调度管理，即在一个 EPA 微网段内，所有 EPA 设备的通信均按周期进行，完成一个通信周期所需的时间 T 为一个通信宏周期（Communication Macro Cycle）。如图 10-12 所示一个通信宏周期 T 分为两个阶段，其中第一个阶段为周期报文传输阶段 T_p，第二个阶段为非周期报文传输阶段 T_n。

1）周期报文传输阶段 T_p。在周期报文传输阶段 T_p，每个 EPA 设备向网络上发送的报文是包含周期数据的报文。周期数据是指与过程有关的数据，如需要按控制回路的控制周期传输的测量值、控制值，或功能块输入、输出之间需要按周期更新的数据。周期报文的发送优先级应为最高。

2）非周期报文传输阶段 T_n。在非周期报文传输阶段 T_n，每个 EPA 设备向网络上发送的报文是包含非周期数据的报文。非周期数据是指用于以非周期方式在两个通信伙伴间传输的数据，如程序的上下载数据、变量读写数据、事件通知、趋势报告等数据，以及诸如 ARP、RARP、HTTP、FTP、TFTP、ICMP、IGMP 等应用数据。非周期报文按其优先级高低、IP 地址大小及时间有效方式发送。此外，若后边有非周期数据要发送，在发送完周期报文后应当发送非周期数据声明报文，在发送完非周期报文后应当发送非周期数据结束声明报文。

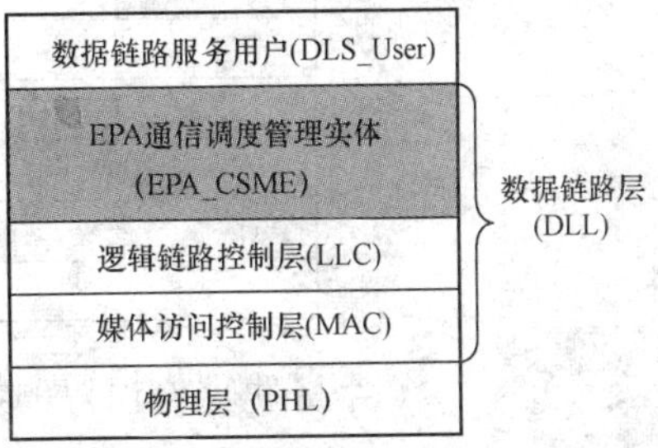

图 10-11　EPA 数据链路层模型

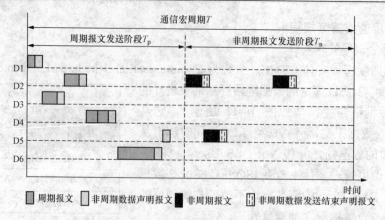

图 10-12　EPA 确定性调度原理示意图

3）报文调度流程。图 10-13 所示为 CSME 模块总体流程图，下面就报文调度进行简单的分析。

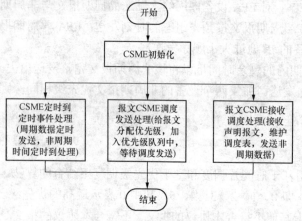

图 10-13　CSME 模块总体流程图

周期报文的调度由链接关系生成，并通过 CSME 高优先级定时事件，由 PTP 网络时间驱动，进行周期性的执行。

周期报文的调度由链接关系生成，在系统组态完成后，通过遍历链接关系，当链接关系为设备周期报文发送时，如果链接关系中指定的偏移时间与周期报文调度队列链表中某队列的偏移时间相同，则将链接关系放入到该队列中；而如果不存在该周期偏移时间，则由系统生成一个周期偏移调度队列控制块，将链接关系插入到该队列中，并插入一个周期偏移时间 CSME 定时事件，由该事件触发周期队列报文的发送，并插入一个周期队列功能块执行事件，该事件提前周期时间 5ms 执行，由该事件执行周期报文的生成操作，并将生成的周期报文放入到周期偏移时间周期报文发送缓冲队列中。

在周期偏移时间事件中，如果本周期队列为最后一个周期偏移队列，在发送完周期报文后，设备还将发送非周期声明报文。

为实现所有设备的非周期数据严格按照优先级高低来进行发送，CSME 根据设备的非周期数据声明报文和非周期数据结束声明报文，在本地建立及更新同一调度域中设备的非周期数据调度列表，并更新网络最高优先级，当本地非周期数据的优先级大于网络最高优先级时，发送本地非周期数据，从而实现了非周期数据的优先级调度过程。

3. EPA 调度过程

EPA 确定性调度以时钟同步为基础，每个 EPA 设备以网络上的主时钟为基准，维护本地时间，使之与主时钟之间的同步误差保持在较小的范围之内（微秒级别以下）。这样网络上所有设备的本地时间也就达到一致，从而确保了调度状态转换的一致性，EPA 报文才能按照约定的规程发送，避免了冲突、错序等。

　　根据 EPA 调度规程,定义通信调度实体用于获取本地时间,并负责在设备的未调度状态、调度状态(包括周期报文发送状态和非周期报文发送状态)之间进行转换,以便确定何时将报文发送到网络上。另外,EPA 周期和非周期报文也不能直接发送,而是要在链路层进行相应的缓存,在特定状态的时间段内发送到网络上;周期报文在固定时间片内发送,非周期报文在非周期时间段与其他设备的非周期声明的优先级比较,确认本报文优先级最高后方可发送。对应这两点,确定性调度实现方案主要涉及通信调度实体的状态转换机制和报文的缓存机制两个方面。

　　一个 EPA 设备的 EPA 通信调度管理协议状态机是用 4 个状态以及它们之间的转换来描述的,如图 10-14 所示,图中各状态意义如下。

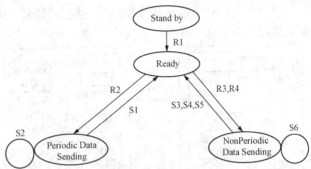

　　Standby:设备就绪(未调度状态)。

　　Ready:设备准备好(调度状态)。

　　PeriodicDataSending:周期报文发送状态。

　　NonPeriodicDataSending:非周期报文发送状态。

图 10-14　EPA 通信调度管理实体 EPA_CSME 状态转换图

　　具体操作步骤如下。

　　EPA 设备上电后,应检测所有必需的操作参数,如未经初始化组态,EPA 通信调度管理实体则进入 Standby 状态,直至被用户组态;否则,自动进入 Ready 状态(R1)。EPA 通信调度管理实体处于 Ready 状态时,EPA 设备处于通信调度控制状态。

　　当 EPA 通信调度管理实体检测到本地设备发送周期报文的时间到,即 MOD(本地当前时间,T)= 周期报文发送时间偏离量时,EPA 通信调度管理实体状态改变为 PeriodicDataSending(周期数据发送)状态(R2)。此时,首先检查有无优先级为 0 的报文(即周期报文),如果没有,则发送非周期数据声明报文;否则,先依次发送周期报文(S2),再发送非周期数据声明报文,并将其状态改变为 Ready(S1)。

　　当 EPA 通信调度管理实体检测到本地设备发送非周期报文的时间到,即 MOD(本地当前时间,T)=非周期报文发送时间偏离量时,如果本设备存在非周期报文,且优先级高于所有其他设备,则转为 NonPeriodicDataSending(非周期报文发送)状态(R3),此时如果允许该设备发送报文的时间不够,则转为 Ready 状态(S3),否则发送非周期报文和非周期结束声明报文(S6),发送完毕转到 Ready 状态(S4);如果仍然存在非周期报文,且优先级高于所有远程设备,则同上处理,状态转换依次为 R4→S6→S5……直到发送完毕或剩余时间不够则转为 Ready 状态。

三、EPA 套接字映射实体

1.　套接字映射实体功能

　　EPA 套接字映射实体(EPA Socket Mapping Entity)提供了 EPA 应用访问实体服务和 EPA 系统管理实体服务与 UDP/IP 之间的映射,同时具有报文优先发送管理、网络单播和广播功能、报文封装、应答信息返回、超时诊断和控制功能、链路状况监视等功能,在整个 EPA 通信协议栈中具有相当重要的地位。

EPA 套接字映射实体的主要功能包括如下几项。

（1）提供 EPA 应用访问服务、EPA 系统管理服务映射到 UDP 的服务。

（2）根据服务类型将 EPA 应用访问服务、EPA 系统管理服务数据以单播或广播的方式发送到 EPA 网络上。

（3）为证实的 EPA 应用访问服务、EPA 系统管理服务提供超时诊断与控制，并将正确或错误的证实信息返回给这些服务。

（4）为 EPA 应用访问服务、EPA 系统管理服务提供优先级管理。

（5）采用统计方法实现 EPA 链路状况的监视，并通过 EPA 服务向用户进程报告链路正常或故障状态。

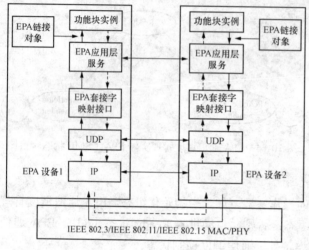

图 10-15　EPA 套接字映射实体工作过程

2. 套接字映射实体工作过程

EPA 套接字映射实体的工作过程如图 10-15 所示。

用户应用进程使用 EPA 系统管理实体服务和 EPA 应用访问实体服务发送数据时，需要将数据发送给 EPA 套接字映射实体。

EPA 套接字映射实体首先按发送优先级，将这些待发送的数据分别缓存在不同的队列中，以等待 EPA 网络通信控制器发送，优先级最高的报文最先发送。

对于需要证实的 EPA 应用访问实体服务请求报文，EPA 套接字映射实体在向网络上发送该报文时，将根据发送该报文的 EPA 服务标识（ServiceID）以及报文标识号（MessageID），创建一个定时器对象，并启动定时，进行以下处理。

（1）如果在证实报文最大响应时间（MaxResponseTime）到之前收到正响应 Result（＋）报文，则由 EPA 套接字映射实体将该响应报文发送到相应的 EPA 服务，并删除该定时器对象。

（2）如果在证实报文最大响应时间（MaxResponseTime）到之前收到错误的响应报文，则由 EPA 套接字映射实体将该响应报文发送到相应的 EPA 服务，并删除该定时器对象；EPA 服务将不对该报文进行处理，并直接通知用户功能块应用进程，由用户功能块应用进程作出判断并处理。

（3）如果定时时间超过证实报文最大响应时间（MaxResponseTime），EPA 套接字映射对象仍未收到相应于该请求报文的响应报文，则向 EPA 应用访问实体服务返回一个负响应及超时响应差错类型，同时删除该定时器对象。

EPA 设备上电并初始化后，就从 EPA 管理功能块接口、EPA 应用层服务保留端口以及其他被绑定的 EPA 应用层服务端口监听 EPA 消息，由 EPA 套接字接口对象对 EPA 消息头进行解包，并根据消息所接收的端口不同，将 EPA 消息分别送到不同的功能模块处理。来自 EPA 应用层服务的请求报文，对于无须确认的报文，EPA 套接字映射接口对象只需将该报文打包发送出去即可；而对于需要确认的 EPA 应用层服务请求报文，EPA 套接字映射接口对象在向网络上发送该报文时将根据发送该消息的 EPA 服务标识（ServiceID）以及报文标识号（MessageID）创建一个定时器对象并开始启动定时，依据当前报文的响应时间（ActiveMsgTime）及响应的正误对报文进行相应的处理。

四、EPA 系统组态和启动

1. 组态信息

EPA 设备启动并进入可操作状态后，用户组态程序就可以对 EPA 设备进行组态。

EPA 系统组态包括制造商对设备的组态、网络组态、分布式应用组态、设备组态等。

（1）制造商对设备的初始化组态。EPA 设备是由制造商开发的，每个 EPA 设备中提供什么类型的功能块、提供多少功能块、每个功能块可被实例化的个数等信息，均由制造商决定，并通过制造商组态固化在 EPA 设备中。

（2）设备基本信息组态。一个 EPA 设备基本信息包括控制策略、设备 IP 地址和位号、冗余设备管理、DHCP 服务器的指定、SNTP 时间服务器的指定等。当这个设备连接到 EPA 网络上后，需要由用户应用程序对它进行组态。

控制策略组态是指用户根据具体应用需求，将 EPA 设备提供的功能块通过一定的方式联系起来，以完成特定的测量与控制功能。设备 IP 地址可通过 DHCP 协议动态分配，也可由用户应用程序静态指定，由用户静态指定时，需注意避免 EPA 设备间的 IP 地址冲突；对于 EPA 冗余设备，需指定设备为工作设备或备份设备，及其通信端口。如需要对 EPA 设备的 IP 地址进行动态分配，则需指定 DHCP 服务器，以便为 EPA 网络中设备的动态 IP 地址统一进行分配管理。在应用中，需指定 SNTP 时间服务器，EPA 网络中的其他设备均以此时间服务器的时钟为系统时钟。

（3）EPA 分布式控制系统应用组态。EPA 分布式控制系统应用组态是指对 EPA 网络中的各设备资源进行组态，这些组态信息包括：功能块应用进程及其调度方案组态；EPA 链接对象组态；EPA 设备组态信息的设置；EPA 安全组态。其中 EPA 安全组态还包括网络安全组态，功能安全组态，网桥的组态。

通过在 EPA 通信协议栈之上加入 EPA 网络安全协议栈将显著提高 EPA 控制网络的安全性。

EPA 功能安全规范所规定的设备冗余机制用于保证某个 EPA 现场设备失效时，冗余设备在尽可能短的时间内替代主设备工作，保证整个网络的正常运行。此外，规范还定义了数据校验措施，对 EPA 用户层数据进行处理，以便能有效地检验 EPA 用户层数据在网络传输过程中的畸变、乱序和丢失。

EPA 网桥是一个可组态的、用于连接两个微网段的设备。组态软件与每个 EPA 网桥建立通信关系，用不同的 ID 标识不同的 EPA 网桥，这样当现场设备工作异常时，能在组态软件中对该设备实现故障定位和隔离。

2. 设备启动

EPA 设备上电启动步骤如下。

（1）EPA 设备上电后，如没有 IP 地址，将通过动态主机组态协议（DHCP）获取一个动态 IP 地址。EPA 设备得到一个 IP 地址后，启动 EPA 通信栈。

（2）EPA 设备在系统中通过 EM_DeviceAnnounciation 服务周期性重复广播一个无证实的

设备声明请求原语报文。在默认情况下，EPA 设备每 15s 重播一次。

（3）用户组态程序收到 EPA 设备的声明后，向该设备发送启动组态信息。

（4）如用户组态程序发现该 EPA 设备的物理位号 PD_Tag 为空，则调用 EM_Set-DeviceAttribute 服务向该 EPA 设备发送设备属性设置请求，对包括设备位号、声明报文重复发送周期，设备冗余号、冗余状态、冗余端口号等设备属性进行设置。

（5）如用户组态程序发现该 EPA 设备的设备位号 PD_Tag 为非空，则需要重新组态该 EPA 设备，首先使用 EM_ClearDeviceAttribute 服务向该设备发送设置属性清除请求报文，EPA 设备状态改为未组态（Unconfigured）。随后，组态程序才可以调用 EM_SetDeviceAttribute 服务向该 EPA 设备发送设备属性设置请求。

（6）EPA 设备接收到启动组态信息后，对本地 EPA 设备的组态信息进行修改，用接收到的启动组态报文中的数据更新本地数据，如设备位号、设置声明重复发送周期，设备冗余号、冗余状态、冗余端口号等。

（7）EPA 设备进入可操作状态。

10.4 Ethernet/IP

Ethernet/IP 是主推 ControlNet 现场总线的 Rockwell 自动化公司对以太网进入自动化领域作出积极响应的成果。Ethernet/IP 网络采用商业以太网通信芯片和物理介质，采用星型拓扑结构，利用以太网交换机实现各设备间的点对点连接，能同时支持 10Mbit/s 和 100Mbit/s 以太网的商业产品。它的一个数据包最多可达 1500B，数据传输速率可达 10/100Mbit/s。

Ethernet/IP 基于 ControlNet 和 DeviceNet 的 CIP 协议标准（控制和信息协议），这个标准把联网的设备组织成对象（Object）集合，并对这些对象定义存取操作、对象特性和扩展，这使分散的各种设备可以用一种公共的机制来进行存取访问。超过 300 个设备供应商在他们的产品中支持 CIP 标准，所以这是一个广泛使用和已经被大量实现的标准，不需要更多新的技术；4 个独立的组织（ODVA，IAONA，CI，IEA）正在联合开发和推进 Ethernet/IP 作为工业自动化的 Ethernet 应用层。

Ethernet/IP 是一个面向工业自动化应用的工业应用层协议。它建立在标准 TCP/IP 协议之上，利用固定的以太网硬件和软件，为配置、访问和控制工业自动化设备定义了一个应用层协议。Ethernet/IP 以特殊的方式将以太网节点分成预定义的设备类型。Ethernet/IP 应用层协议是基于控制和信息协议（CIP）层的，这个协议也曾用在 DeviceNet 和 ControlNet 中。建于这些协议之上的 Ethernet/IP 提供了从工业楼层到企业网络的一整套无缝整合系统。

Ethernet/IP 用了所有传统 Ethernet 所用的传输和控制协议，所以它透明地支持所有现有的标准以太网设备和 PC。在下层用 Ethernet 802.3 协议，三层用 IP，四层用 UDP 或 TCP，用户层用 CIP 协议规范。ODVA 内的 Ethernet/IPSIG（Special Interest Group）负责制定和修改 Ethernet/IP 规范。

一、Ethernet/IP 通信模型

Ethernet/IP 采用和 DeviceNet 以及 ControlNet 相同的应用层协议 CIP（Control and Information Protocol），因此，它们使用相同的对象库和一致的行业规范，具有较好的一致性。Ethernet/IP 采用标准的 Ethernet 和 TCP/IP 技术来传送 CIP 通信包，这样，通用且开放的应用

层协议 CIP 加上已经被广泛使用的 Ethernet 和 TCP/IP 协议,就构成 Ethernet/IP 协议的体系结构。协议的各层结构如图 10-16 所示。

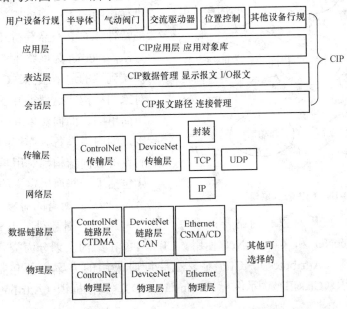

图 10-16　Ethernet/IP 的通信参考模型

从图 10-16 中可以看到,Ethernet/IP 和 DeviceNet 以及 ControlNet 采用了相同的应用层 CIP 协议规范,只是在 OSI 协议 7 层模型中的低 4 层有所不同,Ethernet/IP 在物理层和数据链路层采用 Ethernet 技术,在传输层和网络层采用 TCP(UDP)/IP 技术。

二、CIP 技术

TCP/IP 协议能够为通过以太网及其他网络相连接的两个设备提供一系列的服务。但是,TCP/IP 并不能保证网络上的两个节点能够有效通信,它只能保证应用层的信息能够成功的在两个节点间传送。有效的通信传输需要网络上的双方具有相互兼容的应用软件,使用相同的语言。这些应用软件需要能够理解从对方传来的信息的属性、服务等,因此它们就需要一个共同的基于 TCP/IP(UDP/IP)的方案,这样,连接在以太网上的各种设备才能够具有较好的一致性。在 Ethernet/IP 网络上,CIP 就是这样一种协议,它使得不同供应商的产品能够互相交互。

CIP 协议是一个端到端的面向对象并提供了工业设备和高级设备之间的连接的协议,它独立于物理层和数据链路层之上。CIP 有两个主要的目的,一是传输同 I/O 设备相联系的面向控制的数据;二是传输其他同被控系统相关的信息,如组态、参数设置和诊断等。

CIP 是经实践证明的、实时性能很好的应用层协议,具备 CIP 应用层的以太网才是真正开放的工业以太网产品。它是基于 DeviceNet、ControlNet、EIP 的通信协议,为 DeviceNet、ControlNet、Ethernet/IP 网络提供公共的应用层和设备描述。CIP 建立在单一的、与介质无关的平台上,为从工业现场到企业管理层提供无缝通信,使用户可以整合跨越不同网络的有关安全、控制、同步、运动、报文和组态等方面的信息。它有助于工程化和使现场安装的开销最小化,使用户获得最大的投资收益。

1. CIP 协议规范

CIP 协议规范主要由对象模型、通用对象库、设备行规、电子数据表、信息管理等组成。

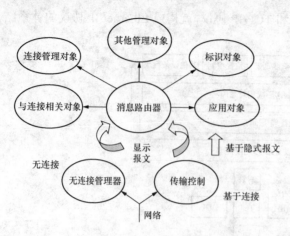

图 10-17　CIP 的对象模型

（1）CIP 对象模型。CIP 对象模型（见图 10-17）使用抽象的对象模型来描述可供使用的一系列通信服务、CIP 节点的外部特性和 CIP 产品获得及交换信息的通用方法。Internet 为网络上的各种分布对象提供端到端的通信服务。CIP 所使用的面向对象的结构，这使得开发者和最终用户使用简单的、面向对象并且具有广泛的网络接口的网络设备。详细的网络地址和内部的设备数据结构都对用户透明。CIP 协议簇包括了一些通用定义的对象（目前有 46 个对象类）。所有的对象类可以分为三种，分别为通用对象、应用对象、网络特定对象。除了网络特定对象外，其他对象都可以被 Ethernet/IP、DeviceNet 和 ControlNet 使用。CIP 对象在结构上划分为类（Classes）、示例（Instances）、属性（Attributes）。CIP 对象在寻址时采用的方案主要包括媒体访问标识（MACID）、类标识（ClassID）、示例标识（InstanceID）、属性标识（AttributeID）、服务代码（ServiceCode）。

图 10-17 所示为 CIP 的对象模型。每一个设备必须包括的对象有至少一个连接对象、一个实体对象、一个同网络连接相关的对象和一个信息路由对象。Ethernet/IP 中的同网络连接有关的对象为 TCP/IP 对象和 Ethernet 连接对象，TCP/IP 对象包括使用 TCP/IP 协议的信息，Ethernet 连接对象包括 Ethernet/IP 通信连接的通信参数信息。此外，还可根据实际的应用来选择加入其他的对象，包括所有 CIP 设备都必须实现的核心对象，如消息路由器（Message Router）、无连接信息管理器（Unconnected Message Manager，UCMM）、标识对象（Identity Object）和连接管理器（Connection Manager），以及可以选择实现的对象，如组合对象（Assembly Object）。

消息路由器：负责接收来自 UCMM 或 Transport 的显式报文，去掉报文头，对数据进行解析。根据要访问的类和属性路径对目的对象进行路由。

无连接信息管理器（UCMM）：主要通过基于非连接传输方式的报文解析，提供跨网络的报文服务，并可以进行报文复制检测和重试服务。值得注意的是，CIP 中 UCMM 和 Transport 并不是真正意义上的对象，而是与产品具体实现相关的功能组件。相对于 UCMM 来讲，Transport 在网络层和设备对象之间直接建立了一个接口，当接收到显式报文时，将数据送给消息路由器处理；当接收到隐式报文时，直接将数据送到应用对象处理。

标识对象：包含了当产品接入网络时与网络相关的所有服务和属性，如提供 VendorID、IP 地址和端口号等设备相关信息。

连接管理器：负责管理网络上连接的打开和关闭，为 1 类和 3 类连接提供传输目标。

组合对象：用于实现网络上节点数据的传送和接收。

CIP 规约定义了三种类型的对象：①必须对象；②应用对象；③厂商定义对象。

必须对象是指每个 CIP 设备都必须包含的对象（如标识对象和消息路由器等）。应用对象定义了设备封装的数据，它对应于不同的设备。如驱动系统中的电动机对象包含了描述频率、额定电流和电机尺寸等属性数据；I/O 设备的模拟量输入对象包含了模拟输入的类型和电流值等属性数据。厂商定义对象是指那些在规约中没有指明的由厂商自己构造的特殊对象，访问它时可以使用与访问必须对象和应用对象相同的方法。

（2）设备行规。CIP 设备行规为设备提供了一致性规范，这使得设计具有较高一致性的设备更加容易。通常，功能相似的产品很可能具有完全不同的结构，表现出完全不同的特点。CIP 设备行规对对象结构和属性的详细描述很好地解决了这个问题，它对常用的各种设备类型提供了较为详细的设计方案，每一个工业设备都由一些对象及一些同特定设备相关的可选属性组成。属于同一设备模型的所有设备都必须支持共同的标识和通信状态数据。设备描述是针对各种设备而定义的，包括设备各种特定的数据。符合设备类型描述的多个供货商提供的简单设备（例如按钮、电动机启动器、光电池、气动阀执行器）在逻辑上是可互换的。

CIP 是一个基于对象的网络设备解决方案，作为设备间进行自动化数据传输的通信协议，CIP 把每一个网络设备看成一系列对象的集合，每个对象也只是一组设备相关数据的集合，称为属性。它通过设备描述对网络中的设备进行完整的定义。CIP 向终端用户提供了自动化系统必需的控制、组态、数据采集服务功能，为面向自动化领域提供了以太网上的工业自动化设备的互操作性和互换性。

2. CIP 报文传输

从 CIP 对象模型可以看到 CIP 协议采用未连接管理器和连接管理器来处理网络上的信息。Ethernet/IP 协议是基于高层网络连接的协议，一个连接为多种应用之间提供传送信息的通道。未连接管理器为尚未连接的设备创立连接。每一个连接被建立时，这个连接就被赋予一个连接 ID，如果连接包括双向的数据交换，那它就被赋予两个连接 ID。

CIP 采用基于非连接的用户数据报文协议/网际协议（UDP/IP）和基于连接的传输控制协议/网际协议（TCP/IP）作为 Ethernet 上控制和信息的传输协议，允许发送显式和隐式报文。CIP 与 TCP/IP 层次关系如图 10-18 所示。

其中，隐式报文是对时间有苛刻要求的控制信息，通过 UDP/IP 完成；显式报文是对时间无苛刻要求的点对点信息，可由 TCP/IP 完成。前者用于实时 I/O 数据的传输；后者用于配置、下载和故障诊断。

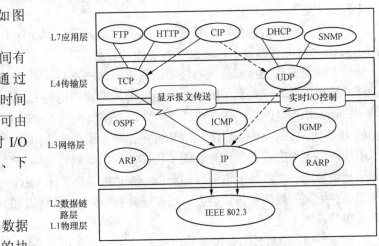

图 10-18 CIP 与 TCP/IP 层次关系

3. CIP 封装

CIP 是独立于物理层、数据链路层及网络层和传输层的协议，在发送 CIP 数据包以前必须对其进行封装，Ethernet/IP 规范为 CIP 协议提供了承载服务，它在应用层的底层提供了 CIP 信息的封装服务。封装是将 CIP 报文帧封装到 TCP（UDP）帧中。CIP 通过"隐性"和"显性"信息提供用于存取数据和控制设备的宽范围的服务。在发送 CIP 数据包以前必须对其进行封装，CIP 数据包给定一个报文首部，该首部的内容取决于所请求的服务属性。通过以太网连接的 CIP 数据包包括一个专用的以太网首部、一个 IP 首部、一个 TCP 首部和一个封装首部。封装首部包含的字段有控制命令、格式、状态信息和同步数据等，这允许 CIP 数据通过 TCP 或 UDP 传送。

三、Ethernet/IP 的优点

Ethernet/IP 实际上是一种以太网 TCP/IP 的工业扩展，因为它采用了在普通应用层上的 TCP/IP 封装，使工业设备节点在以太网信息里将数据封装起来，然后该节点将带有 TCP/IP 的信息发送到以太网的数据链路层。这个标准的应用层使工业自动化和控制设备的互操作性和互换性成为可能。

由于采用了 CIP 协议规范及 Ethernet、TCP/IP 技术，Ethernet/IP 具有广泛的优越性。

首先，Ethernet/IP 解决了设备间的一致性问题。目前，工业控制网络中的设备通信、交互，已经不是传统意义上的数据传输，而更多是面向对象和开放性的思想下的网络应用，Ethernet/IP 为网络设备提供了良好的一致性规范，解决了互操作的难题，使互操作成为可能。

其次，采用 Ethernet/IP 组建的控制网络可以较为容易集成到 Internet/Intranet 上，可以通过 Internet 来管理整个企业网。

最后，Ethernet/IP 由于和 DeviceNet、ControlNet 采用了相同的应用层，具有共享的对象库和设备规范，因而，得到广泛的支持，全球大约 400 个厂商提供了基于这三种网络的产品。

Ethernet/IP 应用有源星型切换器式拓扑结构，网络上的设备点对点地连接到切换器，星型结构的优点是 10Mbit/s 和 100Mbit/s 的以太网可以混合使用，星型拓扑接线简便，易于查找故障、维护简单。

四、Ethernet/IP 的应用前景

在工业控制领域，用户要求网络具有如下特性：低成本并被广泛采纳；高速；可与 Internet/Intranet 集成。显然，这也是 Ethernet 具有的优点。但是，曾有以下一些不利因素阻碍 Ethernet 进入自动化领域。

（1）不能保证数据传送的确定性。许多以太网器件和部件不满足工业应用要求，比如采用了如 Switch 等有源设备，增加了系统的故障点。

（2）缺乏应用层标准。随着技术的发展，这些不利因素正在逐渐被消除，如确定性的问题随着硬件的革新已得到了解决，应用层的标准问题也被 Ethernet/IP 解决。

Ethernet/IP 提供的厂商支持、灵活性以及在以太网上实现 CIP 所带来的高性能是其他类型的 IE（如 HSE、ModbusTCP、PROFInet 等）所无法比拟的，可以只用一种配置工具来完成不同网络上 CIP 设备的配置，而不再需要使用厂商特定的软件，所有设备以对象来分类减少了培训时间和新产品上市的时间；Ethernet/IP 提供了比 DeviceNet 和 ControlNet 更快的传输速率和更高的数据包传输能力，可完成具有一致应用层接口的传感器总线级到控制级再到企业级的系统无缝集成。

Ethernet/IP 最新技术体现在同步技术（CIPSync）和安全技术（CIPSafety）方面的新进展。结合 CIPSync（基于 IEEE 21588）技术的 Ethernet/IP 已经实现的时间同步精度高达 100ns；CIPSafety 支持在同一网络或线路上同时运行标准和安全设备的能力，并能够无缝地进行系统集成;结合 CIPMotion 伺服技术，Ethernet/IP 在分布式伺服控制中取得了令人瞩目的业绩。有理由相信，Ethernet/IP 一定会在更广泛的领域中发挥更大的作用。

10.5 EtherCAT 工业以太网

在现场总线系统之上的层面（即网络控制器）中，以太网往往在某种程度上代表着技术发展的水平。该方面目前较新的技术是驱动或 I/O 级的应用，即过去普遍采用现场总线系统的这些领域。这些应用类型要求系统具备良好的实时能力、适应小数据量通信，并且价格经济。EtherCAT 可以满足这些需求，并且还可以在 I/O 级实现因特网技术。因此，EtherCAT 是满足现今的和未来的性能要求的工业以太网技术，并可降低成本。

EtherCAT（Ethernet for Control Automation Technology）是由德国自动控制公司 Beckhoff 开发的。EtherCAT 是国际标准的工业以太网技术，并且由世界上规模最大的工业以太网组织——EtherCAT 技术协会（EtherCAT Technology Group，ETG）提供支持。

一、EtherCAT 工作原理

EtherCAT 协议直接以标准以太网的帧格式传输数据，并不修改其基本结构。当主控制器和从设备处于同一子网时，EtherCAT 协议仅替换以太网帧中的 Internet 协议（IP）。如图 10-19 所示。

数据以过程数据对象（PDO）形式在主/从设备之间传输。每个

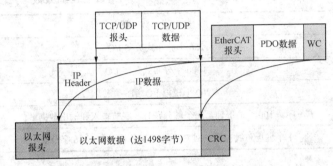

图 10-19　EtherCAT 中的以太网帧结构

PDO 都包含单个或多个从设备的地址，这种数据加地址的结构（附带用于校验的传输计数位）组成了 EtherCAT 的报文。每个 Ethernet 帧可能包含数个报文，而一个控制周期中可能需要多帧来传送所需的所有报文。

目前有多种用于提供实时功能的以太网方案，例如，通过较高级的协议层禁止 CSMA/CD 存取过程，并使用时间片或轮询过程来取代它。其他方案使用专用交换机，并采用精确的时间控制方式分配以太网数据包。尽管这些解决方案能够比较快和比较准确地将数据包传送到所连接的以太网节点，但带宽的利用率却很低，特别是对于典型的自动化设备，因为即使对于非常小的数据量，也必须要发送一个完整的以太网帧。而且，重新定向到输出或驱动控制器，以及读取输入数据所需的时间主要取决于执行方式。通常也需要使用一条子总线，特别是在模块化 I/O 系统中，这些系统与 Beckhoff K-Bus 一样，通过同步子总线系统加快传输速率，但是这样的同步将无法避免引起通信总线传输的延迟。

通过采用 EtherCAT 技术，Beckhoff 突破了其他以太网解决方案的这些系统限制。一般常规的工业以太网的传输方法都是采用先接收通信帧，进行分析（解密）后作为数据送入网络中的各个模块的通信方法进行的，而 EtherCAT 的以太网协议帧中已包含了网络的各个模块的数据，数据的传输采用移位同步的方法进行，即在网络的模块中得到其相应地址数据的同时，电报帧已传送到下一个设备，相当于电报帧通过一个模块时输出相应的数据，马上转入下一个模块。由于这种电报帧的传送从一个设备到另一个设备延迟时间仅为微秒级，所以与其他以太网解决方法相比，性能比得到了提高。在网络段的最后一个模块结束了整个数据传输的工作，形成了一个逻辑和物理环型结构。所有传输数据与以太网的协议相兼

容，工作于双工传输，提高了传输的效率。每个装置又将这些以太网协议转换为内部的总线协议。

由于发送和接收的以太网帧压缩了大量的设备数据，所以可用数据率达 90%以上。100Mbit/sTX 的全双工特性完全得以利用。因此，有效数据率可以达到 100Mbit/s 以上（>2×100Mbit/s 的 90%）。

EtherCAT 采用双绞线或光缆，可以在 30μs 内刷新 1000 个分布式 I/O，仅 100μs 即可刷新 100 个轴数据，因此为实时性能树立了新的标准。

总之，通过该项技术，无需接收以太网数据包，将其解码之后再将过程数据复制到各个设备。EtherCAT 从站设备在报文经过其节点时读取相应的编址数据，同样，输入数据也是在报文经过时插入至报文中。整个过程中，报文只有几纳秒的时间延迟，见表 10-4。

表 10-4　　　　　　　　　　　EtherCAT 有效数据比较

过　程　数　据	更　新　时　间
256 个分布式数字 I/O	11μs＝0.01ms
1000 个分布式数字 I/O	30μs
200 个模拟 I/O（16 位）	50μs←→20kHz
100 个伺服轴，每个轴分别有 8 字节输入和输出数据	100μs
1 个现场总线主站—网关（1486 字节输入和 1486 字节输出）	150μs

从以太网的角度看，EtherCAT 总线网段只是一个可接收和发送以太网帧的大型以太网设备。但是该设备不包含带下游微处理器的单个以太网控制器，而只包含大量的 EtherCAT 从站。与其他任何以太网一样，EtherCAT 不需要通过交换机就可以建立通信，因而产生一个纯粹的 EtherCAT 系统。

二、EtherCAT 拓扑结构

EtherCAT 几乎支持任何拓扑类型，包括线型、树型、星型等。通过现场总线而得名的总线或线型结构也可用于以太网，并且不受限于级联交换机或集线器的数量。最有效的系统连线方法是对线型、分支或树叉结构进行拓扑组合。还可以选择不同的电缆以提升连线的灵活性。将总线和分支结构相结合特别有助于系统布线。所有的接口都位于耦合器上，无需使用附加交换机。当然，也可以使用传统的基于交换机的星型以太网拓扑结构。

采用不同的传输电缆可以最大限度地发挥布线的灵活性。灵活而价格低廉的标准以太网插接电缆可通过以太网模式（100Base-TX）或通过 PICE 总线来传输信号。光纤（PFO）可以用于特殊的应用场合。以太网带宽（如不同的光缆及铜缆）可以结合交换机或媒介转换器使用。快速以太网的物理特性可以使设备之间的距离达到 100m，而 E 总线只能保障 10m 的间距。快速以太网或 E 总线可以按照距离要求进行选择。EtherCAT 系统最多可容纳 65535 个设备，因此整个网络规模几乎是无限制的。

三、EtherCAT 数据包结构

EtherCAT 以标准以太网技术为基础，在 MAC（媒体访问控制子层）增加了一个确定性调度的软件层，该软件层实现了通信周期内的数据帧的传输。EtherCAT 采用标准的 IEEE 802.3 以太网帧，各部分含义见表 10-5，帧结构如图 10-20 所示。

表 10-5　　　　　　　　　　　　**帧 结 构 含 义**

名　　称	含　　义	名　　称	含　　义
目的地址	接收方 MAC 地址	EtherCAT 头：长度	数据区长度：即子报文长度加和
源地址	发送方 MAC 地址	EtherCAT 头：类型	代表与从站通信，其余保留
以太网类型	0x88A4	CRC	循环冗余校验和

EtherCAT 没有重新定义新的以太网帧结构，而是在标准以太网帧结构中使用了一个特殊的以太网帧类型 0x88A4，采用这种方式可以使控制数据直接写入以太网帧内，并且可以与遵守其他协议的以太网帧在同一网络中并行。一个 EtherCAT 帧中可以包含若干个 EtherCAT 子报文，每个报文都服务于一块逻辑过程映像区的特定内存区域，由 FMMU（Fieldbus Memory Management Unit，负责逻辑地址与物理地址的映射）寄存器和 SM（Sync Manager，负责对 ESC 和微处理器内存的读写）寄存器定义，该区域最大可达 4GB。EtherCAT 报文由一个 16 位的 WKC（Working Count）结束，其数据区最大长度可达 1486B。在报文头中由 8 位命令区数据决定主站对从站的寻址方式，由于数据链独立于物理顺序，因此可以对 EtherCAT 从站进行任意的编址。

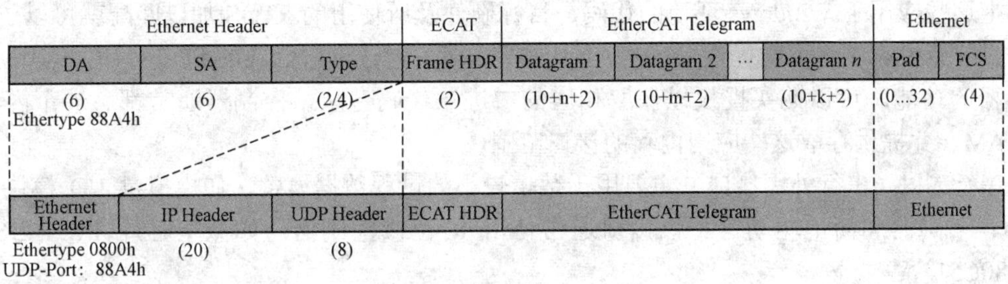

图 10-20　EtherCAT 符合 IEEE 802.3[3]的标准帧

数据以过程数据对象（PDO）形式在主从设备之间传输。每个 PDO 都包含单个或多个从设备的地址，这种数据加地址的结构（附带用于校验的传输计数位）组成了 EtherCAT 的报文。每个 Ethernet 帧可能包含数个报文，而一个控制周期中可能需要多帧来传送所需的所有报文。

四、EtherCAT 系统组成及实现

EtherCAT 采用主从式结构，主站 PC 采用标准的 100Base-TX 以太网卡，从站采用专用芯片。

系统控制周期由主站发起，主站发出下行电报，电报的最大有效数据长度为 1498B。它使用遵循 IEEE 802.3 标准的以太网帧。数据帧遍历所有从站设备，每个设备在数据帧经过时分析寻址到本机的报文，根据报文头中的命令读入数据或写入数据到报文中指定位置，并且从站硬件把该报文的工作计数器（WKC）加 1，表示该数据被处理。整个过程会产生大约 10ns 的时间延迟。数据帧在访问位于整个系统逻辑位置的最后一个从站后，该从站把经过处理的数据帧作为上行电报直接发送给主站。主站收到此上行电报后，处理返回数据，一次通信结束。

从上述通信过程可以看出，从站设备只是在以太网帧经过其所在位置时才提取和/或插入数据。因此，在硬件选择上，EtherCAT 使用标准的以太网 MAC，这正是其在主站设备方面智能化的表现。同样，EtherCAT 在从站控制器中使用专用芯片，这也是其在从站设备方面智能化的表现，专用芯片可在硬件中处理过程数据协议，并提供最佳实时性能。

EtherCAT 可以在单个以太网帧中最多实现 1486B 的分布式过程数据通信。其他解决方案一般是：主站设备需要在每个网络周期中为各个节点处理、发送和接收帧。而 EtherCAT 系统与此不同之处在于，在通常情况下，每周期仅需要一个或两个帧即可完成所有节点的全部通信。因此，主站不需要专用的通信处理器。主站功能几乎不会给主机 CPU 带来任何负担。在处理这些任务的同时，还可以处理应用程序，因此无需使用专用有源插接卡，只需使用无源的 NIC 卡或主板集成的以太网 MAC 设备即可。EtherCAT 主站很容易实现，尤其适用于中小规模的控制系统和有明确规定的应用场合。

EtherCAT 映射不是在主站产生，而是在从站产生，外围设备将数据插入所经以太网帧的相应位置，因此，此时过程映像已经完成排序。该特性进一步减轻了主机 CPU 的负担。系统配置工具可提供包括相应的标准 XML 格式启动顺序在内的网络和设备参数。

另一种 EtherCAT 主站的实现方式是使用样本代码，花费不高。软件以源代码形式提供，包括所有的 EtherCAT 主站功能，甚至还包括 EoE（EtherCAT 实现以太网）功能。开发人员只要把这些应用于 Windows 环境的代码与目标硬件及所使用的 RTOS 加以匹配就可以了。

目前有多家制造商均提供 EtherCAT 从站控制器。通过价格低廉的 FPGA，也可实现从站控制器的功能。可以购买授权以获取相应的二进制代码。从站控制器通常都有一个内部的 DPRAM，并提供存取这些应用内存的接口范围。

串行 SPI（串行外围接口）主要用于数量较小的过程数据设备，如模拟量 I/O 模块、传感器、编码器和简单驱动等。该接口通常使用 8 位微控制器，如微型芯片 PIC、DSP、Intel80C51 等。

8/16 位微控制器并行接口与带有 DPRAM 接口的传统现场总线控制器接口相对应，尤其适用于数据量较大的复杂设备。通常情况下，微控制器使用的接口包括 Infineon80C16x、Intel80x86、HitachiSH1、ST10、ARM 和 TITMS320 等系列。

32 位并行 I/O 接口不仅可以连接多达 32 位数字输入/输出，而且也适用于简单的传感器或执行器的 32 位数据操作。这类设备无需主机 CPU。

五、EtherCAT 特性

1. 热连接

许多应用都需要在运行过程中改变 I/O 组态。例如，具备变更特性的处理中心、装备传感器的工具系统、智能化的传输设备、灵活的工件执行器，以及可单独关闭印刷单元的印刷机等。EtherCAT 系统考虑到了这些需求："热连接"功能可以将网络的各个部分连在一起或断开，或"动态"进行重新组态，从而针对变化的组态提供了灵活的响应能力。

2. 高可用性

可选的电缆冗余性可满足日益增长的对提高系统可用性的需求，这样无需关闭网络就可以更换设备。增加冗余特性耗费不高，仅需在主站设备端增加使用一个标准的以太网端口（无需专用网卡或接口），并将单一的电缆从总线型拓扑结构转变为环型拓扑结构即可。当设备或电缆发生故障时，也仅需一个周期即可完成切换。因此，即使是针对运动控制要求的应用，电缆出现故障时也不会有任何问题。

　　EtherCAT 还支持带热待机功能的冗余主站。由于 EtherCAT 从站控制器在遇到中断时立即将帧自动返回，设备故障不会导致整个网络关闭。例如，可将电缆保护拖链特别配置为短棒的形式以防备断线。

3. 安全性

　　安全功能一般是从自动化网络、通过硬件或使用专用安全总线系统单独实现的。由于有了 TwinSAFE（Beckhoff 的安全技术），现在可以使用 EtherCAT 安全协议，在同一网络上进行安全相关通信和控制通信。

　　该安全协议基于 EtherCAT 的应用层，不影响较低层。此安全协议已根据 IEC 61508 进行了认证，可达到安全集成级别，在采取相关措施后甚至可达到 SIL4。数据长度可以变化，使得该协议对安全 I/O 数据和安全驱动技术同样适用。与其他 EtherCAT 数据一样，安全数据无需使用安全路由器或网关就可得到路由。

4. 诊断

　　网络的诊断能力对于增强网络可用性和缩短调试时间（从而降低总成本）来说非常重要。只有当错误被快速而准确地检测出，并且清楚地指明其所在位置时，错误才能被及时地排除。因此，在 EtherCAT 的研发过程中，特别注重典型的诊断特征。

　　在试运行期间，将使用指定的配置检测 I/O 端子实际配置的连续性。拓扑结构也要与配置相匹配。因为有内置的拓扑结构识别工业自动化网，I/O 可以在系统启动时，或通过自动上装配置时进行确认。

　　数据传输过程中的位错误可以通过有效的 32 位 CRC 校验码检测到。除断点检测和定位外，通过 EtherCAT 系统协议，传输物理层和拓扑结构使得高品质监控每个独立的传输段成为现实。通过自动分析相关错误计数器，可以精确定位关键网络部分。可检测并定位 EMC 干扰、有缺陷的连接器或损坏的电缆等不断变化的错误来源，即使它们尚未对网络的自愈能力产生过度影响。

5. 开放性

　　EtherCAT 技术不仅与以太网完全兼容，而且还有特别的设计开放性特点：该协议可与其他提供各种服务的以太网协议并存，且所有的协议都并存于同一物理介质中，通常只会对整个网络性能有很小程度的影响。标准的以太网设备可通过交换机端子连接至一个 EtherCAT 系统，该端子并不会影响循环时间。配备传统现场总线接口的设备可通过 EtherCAT 现场总线主站端子的连接集成到网络中。UDP 协议变体允许设备整合于任何插槽接口中。EtherCAT 是一个完全开放式协议，它已被认定为一个正式 IEC 规范（IEC/PAS62407）。

思 考 题

　　（1）为什么商用以太网不能应用于工业现场？
　　（2）工业以太网是如何解决工业自动化网络对实时性的要求的？
　　（3）简述精确同步时钟的协议（PTP）和网络时间协议（SNTP）的差别，试解释 PTP 是如何实现网络时间精确同步的。
　　（4）简述 EPA 分时调度的机制。
　　（5）简述实时以太网的特点，它有哪几种类型？

（6）谈谈 EPA 和 Ethernet/IP 总线工作方式的异同。

（7）EPA 网络中能不能进行时钟同步？说明理由。

（8）EPA 宏周期是什么？与系统采样周期有什么关系？

（9）简述"E（Ethernet）网到底"概念的含义，并解释在目前网络化社会的背景下，"E 网到底"有怎样的意义？

（10）EPA、Ethernet/IP、EtherCAT 之间本质的区别在哪里？

（11）简述 CIP 技术的特点。

第11章 无线局域网

11.1 无线局域网定义与特点

无线局域网（Wireless Local Area Networks，WLAN）是采用无线传输介质取代有线传输介质所构成的局域网络，它是相当便利的数据传输系统。无线局域网络能利用简单的存取架构让用户通过它达到资源共享、数据传输、分散检测控制的目的。由于无线局域网技术在传输距离、传输速率、可靠性等方面受到较大的限制，因此该技术在工业控制领域的应用还存在较大的局限性，主要应用于实时性要求不高的场合。

无线局域网包括广义和狭义两种定义。从广义上讲，凡是通过无线介质在一个区域范围内连接信息设备共同构成的网络，都可以称之为无线局域网，与其相对应的是无线广域网（Wireless Wide Area Network，WWAN），比如 GSM/GPRS 和 CDMA。

无线局域网组成元件包括无线网络接口卡（NIC）和无线网络局部网桥（通常称为访问节点，AP）。无线网络接口卡把设备与无线网络连接起来，而访问节点把无线网络与有线网络连接起来。大部分无线网络接口卡是通过实现载波监听访问协议并用扩展序列调制的数据信号把设备与无线网络连接起来的。

在一个局部环境中进行无线联网的方法有三种，即无线电波、红外线和载波电流。下面将介绍常见的基于无线电的无线局域网。

一、天线

经过调制的信号被天线发射出去，这样目标端才能接收到。天线的形状和尺寸有很多种，其电气特性标准包括传播方向图、增益、发射功率、带宽。

天线的传播方向图决定了它的覆盖范围。一个真正的全向天线向所有方向发射能量；相反，定向天线则几乎将所有能量集中在某一个方向。图 11-1 说明了它们的区别。

增益的大小取决于天线的方向性。定向天线的增益（扩大程度）比全向天线大，而且由于其将能量集中在一个单一的方向，所以调制后的信号可以传到更远的地方。定向天线则非常适合于地处同一座城市的建筑物之间的互连。因为这类互连的距离比较远，应该设法将其他系统的干扰降到最低程度。

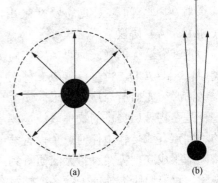

图 11-1 全向天线和定向天线传播方向图
(a) 全向天线；(b) 定向天线

全向天线获得的增益为 1，因为它并不将功率集中于任何一个方向。全向天线是室内无线网络的最佳选择，因为室内无线网络的范围比较小，而且也不易产生向外干扰。

发射功率和增益决定了信号所能传播的距离。长距离需要更高的功率和定向发射模式；相反，短距离发射所需的功率和增益都比较小。无线网络的发射功率比较低，只有 1W 甚至更低。

带宽是传播信号的扩展频谱的有效部分。例如，电话系统的工作带宽大约从 0~4kHz，人类的语音频率都是在这个带宽内。无线电波系统占据高频率段一个很大的带宽。数据传输速率和带宽是成比例的，数据传输速率越高，需要的带宽就越宽。

二、网络拓扑

无线局域网的拓扑结构可归结为两类，即无中心或对等式拓扑和有中心拓扑。

1. 无中心拓扑

无中心拓扑的网络要求网中任意两个站点均可直接通信。采用这种拓扑结构的网络一般使用公用广播信道，各站点都可竞争公用信道，而信道接入控制（MAC）协议大多采用 CSMA（载波监测多址接入）类型的多址接入协议。这种结构的优点是网络抗毁性好、建网容易且费用较低。但当网中用户数（站点数）过多时，信道竞争成为限制网络性能的要害。并且，为了满足任意两个站点可直接通信，网络中站点的布局受环境限制较大。因此这种拓扑结构适用于用户数相对较少的工作群规模。

2. 有中心拓扑

在有中心拓扑结构中，要求一个无线站点充当中心站，所有站点对网络的访问均由其控制。这样，当网络业务量增大时网络吞吐性能及网络时延性能的恶化并不剧烈。由于每个站点只需在中心站覆盖范围内就可与其他站点通信，故网络中心点布局受环境限制也小。此外，中心站为接入有线主干网提供了一个逻辑接入点。有中心网络拓扑结构的弱点是抗毁性差，中心站点的故障容易导致整个网络瘫痪，并且中心站点的引入增加了网络成本。在实际应用中，无线局域网往往与有线主干网络结合起来使用。这时，中心站点充当无线局域网与有线主干网的转接器。

三、介质访问控制

介质访问控制，在基于无线电的无线局域网中发挥数据链路层功能，使得多个设备通过一个类似于以太网的载波监听协议共享同一个传输介质。这个协议使一组无线计算机共享同一个频率和空间。无线局域网采用的介质访问控制为带冲突避免的载波侦听多路访问（CSMA/CA）协议。

带冲突避免的载波侦听多路访问（CSMA/CA）是采用竞争技术的一种介质访问控制方法，类似 CSMA/CD，也可以看成一种先听后说的机制。这种类型的访问机制，设备在开始新的发送前必须先监听介质，如果介质上有信息正在传输，该无线客户端将不会发送信息。这个过程是在物理层提供的物理载波检测基础上实现的。但由于无线传输与有线传输有一个明显的不同，有线传输中任何一个设备都可以侦听到其他设备发出的数据，但在无线传输中这种情况却不成立，无线设备无法侦听到离它较远距离发出的信号，这种情况俗称为"Near/Far"现象。可能监听介质的无线客户端没有侦听到信息传送，但是实际介质上还有其他的信息在传送，就会产生冲突，冲突的发生导致发送中断，使近几次的发送不能正常接收。无线局域网设备不能够同时发送和接收，所以在无线局域网中采用冲突避免的策略，即在一个无线局域网中，不是所有的设备都能够直接通信。因此，无线局域网采用网络分配矢量（NAV）。网络分配矢量（NAV）表示介质空闲剩余时间的值。每个无线客户端的网络分配矢量都是从介质传输的帧里获取到时间长度值来保持最新值。无线客户端通过检查网络分配矢量决定是否发送。有可能网络分配矢量表示忙，物理载波检测显示介质空闲，这时无线客户端不能够发送。因此，网络分配矢量称为虚拟载波检测。通过物理载波检测和虚拟载波检测的结合，实现 CSMA/CA 的冲突避免机制。

CSMA/CA 协议的工作流程分为两个，分别是：

（1）送出数据前，监听媒体状态，等无人使用媒体，维持一段时间后，再等待一段随机的时间后依然无人使用，才送出数据。由于每个设备采用的随机时间不同，所以可以减少冲突的机会。

（2）送出数据前，先送一段小小的请求传送报文（Request to Send，RTS）给目标端，等待目标端回应（Clear to Send，CTS）报文后，才开始传送。利用 RTS-CTS 握手（Handshake）程序，确保接下来传送资料时，不会被碰撞。同时由于 RTS-CTS 封包都很小，让传送的无效开销变小。

综上所述，CSMA/CA 协议采用的是显式 ACK 机制。

四、扩展频谱调制

调制，属于物理层的功能，是网卡内无线电收发器用数字信号通过空气波传输的过程。扩频是在更宽的频带上"扩展"信号的功率，通过牺牲带宽来增加信噪比的性能（称为增益过程）。这与保存频带的愿望相反，但是扩展过程能使数字信号对电器噪声的敏感程度比常规的无线电调制技术小得多。其他的传输和电器噪声，在带宽上明显较窄，仅能干扰一小部分扩频信号，当接收器调制信号时，导致干扰和错误都少得多。

扩展频谱调制器利用两种方式之一在更宽的区域内传递信号，即跳频扩频和直接序列扩频。

1. 跳频扩频（Frequency-Hopping Spread Spectrum，FHSS）

跳频技术在同步且同时的情况下，接收两端以特定型式的窄频载波来传送信号，对于一个非特定的接收器，FHSS 所产生的跳动信号对它而言，也只算是脉冲噪声。

通俗地讲，跳频发送器发送数字信号，接着用载波信号调制，载波信号在一个很宽的频带上从一个频率跳变到另一个频率。举个例子，跳频无线电设备，载频在 2.4GHz 频率时，它将在 2.4～2.483GHz 频带之间跳跃。FHSS 所展开的信号可依特别设计来回避噪声或 One-to-Many 的非重复的频道。

跳跃编码决定了无线电设备传输的频率和次序。为了正确接收信号，接收器必须设置相同的跳跃编码，适时收听接收到的信号并校正频率。联邦通信委员会（FCC）条例规定，制造商对具有最大延时 400ms 的每个传输频道使用 75 个以上的频率次数。如果在一个频率上遇到干扰，无线电设备则在另一个频率上继续跳跃重新传输信号。因为调制技术自身的自然特征，频率跳跃能够达到 2Mbit/s 的数据速率。更快的数据速率对于数不胜数的错误是很敏感的。

跳频技术能减少干扰，因为来自于窄带系统的干扰信号会影响扩频信号，因此集合干扰将会很低。假如二者同时用同样的频率传输时，结果很少或根本没有比特误差。

让工作的无线电设备在同一个频段中使用扩频并假定每一台无线电设备使用不同的跳跃模式而不干扰是有可能的。当一台无线电设备以一特定的频率传输时，另一台无线电设备则使用一个不同的频率。从未在同一时间使用同一频率的一组跳跃编码被看成垂直相交。联邦通信委员会（FCC）对不同传输频率数量的要求是允许频率跳跃无线电设备有许多非干扰频道。

2. 直接序列扩频（Direct Sequence Spread Spectrum，DSSS）

直接序列扩频技术是将原来的信号 1 或 0，利用 10 个以上的 chips 芯片编码（也就是处理增益）来代表 1 或 0 位，使得原来较高功率、较窄的频率变成具有较宽频的低功率频率。而每个 bit 使用多少个 chips 称做 Spreading chips。一个较高的 Spreading chips 可以增加抗噪声干扰，而一个较低的 Spreading Ration 可以增加用户的使用人数。

基本上，在 DSSS 的 Spreading Ration 是相当少的，例如在几乎所有 2.4GHz 的无线局域网络产品所使用的 Spreading Ration 皆少于 20。而在 IEEE 802.11 的标准内，其 Spreading Ration 在 100 左右。

3. FHSS 和 DSSS 的调变差异

无线局域网络在性能和能力上的差异，主要是取决于所采用的是 FHSS 还是 DSSS 来实现以及所采用的调变方式。然而，调变方式的选择并不完全是随意的，像 FHSS 并不强求某种特定的调变方式，而且，大部分既有的 FHSS 都是使用某些不同形式的高斯频移键控（Gauss Frequency Shift Keying，GFSK），但是，IEEE 802.11 草案规定要使用 GFSK。至于 DSSS 则使用可变相位调变，如相移键控（Phase shift keying，PSK）、正交相移键控（Quadrature Phase Shift Keying，QPSK）、四相相对相移键控（Differential Quadrature Reference Phase Shift Keying，DQPSK）等，可以得到高的可靠性以及高的数据速率性能。

在抗噪声能力方面，采用 QPSK 调变方式的 DSSS 与采用 FSK 调变方式的 FHSS 相比，这两种不同技术的无线局域网络拥有各自的优势。FHSS 系统之所以选用 FSK 调变方式，是因为 FHSS 和 FSK 内在架构的简单性，FSK 无线信号可使用非线性功率放大器，但这却牺牲了作用范围和抗噪声能力。而 DSSS 系统需要稍为贵一些的线性放大器，但却可以获得更多的回馈。

4. DSSS 与 FHSS 的优劣

截至目前，若以 DSSS 与 FHSS 详加比较（见表 11-1），可以看出 DSSS 技术在需要最佳可靠性的应用中具有较佳的优势，而 FHSS 技术在需要低成本的应用中较占优势。虽然可以在网际网络内看到各家厂商各说各话，但真正需要注意的是厂商在 DSSS 和 FHSS 展频技术的选择，必须要视产品在市场中的定位而定，因为它可以解决无线局域网络的传输能力及特性，包括抗干扰能力、使用距离范围、频宽大小及传输资料的大小。

表 11-1　　　　　　　　　　　　　　　DSSS 与 FHSS 比较

比较项目	DSSS	FHSS
展频特性	将原信号 "1" 或 "0" 利用 10 个以上的 chips 代表 "1" 或 "0"，使得原来较高功率、较窄频率变成具有较宽频的低功率	同步，同时接受两端以特定形式的窄频载波来传送信号。对于一个非特定的接收器，FHSS 所产生的跳动信号对它而言，只能算是脉冲噪声而已
调变差异	DSSS 使用可变相位调变（如：PSK、QPSK、DQPSK），可以得到最高的可靠性以及表现高数据速率性能	FHSS 并不强求某种特定的调变方式，而且，大部分既有的 FHSS 都是使用某些不同形式的 GFSK，但是，IEEE 802.11 草案规定要使用 GFSK
抗噪声能力	DSSS 的 DQPSK 调变方式是采用线性放大器组成，其作用范围和抗噪声能力效果佳	FHSS 的 FSK 调变方式架构简单，采用非线性功率放大器组成
差异	高速，长距离，容易集成，适用于较固定环境中使用，作用范围较大	低速，小范围，携带数据语音，安全性好

一般而言，DSSS 由于采用全频带传送资料，速度较快，未来可开发出更高传输频率的

潜力也较大。DSSS 技术适用于固定环境中或对传输品质要求较高的场合，因此，无线厂房、无线医院、网络社区、分校联网等大都采用 DSSS 无线技术产品。FHSS 则大都使用于需快速移动的端点，如移动电话，其在无线传输技术部分即是采用 FHSS 技术；且因 FHSS 传输范围较小，所以往往在相同的传输环境下，所需要的 FHSS 技术设备要比 DSSS 技术设备多，在整体价格上，可能也会比较高。以目前企业需求来说，高速移动端点应用较少，而大多较注重传输速率及传输的稳定性，所以未来无线网络产品发展应会以 DSSS 技术为主流。

五、窄带调制

传统的无线电系统，如电视机和 AF/FM 收音机，都应用窄带调制。这些系统在窄的频率范围内，集中全部传输功率，在频率空间内高效地利用无线电频谱。大部分通信系统设计的出发点是尽可能保留带宽，因此，大部分的传输信号利用相对窄的无线电频谱段。

然而，其他利用相同传输频率的系统却会导致大量的干扰，因为噪声源会破坏大部分信号。为了避免干扰，FCC 通常要求窄带系统用户获取 FCC 许可证以正确调整无线电设备的操作。随后，窄带产品因能确保操作却无任何干扰而拥有更大的优势。假如干扰还是发生了，一般 FCC 会解决。这使得窄带调制对那些可能存在重大干扰的城市在进行长距离连接中是很有益的。

六、网络接口

网络接口涉及无线局域网中站点从哪一层接入网络系统。一般来讲，网络接口可以选择在 OSI 参考模型的物理层或数据链路层。所谓物理层接口是指使用无线信道替代通常的有线信道，而物理层以上各层不变。这样做的最大优点是上层的网络操作系统及相应的驱动程序可不做任何修改。这种接口方式在使用时一般作为有线局域网的集线器和无线转发器以实现有线局域网间互联或扩大有线局域网的覆盖范围。

另一种接口方法是从数据链路层接入网络。这种接口方法并不沿用有线局域网的 MAC 协议，而采用更适合无线传输环境的 MAC 协议。MAC 层及其以下层对上层是透明的，配置相应的驱动程序来完成与上层的接口，这样可保证现有的有线局域网操作系统或应用软件可在无线局域网上正常运行。目前，大部分无线局域网厂商都采用数据链路层接口方法。

七、对移动计算网络的支持

在无线局域网发展的初期阶段，无线局域网的最大特征是用无线媒体替代线缆，这样可省去布线，网络安装简便。随着笔记本型、膝上型、掌上型电脑个人数字助手（PDA）以及便携式终端等的普及应用，支持移动计算网络的无线局域网就显得尤为重要。从移动通信的观点来讲，移动计算网络应提供以下几个功能：小区内的站点可移动，同一小区内的站点可直接或经 AP 间接通信；不同小区内站点可经过网络接入点（AP）及主干网进行通信；当某一站点由一个小区移动至另一个小区时，通过越区切换协议或算法，该站点被切换至新的小区；在新的小区中该站点仍和在以前小区时一样保持与外界的连接；小区中的站点可通过主干网上的路由器访问公共网或被公共网访问。

八、无线局域网的应用

无线局域网络的应用不是用来取代有线局域网络，而是用来弥补有线局域网络的不足，以达到网络延伸的目的。下列情形可能需要无线局域网络：无固定工作场所的使用者；有线局域网络架设受环境限制；作为有线局域网络的备用系统。

11.2　无线局域网络技术标准

无线接入技术区别于有线接入的特点之一是标准不统一，不同的标准有不同的应用。正因如此，无线接入技术出现了百家争鸣的局面。在众多的无线接入标准中，无线局域网标准更成为人们关注的焦点。

无线局域网（WLAN）技术标准主要有 IEEE 802.11、HomeRF 和蓝牙技术标准三种。

1. IEEE 802.11 标准

Dell、3Com、Cisco、Intel、Sony、Apple 和朗讯等约 70 家公司支持 IEEE 802.11b。它工作在 2.4GHz，直接序列扩频，最大数据传输速率为 11Mbit/s，无需直线传播。支持的范围是在室外为 300m，在办公环境中最长为 100m。使用与以太网类似的连接协议和数据包确认来提供可靠的数据传送和网络带宽的有效使用。

2. HomeRF 标准

HomeRF 是由家庭无线联网业界团体制定的标准，主要为家庭网络设计，是 IEEE 802.11 与 DECT 的结合，旨在降低语音数据成本。支持 HomeRF 的有 Intel、HP、Proxim、Motorola 和 Siemens 等 80 家公司。HomeRF 采用了扩频技术，工作在 2.4GHz，能同步支持 4 条高质量语音信道，利用跳频扩谱方式，通过家庭中的一台主机在移动设备之间实现通信，既可以通过时分复用支持语音通信，又能通过载波监听多重访问/冲突避免协议提供数据通信服务。同时，HomeRF 提供了与 TCP/IP 良好的集成，支持广播、多播和 48 位 IP 地址。目前 HomeRF 的传输速率只有 1～2Mbit/s，FCC 建议增加到 10Mbit/s。

3. 蓝牙技术标准

蓝牙技术是一种无线个人联网技术，它的发起者包括爱立信、IBM、Intel、诺基亚和东芝。作为一种开放性的标准，蓝牙可以提供在短距离内的数字语音和数据的传输，可以支持在移动设备和桌面设备之间的点对点或者一对多点的应用。蓝牙收发机在 2.4GHz ISM 频带上以 1600 跳/秒跳频，即以 2.45GHz 为中心频率，可得到 79 个 1MHz 带宽的信道。在发射机频率为 1MHz 时，有效的蓝牙数据速率是 721kbit/s。由于蓝牙技术具有低功耗、小体积以及低成本的优势，几乎无需任何变动，便可将蓝牙扩展成适于家庭使用的小型网络。如果蓝牙需要 100mW 功率输出和更远的通信距离，应外加单独的功率放大器。

通过无线网络技术标准比较分析（见表 11-2）可以看出，各种标准都是根据不同的使用场合，不同的用户需求而制定的。有的是为了增加带宽和传输距离，有的则是考虑移动性和经济性，局部最优不等于全局最优。因此，用户应视实际需求选择适合自己的标准。

表 11-2　　　　　　　　　　　　无线网络技术标准比较表

标准	IEEE 802.11	HomeRF	蓝牙技术
应用	远距离高速无线数据网	家庭无线通信	小范围无线通信
技术	FHSS，DSSS	FHSS	FHSS
频率	RF 2.4GHz	RF 2.4GHz	RF 2.4GHz
速率	11Mbit/s	11Mbit/s	1Mbit/s
接口	USB，ISA，PCI，PCMCIA	N/A	Module
成本	高	中	低

一、IEEE 802.11 家族

IEEE 802.11 是无线局域网通用的标准，它是由 IEEE 所定义的无线网络通信的标准。虽然 Wi-Fi 与 802.11 常被混为一谈，但两者并不一样。

IEEE 802.11 为 IEEE（美国电气与电子工程师协会，The Institute of Electrical and Electronics Engineers）于 1997 年公告的无线区域网路标准，适用于有线站台与无线用户或无线用户之间的沟通连接。

自第二次世界大战以来，无线通信因在军事上应用的成果而受到重视，无线通信一直发展，但缺乏广泛的通信标准。于是，IEEE 在 1997 年为无线局域网制定了第一个版本标准——IEEE 802.11。其中定义了媒体存取控制层（MAC 层）和物理层。物理层定义了工作在 2.4GHz 的 ISM（Industry、Science、Medical，工业、科学、医疗）频段上的两种展频作调频方式和一种红外传输的方式，总数据传输速率设计为 2Mbit/s。两个设备之间的通信可以设备到设备（Ad-hoc）的方式进行，也可以在基站（Base Station, BS）或者访问点（Access Point，AP）的协调下进行。为了在不同的通信环境下取得良好的通信质量，采用 CSMA/CA（Carrier Sense Multi Access/Collision Avoidance）硬件沟通方式。

1999 年加上了两个补充版本：IEEE 802.11a 定义了一个在 5GHz ISM 频段上的数据传输速率可达 54Mbit/s 的物理层，IEEE 802.11b 定义了一个在 2.4GHz 的 ISM 频段上但数据传输速率高达 11Mbit/s 的物理层。2.4GHz 的 ISM 频段为世界上绝大多数国家通用，因此 IEEE 802.11b 得到了最为广泛的应用。苹果公司把自己开发的 IEEE 802.11 标准起名为 AirPort。1999 年工业界成立了 Wi-Fi 联盟，致力解决符合 IEEE 802.11 标准的产品的生产和设备兼容性问题。

1. IEEE 802.11

初期的规格采用直接序列展频（扩频）技术（Direct Sequence Spread Spectrum，DSSS）或跳频展频（扩频）技术（Frequency Hopping Spread Spectrum，FHSS），制定了在 RF 射频频段 2.4GHz 上的运用，并且提供了 1Mbit/s、2Mbit/s 和许多基础信号传输方式与服务的传输速率规格。

2. IEEE 802.11a

IEEE 802.11a 是 IEEE 802.11 原始标准的一个修订标准，于 1999 年获得批准。IEEE 802.11a 标准采用了与原始标准相同的核心协议，工作频率为 5GHz，使用 52 个正交频分多路复用副载波，最大原始数据传输速率为 54Mbit/s，这达到了现实网络中等吞吐量（20Mbit/s）的要求。如果需要的话，数据速率可降为 48Mbit/s、36Mbit/s、24Mbit/s、18Mbit/s、12Mbit/s、9Mbit/s 或者 6Mbit/s。IEEE 802.11a 拥有 12 条不相互重叠的频道，8 条用于室内，4 条用于点对点传输。它不能与 IEEE 802.11b 进行互操作，除非使用了对两种标准都采用的设备。

由于 2.4GHz 频带已经被到处使用，采用 5GHz 的频带让 IEEE 802.11a 具有了更少冲突的优点。然而，高载波频率也带来了负面效果。IEEE 802.11a 几乎被限制在直线范围内使用，这导致必须使用更多的接入点；同样还意味着 IEEE 802.11a 不能传播得像 IEEE 802.11b 那么远，因为它更容易被吸收。

尽管 2003 年的世界无线电通信会议让 IEEE 802.11a 在全球的应用变得更容易，不同的国家还是有不同的规定支持。美国和日本已经出现了相关规定对 IEEE 802.11a 进行了认可，但是在其他地区，如欧盟，管理机构却考虑使用欧洲的 HIPERLAN 标准，而且在 2002 年中期禁止在欧洲使用 IEEE 802.11a。在美国，2003 年中期联邦通信委员会的决定可能会为

IEEE 802.11a 提供更多的频谱。

在 52 个 OFDM 副载波中，48 个用于传输数据，4 个是引示副载波（pilot carrier），每一个带宽为 0.3125MHz（20MHz/64），可以是二相移相键控（BPSK），四相移相键控（QPSK），16-QAM 或者 64-QAM。总带宽为 20MHz，占用带宽为 16.6MHz。符号时间为 4ms，保护间隔 0.8ms。实际产生和解码正交分量的过程都是在基带中由 DSP 完成，然后由发射器将频率提升到 5GHz。每一个副载波都需要用复数来表示。时域信号通过逆向快速傅里叶变换产生。接收器将信号降频至 20MHz，重新采样并通过快速傅里叶变换来重新获得原始系数。使用 OFDM 的好处包括减少接收时的多路效应，增加了频谱效率。

IEEE 802.11a 产品于 2001 年开始销售，比 IEEE 802.11b 的产品还要晚，这是因为产品中 5GHz 的组件研制成功太慢。由于 IEEE 802.11b 已经被广泛采用了，IEEE 802.11a 没有被广泛的采用，再加上 IEEE 802.11a 的一些弱点和一些地方的规定限制，使得它的使用范围更窄了。IEEE 802.11a 设备厂商为了应对这样的市场匮乏，对技术进行了改进（现在的 IEEE 802.11a 技术已经与 IEEE 802.11b 在很多特性上都很相近了），并开发了可以使用不止一种 IEEE 802.11 标准的技术。现在已经有了可以同时支持 IEEE 802.11a 和 b，或者 a、b、g 都支持的双频、双模式或者三模式的无线网卡，它们可以自动根据情况选择标准。同样，也出现了移动适配器和接入设备能同时支持所有的这些标准。

3. IEEE 802.11b

其载波的频率为 2.4GHz，可提供 1Mbit/s、2Mbit/s、5.5Mbit/s 及 11Mbit/s 的多重传送速率。它有时也被错误地标为 Wi-Fi。实际上 Wi-Fi 是无线局域网联盟（WLANA）的一个商标，该商标仅保障使用该商标的商品互相之间可以合作，与标准本身没有关系。在 2.4GHz 的 ISM 频段共有 14 个频宽为 22MHz 的频道可供使用。IEEE 802.11b 的后继标准是 IEEE 802.11g，其传送速率为 54Mbit/s。

4. IEEE 802.11g

IEEE 802.11g 在 2003 年 7 月被通过。其载波的频率为 2.4GHz（与 IEEE 802.11b 相同），原始传输速率为 54Mbit/s，净传输速率约为 24.7Mbit/s（跟 IEEE 802.11a 相同）。IEEE 802.11g 的设备向下与 IEEE 802.11b 兼容。

其后有些无线路由器厂商因应市场需要而在 IEEE 802.11g 的标准上另行开发新标准，并将理论传输速率提升至 108Mbit/s 或 125Mbit/s。

5. IEEE 802.11i

IEEE 802.11i 是 IEEE 为了弥补 IEEE 802.11 脆弱的安全加密功能（Wired Equivalent Privacy，WEP）而制定的修正案，于 2004 年 7 月完成。其中定义了基于 AES 的全新加密协议 CCMP（CTR with CBC-MAC Protocol），以及向前兼容 RC4 的加密协议 TKIP（Temporal Key Integrity Protocol）。

无线网络中的安全问题从暴露到最终解决经历了相当长的时间，而各大通信芯片厂商显然无法接受在这期间什么都不出售，所以迫不及待的 Wi-Fi 厂商采用 IEEE 802.11i 的草案 3 为蓝图设计了一系列通信设备，随后称之为支持 WPA（Wi-Fi Protected Access）的；之后将支持 IEEE 802.11i 最终版协议的通信设备称为支持 WPA2（Wi-Fi Protected Access 2）的。

6. IEEE 802.11n

IEEE 802.11n 是 2004 年 1 月时 IEEE 宣布组成一个新的单位来发展的新的 IEEE 802.11

标准，在市面上零售的相关产品版本为草拟版本 2.0。传输速率理论值为 300Mbit/s，因此需要在物理层产生更高的传输速率，此项新标准应该要比 IEEE 802.11b 快 50 倍，而比 IEEE 802.11g 快上 10 倍左右。IEEE 802.11n 也将会比目前的无线网络传送到更远的距离。

在 IEEE 802.11n 有两个提议在互相竞争中：以 Broadcom 为首的一些厂商支持的 WWiSE（World-Wide Spectrum Efficiency）和由 Intel 与 Philips 所支持的 TGn Sync。

IEEE 802.11n 增加了对于 MIMO 的标准，使用多个发射和接收天线来允许更高的数据传输率，并使用了 Alamouti coding coding schemes 来增加传输范围。

7. IEEE 802.11k

IEEE 802.11k 阐述了无线局域网中频谱测量所能提供的服务，并以协议方式规定了测量的类型及接收发送的格式。此协议制定了几种有测量价值的频谱资源信息，并建立了一种请求/报告机制，使测量的需求和结果在不同终端之间进行通信。协议制定小组的工作目标是要使终端设备能够通过对测量信息的量做出相应的传输调整，为此，协议制定小组定义了测量类型。

这些测量报告使在 IEEE 802.11 规范下的无线网络终端可以收集临近 AP 的信息（信标报告）和临近终端链路性质信息（帧报告、隐藏终端报告和终端统计报告）。测量终端还可以提供信道干扰水平（噪声柱状报告）和信道使用情况（信道负荷报告和媒介感知柱状图）。

二、蓝牙技术

蓝牙技术是由蓝牙特别兴趣小组（SIG）制定的工业规范，是一种短距离无线通信技术，旨在取代电缆来连接便携式或固定设备，例如计算机、PDA 和外围设备（打印机、键盘、鼠标等），并保证高度的安全性。目前已经制定了 Bluetooth 1.0、1.1、1.2、2.0、2.1 规范。

蓝牙技术在推出时就瞄准了无线局域网的通信，是一种无线数据与语音通信的开放性标准，它以低成本的近距离无线连接为基础，为固定与移动设备通信环境建立一个特别连接，在 10～100m 的空间内所有支持该技术的移动或非移动设备，可以方便地建立网络联系、进行音频通信或直接通过手机访问互联网。

蓝牙技术的特点包括成本低、功耗低、体积小、能够传送语音和数据、采用跳频技术、工作于 ISM 频段等。蓝牙技术具有两种网络拓扑结构，即主从网络和分散网络。

（1）主从网络。主从网络是蓝牙网络的基本单元。在一个主从网络中，主设备最多可以同时与 7 个处于 Active 状态的从设备互相传递数据。在定义上从设备与从设备间并不互传数据，当从设备只与主从网络的时序互相同步但不传递数据时，从设备处于 Park 状态，一个主从网络最多可容纳 256 个 Park 状态的从设备。

在一个主从网络内的传输速率为 1Mbit/s，由主设备分配到各个从设备间的连接速率与方式是所有的从设备共同分享主从网络中的 1Mbit/s，所以当从设备越多时平均分配到的速率会降低。

在蓝牙系统的定义上，所有设备的地位都是平等的，原则上任何蓝牙装置都可以是主设备或从设备。首先提出连接要求的设备就称为主设备，被动与主设备连接的设备称为从设备，角色的分配是在主从网络形成时确定的。因此，在蓝牙网络内并没有基站的概念。根据应用程序的设计，有时主设备和从设备的功能还可互相转换。

（2）分散网络。在主从网络中的所有设备都共同分享主从网络的 1Mbit/s 传输速率，但当有更多的从设备加入主从网络时，每个从设备所分配到的传输速率将随之下降。蓝牙技术标准所采用的解决方法，是各个主从网络之间的设备能够互相通信，在几个主从网络所涵盖的范围内，组成了蓝牙技术中的分散网络，这样各个主从网络内的从设备不仅单独享有 1Mbit/s 的传输速率，有时又能与周围主从网络的从设备互相通信。

在分散网络中，主设备与从设备的角色常常互换。某个主从网络中的主设备也可以是其他主从网络的从设备、每个从设备也可以是其他主从网络的主设备、不同的主从网络还可以共享同一个从设备；但是当从设备处在 Active 状态时，只能选择加入其中的一个主从网络。当同一个区域有两个主从网络存在，彼此以跳频方式传输数据时，频率间互相干扰或是碰撞的机会可能增加，传输的效率也会稍稍降低。

蓝牙技术完整的协议体系如图 11-2 所示，最底层是偏重于物理层的电波发射层（Radio）协议，更高层分别为基带层协议、LMP 协议、L^2CAP 协议，在 LMP 协议上与

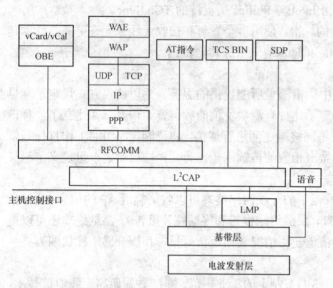

图 11-2　蓝牙技术的通信协议体系

L^2CAP 协议之间还有一个主机控制接口（Host Controller Interface，HCI），其余更高层的协议包括 RFCOMM 与 SDP 等。

1. 电波发射层协议的功能和特点

位于蓝牙技术协议体系最底层的无线电波发射层主要定义了蓝牙设备在 2.4GHz ISM 通用频段正常工作所需的要求，以及与无线电波有关的发射频率、调制方式和发射功率特性。

为使蓝牙设备更加的普及，蓝牙 SIG 协会在制定蓝牙技术标准时，将蓝牙设备发射的无线电波频率制定在全世界通用的 2.4GHz ISM 频段上。

在蓝牙技术标准内，将蓝牙设备的最大发射功率分为 3 个等级，分别是 100mW（20dBm）、2.5mW（4dBm）和 1mW（0dBm），功率为 1mW 时，传输距离是 10cm～10m，当发射源接近或是远离而使蓝牙设备接收到的电波的强度改变时，蓝牙设备会自动地调整发射功率，当发射功率提高到 100mW 时，传输距离可以扩大到 100m 的范围。

蓝牙技术的调制方式采用高斯频率移位键控（Gaussian Frequency Shift Keying，GFSK）方式。

2. 基带层协议的功能和特色

蓝牙技术协议体系内基带层位于发射层之上，在 LMP 协议之下，基带层收到来自上层 LMP 的信号后，经过基带层处理后传输到发射层。基带层主要描述了蓝牙设备如何运行、如何连接其他的蓝牙设备、蓝牙设备有哪些工作模式等问题。以下将通过设备地址、数据传输类型、设备工作状态等方向详细介绍基带层协议的功能。

（1）蓝牙设备地址。

BD_ADDR：在所有的蓝牙设备内都有一个唯一的 48 位 BD_ADDR（Bluetooth Device

Address，蓝牙设备地址），这个地址可说是蓝牙技术的运算核心，几乎所有负责蓝牙系统正常工作的控制参数，如跳频序列、频道访问码、加密密钥都是由此地址计算求得。BD_ADDR 也可看成蓝牙设备的硬件序号，这个地址是在每个蓝牙设备出厂时，由制造商集成在设备内的。

AM_ADDR：当从设备在主从网络中处于 Active 状态时，主设备将分配每个连接的从设备一个活动成员地址（Active Member Address，AM_ADDR），主设备就是通过这个地址来辨别主从网络中各个不同的从设备的。

PM_ADDR：从 Active 状态进入 Park 状态的蓝牙设备，将得到一个守候成员地址（Parked Member Address，PM_ADDR）。

AR_ADDR：在主从网络内中的所有 Park 状态的蓝牙设备，都会分配到一个访问请求地址（Access Request Address，AR_ADDR），每个蓝牙设备得到的 AR_ADDR 有可能相同，当从设备要从 Park 状态恢复到 Active 状态时将以此地址向主设备请求可发送的从设备到主设备的时隙。

（2）物理通道。

蓝牙技术标准定义：主动发出连接要求的设备称为主设备，另外一个被动接受连接的设备称为从设备。当两个蓝牙设备联机后，等于是在基带层建立起一条物理通道，物理通道内主设备与从设备间的信号传递是以时分双工（Time Division Duplex，TDD）方式进行的，如图 11-3 所示。主设备在偶数时隙中送出数据，从设备则在接收；在下一个时隙中则由从设备发送数据，主设备接收。时隙上传递的包并不占满整个时隙，每个时隙的传输时间为 625μs。

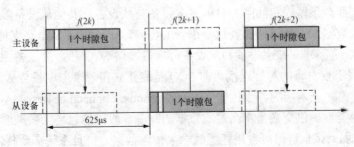

图 11-3　主设备与从设备间以 TDD 的方式建立一条物理信道

主设备只在偶数时隙发送信息，从设备只在奇数时隙发送信息，有时为提高传输速率，主设备发送的包长度最多可以扩展到 3 个或 5 个时隙，如图 11-4 所示。

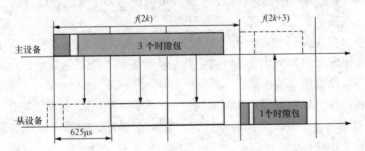

图 11-4　主设备发送的包长度最多可以扩展到 3 个或 5 个时隙

（3）跳频。

ISM 基带是开放的基带，运行在此基带的无线电系统都有可能遭遇到其他不同系统间的干扰，要避免遭受干扰可采用跳频的方式。

在蓝牙技术中将 2.4GHz 通信频段切割成许多通信频道，跳频技术是将物理通道内的每个时隙上所发送的数据，不断地从一个频道跳到另一个频道，如图 11-3 所示。当主设备与从设备同样在 $f(2k)$ 频道发送与接收，在下一个时隙时，主设备与从设备会根据彼此间相同的跳频序列，同时跳跃到另外一个 $f(2k+1)$ 频道发送与接收，若是在 $f(2k)$ 频道受到微波炉电波的干扰，则在 $f(2k+1)$ 频道受到干扰的机会非常低。若当主设备发送多个时隙的包时，如图 11-4 所示，发送的频率一直固定为第一个时隙的跳频频率，跳频频道保持为 $f(2k)$，下一个包的跳跃频率则由当时的跳频序列 $2k+3$ 所决定，所以跳跃频道为 $f(2k+3)$。

跳频序列决定于主设备内 48 位的 BD_ADDR。在同一个主从网络内的所有蓝牙设备，都有相同的跳频序列，所以都能够在同一个时隙跳跃到相同的频道上发送与接收信号；因此即使附近有不同的主从网络，由于建立主从网络的主设备不相同，所以跳频序列也不相同，主从网络彼此间互相干扰的影响也就很小。所以跳频也可看成具有一定的保密功能。

（4）数据传输类型。

蓝牙技术可以同时发送语音与数据两种数据类型，最主要的原因是蓝牙技术支持电路交换与包交换两种数据传输方式。在蓝牙技术标准中电路交换的传输称为 SCO 链路，包交换的传输称为 ACL 链路。

1）SCO 链路。面向连接的同步传输（Synchronous Connection-Oriented，SCO）链路属于电路交换的同步传输类型，电路交换是当主设备与从设备间的连接一旦建立后，不管有无数据发送，系统都会预留固定间隔的时隙给主设备与从设备，其他从设备就不能利用此连接上的时隙来发送数据。SCO 链路比较适合语音的传输，每一个 SCO 链路支持 64kbit/s 的语音通话，一旦 SCO 链路建立，主设备和从设备可直接发送 SCO 包，主设备无需事先询问从设备，SCO 链路属于点对点的对称连接，即 SCO 链路建立在一个主设备与从设备间。

2）ACL 链路。无连接的异步传输（Asynchronous Connection-Less，ACL）链路属于包交换的异步传输类型。包交换是将高层的数据切割成一段段的包。当物理通道上的时隙没有任何 SCO 链路时，ACL 链路可占用任意时隙来传输数据。一旦系统需要传输 SCO 链路时，ACL 链路则自动空出时隙提供 SCO 链路使用。ACL 链路只在 SCO 链路不使用的时隙上传输。主设备上的 ACL 链路利用 SCO 链路间的时隙传输数据到周围的从设备。

ACL 链路这种包交换的传输类型是在传输数据时才运用时隙，与现在因特网传输数据的方式相同，适合传输突发性的数据信息。主设备可同时与多个从设备建立 ACL 链路，属于点对多点的非对称连接。

主设备负责分配主从网络中的每个从设备到主设备间的传输速率。在主设备送出 ACL 链路包之前，必须先询问各个从设备，选定某个从设备后才能发送数据信息。ACL 链路也支持主设备到所有从设备的广播信息。

主设备与从设备将物理通道内的时隙进行最充分的利用后，能够同时建立许多 ACL 与 SCO 链路。主设备与各个从设备间最多只有一条 ACL 链路，但是可以有多条 SCO 链路。

（5）设备的工作状态。

蓝牙设备在不同的场合环境下，有各种不同的工作状态，例如刚打开电源、与其他的蓝牙设备互相连接、或是因为长时间不传递数据而进入省电模式等，蓝牙设备的各种工作状态适用于各种不同的工作环境。

蓝牙设备有两种主要的工作状态，当与其他的设备互相连接时，称为连接状态。处在连接状态时的主设备与从设备使用相同的通道访问码与相同的跳频序列，能够互相通信。当不与其他的设备互相作用时，称设备是在等待状态，设备在等待状态下以内定的系统时序 CLKN 运行，消耗的功率非常低。

当设备要从等待状态进入连接状态时，设备间需要进行一连串的信号查询与呼叫程序，进行查询与呼叫的状态称为中间状态。蓝牙技术标准定义主设备与从设备之间共有如下七种中间状态：查询、查询扫描、查询回应、呼叫、呼叫扫描、呼叫回应、主设备回应。

为了节省功率消耗同时也减少对其他用户的干扰，当从设备长时间不传递数据，但又希望与主从网络中的主设备互相连接时，从设备能选择进入许多不同状态的连接状态。连接状态不相同时，从设备的消耗功率与周期性的运行时间也不相同。从设备共有 Active、Sniff、Hold、Park 4 种连接状态。

1）Active。从设备与主设备互相传递数据时的一般工作模式，在 Active 状态下的从设备具有 AM_ADDR 地址以及与主从网络相同的跳频序列，在一个主从网络中最多同时拥有 7 个 Active 状态的从设备。

2）Sniff。当从设备为节省消耗功率而进入 Sniff 模式后，从设备将延长在跳频序列上接收主设备信号的间隔，间隔时间由主设备内 LMP 层的控制命令所指定。处于 Sniff 模式的从设备只有在这些间隔时间才接收主设备送来的信号，但是从设备仍然保有 AM_ADDR 及与主从网络相同的跳频序列。

3）Hold。在主从网络中的从设备进入 Hold 模式后，从设备将暂时停止支持 ACL 链路，但是仍然支持 SCO 链路，例如与蓝牙手机连接的耳机在 Hold 模式时能通话但无法接收到数据信息，所以从设备仍然保有 AM_ADDR 及与主从网络相同的跳频序列。从设备进入 Hold 模式是为了空出物理通道内的时隙来进行呼叫、呼叫扫描、查询或是加入其他的主从网络。

Hold 模式持续的时间由主设备与从设备内的应用程序共同协议决定，当超过该持续时间后从设备将恢复到原来的模式。

4）Park。当从设备不需要发送数据，希望更节省消耗功率又能不离开主从网络时，可以选择进入 Park 模式。从设备在 Park 模式时的运行时间非常少，Park 模式的从设备将丢弃 AM_ADDR 地址并从主设备得到 PM_ADDR 与 AR_ADDR。在主从网络中 Park 模式的从设备都有一个特定的 PM_ADDR，但是 AR_ADDR 可能与其他的从设备相同。Park 状态的从设备仍然与主从网络中的跳频序列同步。一个主从网络中最多可同时容纳 256 个 Park 状态的从设备。

主设备为了与主从网络内所有处于 Park 状态的从设备联系，在主设备到从设备的广播频道（Beacon Channel，BC）上周期性地发出一些广播信号。Park 状态的从设备每间隔固定时间（守候间隔）去接收广播频道（BC）上的信号，以保持与主设备的时序同步并检验额外的控制指令。当主设备希望唤醒某个处于 Park 状态的从设备时，就在广播频道（BC）上发送从设备的 PM_ADDR，并同时指定从设备成为 Active 状态后的 AM_ADDR，通过广播频道（BC），主设备能够同时唤醒许多处于 Park 状态的从设备。当从设备要从 Park 状态恢复到 Active 状态时，也是在广播频道（BC）上，以 AR_ADDR 向主设备请求可发送的从设备到主设备时隙，主设备收到从设备的请求后，发出控制信号以唤醒从设备的 Park 状态。

各个状态的功率消耗大小依次为 Active、Sniff、Hold、Park，从设备功率消耗越低时，运行周期也越长，这是以延长从设备的反应时间来节省耗电量。

（6）连接建立过程。

当蓝牙设备希望与其他设备连接时，就必须经过中间状态的功能来寻找周围的设备组件，中间状态内的七种状态主要分为查询与呼叫两大类。

呼叫与查询状态的最大差异在于，当主设备不知道周围是否存有任何的从设备时，必须以查询状态来得到周围所有从设备的 BD_ADDR 与内部时序，然后进入呼叫的状态与从设备互相连接。若是主设备已经知道要连接的从设备地址，则可直接进入呼叫的状态与该从设备进行连接。

不管蓝牙设备是在连接或等待的工作状态，都能进入呼叫与查询状态以便加入某个主从网络内。在等待状态的设备由于不与其他设备互相连接，进行信号处理时比较简单。处于连接状态的设备在信号处理上就比较复杂：当支持 ACL 链路的设备要进入查询状态时，必须暂停 ACL 链路，将设备转换到 Hold 或是 Park 模式才能进行；当支持 SCO 链路的设备要进入查询状态时查询的信号不可以打断 SCO 链路上包的发送，必须用到 SCO 链路包间所空置的时隙。

3. 高层协议的功能和特色

蓝牙技术的通信协议体系，整体而言，可说是由专门应用于蓝牙技术的核心协议与传统已有的通信协议所构成。蓝牙技术的核心协议，包括基带层协议、链路管理协议（LMP）、逻辑链路控制与适应协议（L^{2}CAP）、服务发现协议（SDP）、RFCOMM 协议；传统已有的通信协议，包括有 PPP、UDP/TCP/IP、OBEX、无线访问协议（WAP）、电话传输控制协议 TCSBinary、AT 指令等。核心协议是绝大多数蓝牙设备必须具备的通信协议。已有的通信协议是沿用现在的各种应用程序发展而来，建立在蓝牙技术的核心协议之上。下面将简单介绍蓝牙技术的核心协议。

（1）LMP。

基带层内的各项功能都由链路管理器所控制，链路管理器以 LMP（Link Manager Protocol，链路管理器协议）协议与其他设备的链路管理器互相通信，LMP 协议层位于基带层的上层，LMP 接收来自更高层的协议的指令，向下传递到基带层。

LMP 层主要的工作是建立与管理 LMP 连接，具有下列功能。

1）主从网络管理：管理基带层内主从网络的运行，例如连接与中断从设备、SCO 与 ACL 链路的建立与管理、主设备与从设备角色的互换、处理低功率的 Hold 与 Sniff 等连接状态。

2）链路设置：设置系统运行时的一些参数，例如服务品质（QoS）内的调用间隔次数、功率控制所需要的参数等。

3）安全功能：传递验证与加密的信号，以及管理链路密钥。

（2）HCI 的组成体系与信号处理。

预计未来各式各样蓝牙产品的制造方式，是将小体积的蓝牙模块内嵌进蓝牙产品的硬设备内。但为了能使现有的信息设备也能与蓝牙模块相连接，蓝牙技术标准定义了主机控制接口（HCI），HCI 的标准主要是定义主机控制蓝牙模块的各个指令意义。

HCI 的功能可分为三个部分，如图 11-5 所示。第 1 部分的传输固件位于蓝牙模块内，控制蓝牙模块内的硬件——主机控制器；第 2 部分为主机驱动程序，位于主机内；第 3 部分为实际的传输总线，可以是 USB、UART 或是 RS-232 接口。

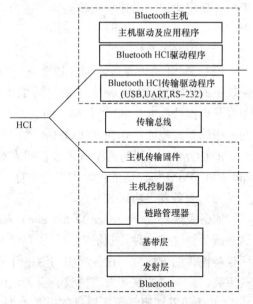

主机经过 USB、UART 或是 RS-232 接口与蓝牙模块相连接。主机上的 USB、RS-232 驱动程序发出控制的指令，经过 USB 或 RS-232 物理接口传递到蓝牙模块上，蓝牙模块内的固件负责将信号传递到 LMP 层，由 LMP 层再来控制基带层的操作，定义了 HCI 后，即使现有信息设备没有内嵌蓝牙模块，只要在主机上安装驱动程序，然后以 USB 或 RS-232 连接蓝牙模块，同样能享受蓝牙技术带来的便利。

HCI 位于 LMP 与 L^2CAP 层之间，HCI 发出的信号经过 LMP 层处理后，再传回 HCI。随着蓝牙芯片制造水平的进步，越来越多的蓝牙模块被设计成单芯片的结构，直接内嵌在蓝牙设备的电路板上，省去了 HCI 的传输信号。

图 11-5　HCI 的组成结构

（3）L^2CAP。

逻辑链路控制与适应协议（Logical Link Control and Adaptation Protocol，L^2CAP）是位于基带层上层的协议，它必须能够接收来自基带层产生的事件，并能把这些事件发往上层的 SDP、RFCOMM、TCS 协议，同时它也能将上层的协议与访问切割成较小的包后，通过基带层的信号传输到远程设备。

L^2CAP 是介于高层与底层间的适应层，主要是负责两个蓝牙设备间数据信息传输时的分段及重组、多路复用和协商通道参数等功能。

1）协商通道参数。当连接导向的逻辑通道建立起来后，在进行数据传输前，还必须经过通道参数的设置阶段。这个阶段是两个设备互相协商，以取得双方设备都同意接受的通道参数。通道参数主要为最大区段长度（MTU）、排空超时以及服务品质（QoS）等三个参数。

2）分段和重组。L^2CAP 协议建立逻辑通道，协商出适当的 MTU 与服务品质（QoS）后，上层协议的指令或数据就能以 L^2CAP 协议的区段加以传递。由于基带层的包大小有一定的限制，L^2CAP 将数据信息传到基带层前必须将其分段切割，以使基带层不用处理不同高层协议产生的不同大小的包，只需专门处理由 L^2CAP 传来的固定大小的包，这样就使基带层的运算更加简单化，切割后的 L^2CAP 区段最长为 64KB。同样的，接收方的 L^2CAP 协议必须能将多个基带层包重组为一个 L^2CAP 区段传向高层。

在 L^2CAP 区段的传输过程中，为了避免其他区段的包中途加入造成包排列顺序的改变，在重新组合时发生问题，必须等到同一区段的所有包发送结束后，才能继续发送其他区段的包。基带层内的停止等待协议机制也会验证在下一个包送出前，接收端已经收到正确的包，避免非顺序的传输发生。

3）多路复用。由于基带层协议不能识别任何高层协议，所以 L^2CAP 必须支持上层协议多路复用，将高层协议的不同种类、大小的包经过分段后，统一封装在 L^2CAP 包中传给基带层处理。L^{2}CAP 支持多路复用协议的做法，是在 L^{2}CAP 包的 PSM 位指定该包所传输的是属于何种高层协议。当接收端收到这些包后，其 L^{2}CAP 将根据 PSM 位辨别出包对应到哪一个上层协议。

（4）RFCOMM。

RFCOMM 协议是蓝牙 SIG 协会利用现有的 GSMTS 07.10 标准制定而来，是位于 L^{2}CAP 协议上的传输层。RFCOMM 上层包括 TCP/IP、WAP、OBEX 等协议，以及 AT 指令。RFCOMM 主要是模拟传统 RS-232 串行端口内的控制和数据信号，凡是现有使用串行端口 RS-232 接口的应用软件，也能操作在 RFCOMM 通信协议上。

RFCOMM 协议为两个蓝牙设备间点对点的通信，如同计算机以串行端口连接调制解调器。RFCOMM 协议内的传输内容为串行数据与调制解调器控制信号。

（5）服务发现协议 SDP。

服务发现协议（Service Discovery Protocol，SDP）是应用程序发现网络中可用的服务及这些服务特性的一种控制机制。传统有线网络上也有类似这种服务发现的协议，但是因为蓝牙设备携带的方便性，设备周围的网络环境必定随时发生变化，SDP 的功能在无线网络内尤其重要，与有线的服务发现协议有很大的区别。当客户机进入某个服务器的服务范围内，即由 SDP 协议发现服务器所提供的服务类型，若是客户机离开服务器的服务范围，SDP 协议也负责检测服务器所提供的服务是否已不存在。

一般来说，SDP 协议的运行方式为客户机在应用程序的要求下，向服务器发出请求服务的指令。服务器收到指令后，将询问 SDP 数据库，此数据库通常位于服务器端设备的内存中，储存有关服务的特性。客户机收到从服务器返回的回应后，将收到的服务特性参数传到客户机的应用程序上，并将此参数存储自己的内存中。

（6）TCSBinary。

电话控制协议（Telephone Control Protocol，TCP）包括 TCSBinary 与电话控制 AT 指令两部分。TCSBinary 是蓝牙 SIG 协会基于 ITU-T Recommendation Q.931 标准开发的协议，定义了蓝牙设备间建立语音和数据呼叫所需的呼叫控制指令，使蓝牙设备能与传统的电话设备紧密结合。

三、Zigbee 通信技术

Zigbee 技术是一种具有统一技术标准的短距离无线通信技术，其 PHY 层和 MAC 层协议为 IEEE 802.15.4 协议标准，网络层由 Zigbee 技术联盟制定，应用层的开发根据用户自己的需要对其进行开发利用。Zigbee 联盟成立于 2002 年 8 月，由英国 Invensys 公司、日本三菱电气公司、美国摩托罗拉公司以及荷兰飞利浦半导体公司组成，如今已吸引了上百家芯片公司、无线设备公司和开发商的加入。

Zigbee 技术致力于提供一种廉价的固定、便携或者移动设备使用的极低复杂度、成本和功耗的低速率无线通信技术。这种无线通信技术具有如下特点。

（1）功耗低：工作模式情况下，Zigbee 技术传输速率低，传输数据量很小，因此信号的收发时间很短，其次在非工作模式时，Zigbee 节点处于休眠模式。设备搜索时延一般为 30ms，休眠激活时延为 15ms，活动设备信道接入时延为 15ms。由于工作时间较短、收发信息功耗较低且采用了休眠模式，使得 Zigbee 节点非常省电，Zigbee 节点的电池工作时间可以长达 6 个月到 2 年左右。

（2）数据传输可靠：Zigbee 的媒体接入控制层（MAC 层）采用 talk-when-ready 的碰撞避免机制。在这种完全确认的数据传输机制下，当有数据传送需求时则立刻传送，发送的每个数据包都必须等待接收方的确认信息，并进行确认信息回复，若没有得到确认信息的回复就表示发生了碰撞，将再传一次，采用这种方法可以提高系统信息传输的可靠性。

（3）网络容量大：Zigbee 低速率、低功耗和短距离传输的特点使它非常适宜支持简单器件。Zigbee 定义了两种器件：全功能器件（FFD）和简化功能器件（RFD）。一个 Zigbee 的网络最多包括有 255 个 Zigbee 网路节点，其中一个是主控（Master）设备，其余则是从属（Slave）设备。若是通过网络协调器（Network Coordinator），整个网络最多可以支持超过 64000 个 Zigbee 网路节点，再加上各个 Network Coordinator 可互相连接，整个 Zigbee 网络节点的数目将十分可观。

（4）兼容性：Zigbee 技术与现有的控制网络标准无缝集成。通过网络协调器（Coordinator）自动建立网络，采用载波侦听/冲突避免（CSMA/CA）方式进行信道接入。为了可靠传递，还提供全握手协议。

（5）安全性：Zigbee 提供了数据完整性检查和鉴权功能，在数据传输中提供了三级安全性。

1. Zigbee 技术的网络拓扑结构

根据应用的需求，Zigbee 技术网络有两种网络拓扑结构，即星型的拓扑结构和对等的拓扑结构，这两种网络结构如图 11-6 所示。

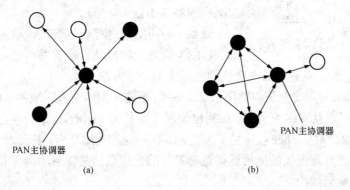

图 11-6 星型拓扑和对等拓扑结构举例

（a）星型拓扑；（b）对等拓扑

●—FFD；○—RFD；←→—信息流

星型拓扑网络结构由一个叫 PAN 主协调器的中央控制器和多个从设备组成，主协调器必须为一个具有完整功能的设备，从设备既可为完整功能设备也可为简化功能设备。在网络通信中，通常将这些设备分为起始设备或者终端设备，PAN 主协调器既可作为起始设备、终端设备，也可作为路由器，它是 PAN 网络的控制器。在任何一个拓扑网络上，所有设备都有唯一的 64 位长地址码，该地址码可以在 PAN 中用于直接通信，或者当设备之间已经存在连接时，才可以将其转变为 16 位的短地址码分配给 PAN 设备。

在对等的拓扑网络结构中，同样也存在一个 PAN 主设备，但该网络不同于星型拓扑网络结构，在该网络中的任何一个设备只要是在它的通信范围之内，就可以和其他设备进行通信。对等拓扑结构能够构成较为复杂的网络结构。一个对等网络的路由协议可以是基于 Ad-hoc 技术的，也可以是自组织的和自恢复式的，并且，在网络中各个设备之间发送消息时，可通过多个中间设备中继的传输方式进行传输，即通常称为多跳的传输方式，以增大网络的覆盖范围。其中，组网的路由协议，在 Zigbee 网络层中没有给出，这样就为用户的使用提供了更为灵活的组网方式。

无论是星型拓扑网络结构，还是对等拓扑网络结构，每个独立的 PAN 都有一个唯一的标识符，利用该 PAN 标识符，可采用 16 位的短地址码进行网络设备间的通信，并且可激活 PAN 网络设备之间的通信。

2. Zigbee 技术的体系结构

Zigbee 技术是一种可靠性高、功率低的无线通信技术，Zigbee 技术的体系结构主要由物理（PHY）层、媒体接入控制（MAC）层、网络安全层以及应用框架层组成，其各层之间分布如图 11-7 所示。

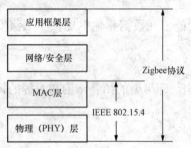

图 11-7　Zigbee 技术协议体系结构

在 Zigbee 技术中，PHY 层和 MAC 层采用 IEEE 802.15.4 协议标准。物理层的特性是激活和关闭无线收发器、能量检测、链路质量指示、空闲信道评估、通过物理媒介接收和发送分组数据。物理层运行在三个不同的频段：868～868.6MHz（欧洲），902～928MHz（北美），2400～2483.5MHz（全球）。

MAC 的功能是进行信标管理、信道接入、保证时隙（GTS）管理、帧确认、应答帧传送、连接和断开连接。此外，MAC 层为实现适当的安全机制应用提供一些方法。

Zigbee 技术的网络层/安全层主要用于 Zigbee 的低速率无线个人区域网（LR-WPAN）的组网连接、数据管理以及网络安全等。应用框架层主要是为 Zigbee 技术的实际应用提供一些应用框架模型等，以便对 Zigbee 技术的开发应用。在不同的应用场合，其开发应用框架不同，从目前来看，不同的厂商提供的应用框架是有差异的，应根据具体应用情况和所选择的产品来综合考虑其应用框架结构。

3. 帧类型

在 Zigbee 技术中，每一个协议层都增加了各自的帧头和帧尾，在 PAN 网络结构中定义了四种帧结构：信标帧、数据帧、确认帧和 MAC 层命令帧。

（1）信标帧：在信标网络中，信标由主协调器的 MAC 层生成，并向网络中的所有从设备发送，以保证各从设备与主协调器的同步，使网络的运行成本最低，即采用信标网络通信，可减少从设备的功能，保证正常的通信。

（2）数据帧：用于所有数据传输的帧。

（3）确认帧：用于确认成功接收的帧。

（4）MAC 层命令帧：用于处理所有 MAC 层对等实体间的控制传输。

Zigbee 可以工作于信标使能方式或非信标使能方式。在信标使能方式中，协调器定期广播信标，以达到相关器件同步及其他目的。在非信标使能方式中，协调器不是定期地广播信标，而是在器件请求信标时向它单播信标。在信标使能方式中使用超帧结构，超帧结构的格式由协调器来定义，一般包括工作部分和任选的不工作部分。

4. IEEE 802.15.4 物理层

IEEE 802.15.4—2003 有两个物理层，操作于两个分离的频率范围，即 868/915MHz 和 2.4GHz。低频率物理层包括 868MHz 欧洲频段以及在美国和澳大利亚等国家使用的 915MHz 频段。高频率物理层实际上是供全世界使用。

由以上内容可以看出，Zigbee 使用了三个工作频段，每一频段宽度不同，其分配信道的个数也不相同。IEEE 802.15.4 规范标准定义了 27 个物理信道，信道编号从 0~26，在不同的频段其带宽不同。其中，2450MHz 频段定义了 16 个信道，915MHz 频段定义了 10 个信道，868MHz 频段定义了 1 个信道。

通常 Zigbee 不能同时兼容这三个工作频段，在选择 Zigbee 设备时，应根据当地无线管理委员会的规定，购买符合当地所允许使用频段条件的设备，我国规定 Zigbee 的使用频段为 2.4GHz。

下面简单介绍一下 2.4GHz 物理层。2.4GHz 物理层采用 16 位的准正交调制技术。所有物理层协议数据单元中的二进制数据都要进行编码。每个字节的低四位映射为一个数据符号，高 4 位映射为下一个数据符号，每个符号都映射为 32 位码片的 PN 序列。作为连续数据符号的 PN 序列被串接起来，并把聚集的码片序列用偏正交相移键控（O-QPSK）调制到载波上。2.4GHz 物理层的数据传输速率为 250kbit/s。

5. IEEE 802.15.4 MAC 层

IEEE 802.15.4—2003 MAC 层处理所有物理层无线信道的接入。MAC 层的信道接入技术采用超帧结构，PAN 中的协调器通过超帧结构可限制它的信道时间。传输的信标帧可以限制超帧，超帧包括活动部分和非活动部分。协调器只能在超帧的活动部分时期和其 PAN 相交互，因而在非活动部分时期，协调器可进入低功率模式（睡眠模式）。超帧结构如图 11-8 所示。

活动部分由三部分组成，即信标、竞争期和非竞争期。在时隙 0 开始时，不使用 CSMA 机制传送信标。在信标结

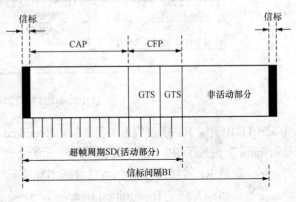

图 11-8　超帧结构图

束之后，紧接着竞争期的开始。如果存在非竞争期，非竞争期紧接在竞争期之后，并持续到超帧激活部分的结束。任何保护时隙均应分配在非竞争期之内。

对于不使用超帧结构的 PAN，协调器将不发送信标；所有的传送，除了确认帧和紧随在数据请求命令确认之后的数据帧，都是用无时隙的 CSMA/CA 机制访问信道。除此之外，将不允许保护时隙。

（1）CAP。CAP 介于 CFP 和信标之间。如果 CFP 的长度为零，则 CAP 将在超帧的结尾处结束。

在 CAP 期间传输的所有帧（除应答帧和任何紧随数据请求命令应答的数据帧外）应使用时隙 CSMA/CA 接入机制接入信道。设备的传输事件应确保在 CAP 期间完成，即在 CAP 结

束之前的一个帧间隔期间完成（包括接收任何应答）。如果事件处理不能完成，则设备应推迟传输直到下一个超帧的 CAP 时期。

（2）CFP（非竞争期）。CFP 介于 CAP 和下一个信标开始之间。如果任何 GTS 都由 PAN 协调器分配，则它们处于 CFP 当中并占据相邻的时隙。CFP 的长度随整个 GTS 的总长度而增加或缩短。

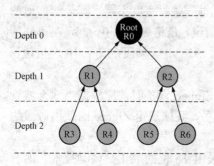

Depth 0
Depth 1
Depth 2

图 11-9　多级通信结构

在 CFP 期间，传输数据不使用 CSMA/CA 机制访问信道。在 CFP 期间传输的设备应保证它传输一个帧间隔时期在它的 GTS 结束之前完成。

命令帧仅在 CAP 中传输；确认帧在 CFP 中传输；数据帧在这两个阶段都可以传输，但紧跟在数据请求后面的数据不能在 CAP 中传输。

（3）层间通信超帧结构。上面介绍的超帧完成了两层之间的通信调度，而超帧调度也可以实现如图 11-9 所示的多层结构上下级间的通信。

图 11-9 中涉及到的 R1 的超帧调度如图 11-10 所示。

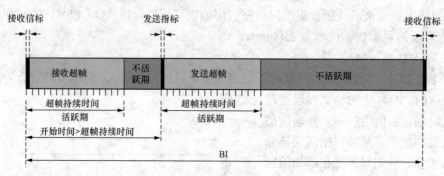

图 11-10　802.15.4 超帧的嵌套结构

图 11-10 中，R1 接收到 R0 发送的"Received Beacon"，随后的"Incoming（received）superframe"完成了 R0（该超帧基本簇单元的协调器，超帧的管理者）、R1、R2 间所有的报文交互。随后 R1 转换角色，充当自身基本簇单元（R1、R3、R4）的协调器，管理并发起该单元超帧通信：发送"Transmitted Beacon"，在随后的"Outgoing（transmitted）superframe"完成了 R1、R3、R4 间所有的报文交互。

6. Zigbee 网络层

Zigbee 协议体系结构如图 11-11 所示，以开放系统互联（OSI）7 层模型为基础，但它只定义了和实际应用功能相关的层。它采用了 IEEE 802.15.4—2003 标准制定了两个层，即物理（PHY）层和媒体接入控制（MAC）层作为 Zigbee 技术的物理层和 MAC 层，Zigbee 联盟在此基础上建立它的网络层（NWK）和应用层的框架。

Zigbee 网络层主要功能包括设备连接和断开网络时所采用的机制，以及在帧信息传输过程中所采用的安全性机制。此外，还包括设备之间的路由发现和路由维护和转交。并且，网络层完成对一跳邻居设备的发现和相关节点信息的存储。一个 Zigbee 协调器创建一个新的网络，为新加入的设备分配短地址等。

Zigbee 应用层由三个部分组成,即应用支持层(APS)、Zigbee 设备对象(ZDO)和制造商所定义的应用对象组成。应用支持层的功能包括:维护绑定表、在绑定的设备之间传送信息。所谓绑定就是基于两台设备的服务和需求将它们匹配地连接起来。Zigbee 设备对象的功能包括:定义设备在网络中的角色(如 Zigbee 协调器和终端设备),发起和(或者)响应绑定请求,在网络设备之间建立安全机制。Zigbee 设备对象还负责发现网络中的设备,并且决定向它们提供何种应用服务。

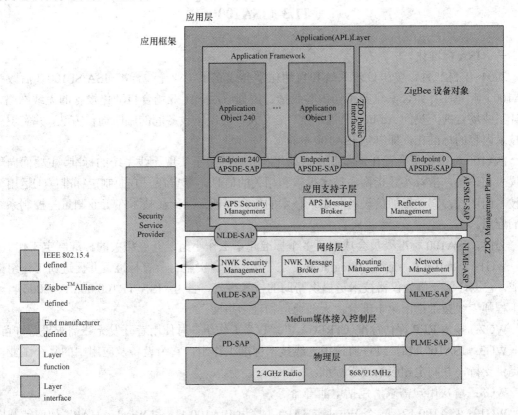

图 11-11 Zigbee 协议体系结构

Zigbee 的网络层包含以下功能块。

(1) 加入或退出网络。

(2) 为报文帧提供安全服务。

(3) 将报文路由到指定的目的节点。

(4) 发现并保持设备间的路由。

(5) 发现一跳内的相邻节点。

(6) 保存相关的邻节点信息。

协调器的网络层负责在恰当的时候发起建立一个新的网络,为新加入的节点分配地址。

Zigbee 应用层由 APS、应用构架(Application Framework,AF)、ZDO 以及设备制造厂商定义的应用对象组成。

APS(Application Support Sub-layer)子层负责完成以下功能:①保持绑定表,即:根据服务和需求,将两个设备设定为匹配的能力;②为绑定的设备传递报文;③组播地址(group address）的定义，删除或过滤发给组播地址的报文；④64bit 的 IEEE 地址同 16bit 网络地址间的映射；⑤报文分割重组，实现可靠数据传输。

ZDO（Zigbee Device Object）负责完成以下功能：①定义网络中设备的角色（Zigbee 协调器还是终端设备）；②绑定要求的发起或是响应；③建立网络设备间的安全关系；④负责发现网络中的节点，并且判别它提供的应用层服务类型。

11.3　ISA100

一、ISA 标准化

2004 年 12 月，美国仪表系统和自动化学会成立了工业无线标准 ISA/SP100（后改为 ISA100）起草工作组，其主要工作内容包括：规划适用于工业场合自动化设备的无线网络，设计工业场合的人员间 Ad-hoc 通信系统，定义人员与现场设备间的临时通信方法，并实现上述技术内容的标准化，即制定 ISA100 标准。

ISA100 标准委员会正在加紧制定自动化和控制环境下实现无线系统的标准，主要面向现场仪表和设备，推荐实践指南、技术报告和相关的信息。着重在三方面制定标准：①运用无线技术的环境；②无线通信设备和系统技术的生命周期；③无线技术在工业测量与控制系统中的应用。

为此，ISA100 标准委员会成立了多个标准起草工作小组，开展相关的标准制定工作。

WG1：ISA100.1，统筹（Integration）工作组，它负责整合所有标准，并促进新工作组的形成，它拟订了一份为仪器技术员提供帮助的技术报告，名为"ISA-TR100.00.01—2006 自动化工程师无线技术指南第 1 部分：无线通信物理学指南"。

WG2：技术 RFP 评估标准（TREC），"授权"工作组。对使用者开发无线需求进行许可。

WG3：ISA100.11a，过程监控用无线技术标准工作组，它为设备及应用中的复合工业协议提供支持，并制定相应的技术标准。

WG8：解决用户需求，包括电池寿命等。

WG12：ISA100.12，集合 WirelessHART，探讨 ISA100.11a 和 WirelessHART 如何能共同工作。最新的观点是着眼于双重启动设备，可实现双栈同时工作。

WG15：无线骨干网/无线回传。在网关背后进行改造，以取代连接到控制室的有线以太网，它涵盖了安全、视频以及掌控多种协议的能力。

WG16：工厂自动化。将制定无线工厂自动化的规范标准。

WG21：人员及资产的跟踪和识别，包括 RFID 和其他方法。

共存（Coexistence）：描述了两个不必相互合作的网络如何继续在同一环境中共存，例如，ISA100.11a 如何在已存在 Wi-Fi 的环境中继续运作。

为了使无线产品供应商有一致的规范，ISA100 将自动化和控制环境下的工业无线应用分为 6 类（见表 11-3）。

第 0 类（安全类）：恒为关键的紧急行动，包括安全联锁紧急停车、自动消防控制等；

第 1 类（控制类）：关键的闭环调节控制，一般均为关键回路，如现场执行器的直接控制、频繁的串级控制等；

第 2 类（控制类）：经常的非关键闭环监频控制、多变量控制、优化控制等；

第 3 类（控制类）：开环控制，是指在回路中有人在起着作用；

第 4 类（监测监控类）：标记产生短期操作结果，是指通过无线传输那些只在短时间内产生操作结果的数据的消息；

第 5 类（监测监控类）：记录和下载/上载不产生直接的操作结果，例如历史数据的采集、为预防性维护而必须进行的周期性采集的数据、事件顺序记录（SOE）、数据的上传等。

表 11-3　　　　　　　　　　ISA100 定义的工业无线应用类型

安全	0 类：紧急动作（恒为关键）	信息时间性的重要程度
控制	1 类：闭环调节控制（通常为关键）	
	2 类：闭环监督控制 （经常为非关键）	
	3 类：开环控制（由人工控制）	
	注：批量控制的 3 级（"单元"）和 4 级（"过程小单元"）由其功能决定可能是 1 类、2 类，甚至为 0 类	
监测监控	4 类：标记产生短期操作结果（例如基于事件的维护）	
	5 类：记录和下载/上载不产生直接的操作结果（例如，历史数据采集、事件顺序记录 SOE、预防性维护）	

ISA100 标准工作组在各种技术提案的基础上，选择过程控制应用作为突破口，由 WG3（ISA100.11a）工作组负责制定一个面向过程控制应用的工业无线技术子标准，经过几年的努力，目前该标准的草案已初步成熟。

二、ISA100.11a 网络组成

ISA100.11a 的网络结构如图 11-12 所示，逻辑上，其主要的设备类型包括：现场设备和网络支撑设备。其中，现场设备在逻辑上又分为非路由设备、现场路由器和现场调试设备，

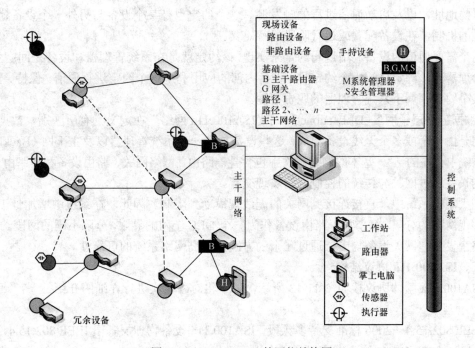

图 11-12　ISA100.11a 的网络结构图

网络支撑设备在逻辑上分为网关和骨干网路由器。此外，系统还包含系统管理器以及安全管理进程两个功能模块。

ISA100.11a 网关为现场设备和控制层网络之间提供接口，或直接作为控制层网络的一个应用终端。更具一般性地，网关标志着 ISA100.11a 通信和非通信 ISA100.11a 之间的转换。ISA100.11a 系统可以存在多个网关，设备将在系统管理进程的指导下将其数据传送与特定的网关对应起来。充当网关作用的设备应该能实施 ISA100.11a 物理层协议。

骨干路由通过将传递的报文封装，使非 ISA100.11a 网络能够传输 ISA100.11a 报文信息。这将使 ISA100.11a 网络能够利用其他网络，包括更可靠的或性能更高的网络。充当骨干路由的设备必须执行 ISA100.11a 协议栈，包括其物理层。

系统管理功能或系统管理器，是一个管辖网络、设备以及通信的专门职能功能块。该系统管理体系的目的是支持分布式或集中式的系统管理。对于网络运行配置和监测，执行基于政策的控制、报告通信配置、性能和运行状况，并提供时间相关的服务。

安全管理功能或安全管理者，是一个将系统管理过程和可选的外部安全系统联系起来的专门职能功能块，用来保证安全系统操作。安全管理者在逻辑上是可分离的，在一些应用中被集成于分立放置的一个单独的设备中。

由图 11-12 可以发现：工作站（Workstation）在逻辑上可以是网关（Gateway）、系统管理进程（System Manager）、安全管理进程（Security Manager）的结合。路由设备（Router）中有两个在逻辑上为主干网路由（Backbone Router）；其他的七个为现场路由（Field Router）；掌上电脑（Palmtop Computer）在逻辑上是一种手持设备（Handheld Device）；所有执行器（Actuator）以及一个传感器（Sensor）在逻辑上作为非路由（Non-Router）设备，另外两个传感器为现场路由。

在 ISA100.11a 系统中，设备是按照逻辑上的约定进行通信的。该约定规定了通信的源地址和目的地址，以及启动通信过程的触发源。一个约定也是某个设备与另外一个设备建立通信路径的机制，在设备配置或运行阶段进行定义。

两个需要通信的设备利用逻辑约定来实现，该约定就是在系统管理器和设备之间产生的，网络管理器为该约定分配一个约定号，设备内部的应用利用这个约定进行通信。保持、修改、终结某个约定都属于系统管理器的职责范围。

"数据链路层子网"（DLL subnet）同"ISA100.11a 网络"在定义上有所区别。数据链路层子网是由一个或多个无线设备组成，这些设备共享一个系统管理器以及主干网（Backbone，如果系统中存在的话）。基本的网络层次中包含骨干路由、网络网关、路由设备和非路由设备，所有的设备通过网关与传统的控制网络实现交互。

在大规模系统中，直接连接到网关的无线规模受到限制。因此，在系统中增加骨干路由设备实现网络的分隔。每个骨干路由设备作为一个 DLL 子网的界限，分隔不同的网段。此外，骨干路由设备和网关设备均支持通过冗余的方式，提高网络系统的可靠性。

三、ISA100.11a 协议结构

ISA100.11a 整体协议栈如图 11-13 所示，以下将对各层次进行详细的介绍。

1. 物理层

IEEE 802.15.4—2006 标准支持多频段，ISA100.11a 设备物理层基于 IEEE 802.15.4，但只能在 2400～2483.5MHz 这一未注册频段上进行操作。

2. 数据链路层

ISA100.11a 底层协议（物理层以及 MAC 层）基于 IEEE 802.15.4—2006，ISA100.11a 对通信的调度是关注与路由节点对等的 Mesh 网络结构，而不是 802.15.4 中的 PAN 网络，这就使超帧的组织调度概念消失了。时间隙实际上代替超帧成为重要的通信单元。

如图 11-13 所示数据链路层分为三个部分，如图 11-14 所示。

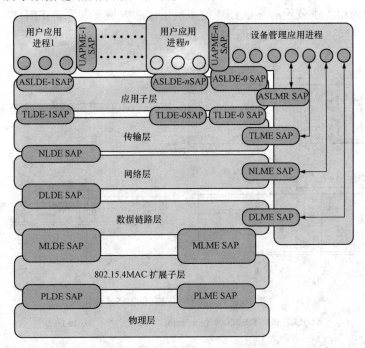

图 11-13　ISA100.11a 协议栈结构图

（1）IEEE 802.15.4—2006 的 MAC 层，该层包括单个数据报文收发的底层机制。

（2）ISA100.11a 对于 IEEE MAC 的扩展层，包含 IEEE 802.15.4 中没有规定的但在逻辑上也属于 MAC 层一部分的规范。

（3）上层 DLL，在报文交互的基础上，关于链路（Link）和 Mesh 方面的规范。

3. MAC 扩展子层

为兼容 IEEE 802.15.4 所定义的 MAC 层，ISA100.11a 引入了 MAC 扩展子层，

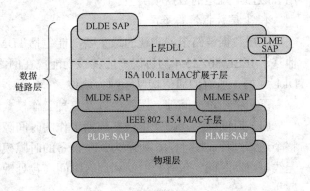

图 11-14　ISA100.11a 网络层以下协议栈结构图

它主要是通过 IEEE 802.15.4 定义的服务接口，实现 MAC 层的功能扩展。该子层实现的扩展包括：

（1）时间同步；

（2）信道跳频；

（3）时槽通信（根据数据链路层的要求，设定 IEEE 802.15.4 协议操作模式），实现数据链路层要求的时槽通信。

ISA100.11a中的通信调度并不是完全照搬 IEEE 802.15.4 超帧中使用 CSMA/CA 机制以及 GTS 时间隙。超帧调度中全部是按时间隙进行的确定性通信，同时也意味着通信调度是以时钟同步为基础。超帧是由一些周期工作的时间隙组成的。相对于 IEEE 802.15.4，最大的特点是将有冲突传输过程取消（专有时间隙链路）或将其放在各个时间隙的内部（共享时间隙）。这主要是由于 ISA100.11a 是面向 Mesh 的网络结构，路由节点之间处于对等的链路而非分层的关系，在超帧的组织上就没有 802.15.4 的多层次间超帧嵌套关系。IEEE 802.15.4 超帧结构以及 ISA100.11a 链路层超帧对比如图 11-15 所示。

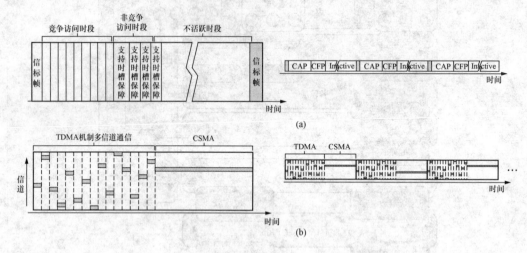

图 11-15　ISA100.11a 超帧与 IEEE 802.15.4 超帧对比图

（a）IEEE 802.15.4—2006 Superframe；（b）ISA/SP100.11a DLL

经过扩展 MAC 层的配置，放弃了 IEEE 802.15.4 超帧结构中的 beacon 帧，链路层仅使用 802.15.4 规定的数据帧类型。

4. 上层数据链路子层

上层数据链路子层实现的最重要功能包括 TDMA 控制、信道跳频以及 Mesh 路由管理（其他基于 IEEE 802.15.4 的协议一般将该功能放在网络层）。ISA100.11a 通过骨干路由设备划分 DLL 子网，所有的通信均以子网为单位。

下面将通过时间隙、图路由以及三种工作模式的描述讲述该功能的实现。

（1）时间隙。超帧是由一些周期工作的时间隙组成的，在一个时间隙内完成设备之间的整个通信过程。图 11-16 所示为一个设备的时隙模板，该模板像在接收包和发送确认之间的无线电启动时间、包等待时间和周转时间（包处理和无线电发送）那样的操作定义计时。

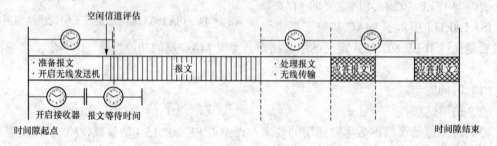

图 11-16　时间隙模板

由于节点间具有不同的通信模式，包括单播、多播、广播等，时间隙也具有不同的结构，图 11-17 即为单播通信模式的时间隙结构。此时 Transmitter 需要 Receiver 设备的 ACK。

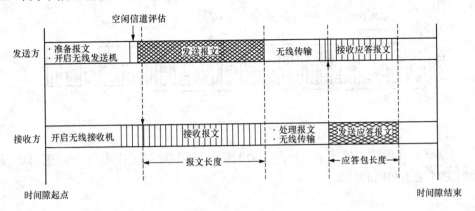

图 11-17　单播模式下的时间隙

链路（Link）是指对一个或几个时间隙的利用，也就是一跳通信（图中表示为一个箭头）。图是由一系列相互联系的链路（箭头）组成的，如图 11-18 所示，用于 DLL 子网内的报文路由。

专用时间隙链路用于依照调度信息周期性发送报文的场合，即节点间的指定通信。共享时间隙链路在时间隙的内部可以实行 CAMA 过程，通常被用于重试，加入请求异常通报和拥塞。

（2）图路由。如果说 IEEE 802.15.4 以超帧的形式完成了在已知网络拓扑及链接关系前提下的通信调度，那么 ISA100 在 MAC 层之上的特色就体现在 Link 和 Graph 的功能中。

为了在图中传递报文，发起通信的 DLL 设备在包的 DROUT

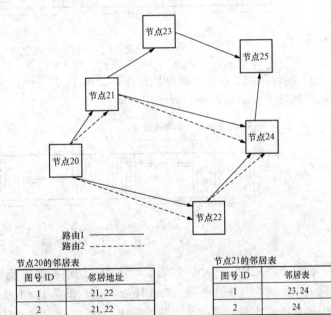

图 11-18　Graph 路由结构图

子头中包含了一个 graphID。报文根据这个 graphID 在链路上传播，直到到达目的地或被丢弃。路径上的每个节点根据报文的 graphID 以及自身路由表任意选择一个邻节点传送，收到 ACK 后将包从 DLL 报文队列中删除。

系统管理设备对 DLL 子网设备间的路由关系进行配置。

（3）三种工作模式。为了提高数据传输的可靠性，弥补 IEEE 802.15.4 底层不支持 FHSS 跳频扩频的不足，ISA100.11a 在超帧内引入了 FHSS 跳频机制，来回避 RF 设备对于公共信道的干扰，并防止对一个窄频信道的多径访问。相应产生的三种工作模式分别是：

1）时间隙跳频。在时间隙跳频模式下，如图 11-19 所示，同一超帧的不同时隙采用不同的频道。

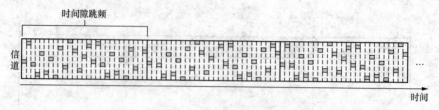

图 11-19　时间隙跳频示意图

2）慢跳频。在慢跳频模式下，如图 11-20 所示，不同超帧采用不同的频道，同一超帧内的各个时隙才采用相同的频道。

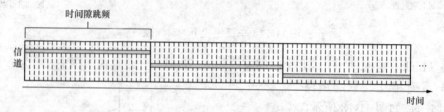

图 11-20　慢跳频示意图

3）混合跳频。在混合跳频模式下，如图 11-21 所示，在同一超帧内，在前一段时间采用时间隙跳频，在剩下的时间内采用慢跳频。

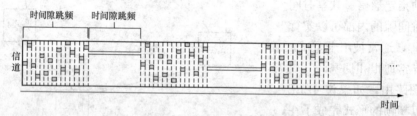

图 11-21　混合跳频示意图

在以上各图中，一小段代表一个包的发送过程，可能包括 ACK。IEEE 802.15.4 不支持在包的中间跳频（快速跳频，Fast Hopping），虽然 ISA100.11a 草稿中没有明确地说明，但从图中还可以看出没有改变这一特性，ISA100.11a 跳频的基本单位是一个时间隙。这样就形成了物理层的直序扩频 DSSS 机制与链路层的 FHSS 跳频扩频机制相结合，避免信道中的干扰，保证数据传输的可靠性。

ISA100.11a 支持 6 种预先设定的默认跳频序列，每个默认跳频序列可以与跳频序列偏移量配合使用，如果该偏移量为 0，则代表使用的是默认跳频序列。因此，不同的超帧或设备组可以使用同一跳频序列，只要保证取不同的跳频序列的偏移量，它们之间就不会有信道冲突。只要不同的设备组共享一致的时间隙并且时钟同步，它们既可以在一个 DLL 子网内，也可以分别属于不同的 DLL 子网。

5. ISA100.11a 网络层

ISA100.11a 网络层格式须符合 IETF RFC 4944，该标准中介绍了如何通过 IEEE 802.15.4

网络传递 IPv6 数据包。为使其符合安全和低功耗技术重点，ISA100.11a 对 RFC 4944 以下几个方面进行了约束。

（1）ISA100.11a 版本 1 不支持 RFC 4944 所包括的多播/广播设施。因此，也就不支持 RFC 4944 的 LoWPAN_BC0 调度类型和报头。

（2）为了在 ISA100.11a 网络中尽量减少一些报头比特的传输，RFC 4944 的 Mesh 地址头应始终使用 16 位短地址（而不是 64 位的 EUI-64 地址）。同样，LoWPAN_HC1 内的地址栏应说明的地址前缀是被压缩的以及接口标识符省略。

（3）符合 RFC 4944 的描述，即由 EUI-64 标识构建一个 IPv6 接口标识符，然后由该接口标识符建立一个本地链接地址。在 ISA100.11a 网络中，系统管理器应在设备成功地加入到网络后，为其指派一个 IPv6 本地链路地址。这些 128 位的 IPv6 本地链路地址应是分层次的：高 64 位标识网络；低 64 位标识设备。部署 ISA100.11a 网络的机构，应可自由分配自己认为合适的 64 位网络标识，其中可能包括公司标识、子公司或部门标识，地点标识或现场的标识信息。

ISA100.11a 还定义了一个新的调度类型和报头，其中包含了 DLL 子网路由报文所需的额外信息，包括图 ID 和优先级值。

为了使 DLL 子网内的设备对子网外的设备寻址，必要时，ISA100.11a 的系统管理器须为 DLL 的子网以外的设备分配 16 位短地址。骨干路由和网关应完成 16 位短地址和相应 128 位地址之间的转换。详细转换机制不在 ISA100.11a 的规定范围内。

ISA100.11a 网络层履行下列职能。

（1）地址添加：通过决策判断，向源节点要发送的报文插入适当的地址信息包。

（2）地址转换：基础设备（骨干路由器、网关等）的网络层，负责地址的转换。ISA100.11a 使用短地址方案，每个 DLL 子网设备都有一个 16 位的短地址别名。此情况下，数据包是过境的子网，在 NWK 层的骨干路由器负责从 16 位地址转为 128 位的地址。

（3）报文分组和重组：RFC 4944 在网络层规定了报文分解和重组的方法。（注：网络层是否需要此功能，仍在讨论中）

（4）路由：与其他基于 IEEE 802.15.4 标准网络的网络层不同，ISA100.11a 网络层不负责使用 IEEE 802.15.4 链路实现节点之间的路由。这个功能是由 ISA100.11a 上层 DLL 承担的，然而，网络层仍然是负责骨干网络的数据包路由，并包含骨干网路由所需的地址转换功能。

6. ISA100.11a 传输层

ISA100.11a 传输层继承了 IETF 传输层协议定义的结构，该协议符合 RFC 4944。传输层使用 UDP 连接的工作模式，并提供了最大的努力和服务以及可选择的安全模式和管理服务。

传输层管理服务也是被 DMAP 控制的，按照应用层概述规定功能特性。DMAP 控制的传输层的功能如下：

（1）配置传输层安全策略；

（2）测量传输层时延并做出相关动态决策，以满足延迟要求；

（3）收集运行参数。

到该草案为止，传输层协议还没有全部完成。

7. ISA100.11a 应用层及网关

应用层（AL）定义软件对象来模拟真实世界的对象，还规定了必要的通信服务，使得在开放的 ISA100.11a 互可操作的应用环境中，可以实现对象到对象的沟通。例如，一个现实世界的模拟量输入被模型化作为 ISA100.11a 的 AnalogInput 对象。该 AnalogInput 对象可以使用应用层提供的公共服务，使其过程变量同与其相关联的另一方通信。

应用层分为上下两层，即上层应用层（UAL）以及应用子层（ASL）。UAL 包含了设备的应用进程，这些进程可以由 UAPs 或管理进程（MP）代表，管理进程包括 DMAP 以及其他的逻辑管理应用，如安全管理应用。UAPs 可以用作：

（1）操作输入/输出硬件；

（2）在设备内部同其他一些 UAPs 进行通信（代理功能）；

（3）支持使非本地（如：已有控制系统）协议与 ISA100.11a 网络环境可以共存的管道；

（4）执行运算功能。

ISA100.11a 目前仅从宏观上定义了应用进程的类型、应用层的数据结构，并初步定义了应用层的服务。应用层服务的定义，与现有的现场总线应用层包括 EPA 的应用层服务定义非常类似，没有提出专门针对无线特点的应用层。

ISA100.11a 定义的网关的一个最重要的功能是协议的转换，即实现 ISA100.11a 协议与其他协议的转换。目前，ISA100.11a 工作组关心的重点是协议转换过程中的寻址方式以及传输模式。

网关通过定义的 Tunnel 对象与非 ISA100 设备实现交互。在该交互过程中需要考虑的问题包括实现在协议转换过程中能量的最小化，发送的封装有其他协议报文的最小化。目前，提出了以丢弃被封装协议的报文头等方法来实现报文最小化。

对于非 ISA100 定义的地址到 ISA100 地址的映射，广播地址和单播地址的映射有所不同，因为两种不同协议的广播地址均有各自的定义，在地址映射过程中，仅需要根据协议定义进行简单的转换。但是，对于单播的报文，地址映射的过程与设备中的路由表紧密相关。如果可以开发出较简单的路由方法，那么对于网关中的地址映射也有很大的帮助。目前 ISA100 采用的是直接记录地址的方式。

11.4　无 线 HART 协 议

一、无线 HART 网络的体系结构

2004 年，HART 通信基金会宣布开始制定无线 HART 协议，作为 HART 现场通信协议第 7 版（HART 7.0）的核心部分。与所有符合 HART 协议的仪表和设备一样，无线 HART 向后兼容现有的 HART 设备和应用。

无线 HART 采用工作于 2.4GHz ISM 射频频段，具有安全、稳健的网格拓扑联网技术，将所有信息统统打包在一个数据包内，通过与 IEEE 802.15.4 兼容的 DSSS 和 FHSS 进行数据传送。无线 HART 的架构是按以下原则设计的，即易于使用、可靠，以及与无线传感器网格型协议相兼容。它强制规定所有的兼容设备必须支持互可操作性，这就是说不同制造厂提供的无线 HART 仪表和设备，无需进行系统操作就能实现互换，即连即用。再者，无线 HART 要向后兼容于 HART 的核心技术，诸如 HART 的命令结构和设备描述语言 DDL。所有的 HART 设备（例如网关、现场设备等）都应支持 DDL。

无线 HART 协议可以灵活应用于多种拓扑结构：对于高性能标准要求的场合可以使用星

型结构（所有设备直接和网关相连）；一般场合可以使用 Mesh 结构或介于以上二者之间的结构，如图 11-22 所示。

无线 HART 规定了三种主要的网络要素，即无线 HART 现场设备、无线 HART 网关和无线 HART 网络管理器。还支持无线 HART 适配器，以便将现有的 HART 设备接入无线 HART 网络；以及无线 HART 手持设备，以便就近接入相邻的无线 HART 设备。各种设备配合工作，最终形成如图 11-22 所示的体系结构，并实现过程控制应用以及无线网络自身的管理。

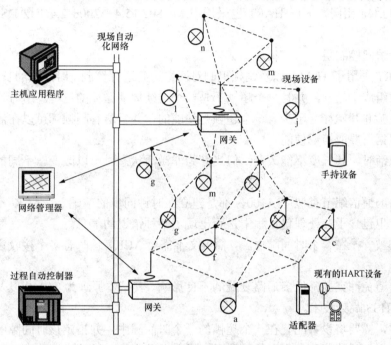

图 11-22　WirelessHART 体系结构

图 11-22 中，WirelessHART 网络的五个组成部分功能描述如下。

现场设备（Field Devices）：和传感器相连并具有路由转发功能的无线节点，但也可以仅具有路由功能而不涉及对过程传感器的控制。

网关（Gateway）：配有一个或更多 AP（Access Point），实现现场控制网络和 WirelessHART 网络间的信息交互。同时也是时钟同步的主时钟。

网络管理器（Network Manager）：通过 WirelessHART 网络层实现对网络的配置、节点间的通信调度、管理路由表、监控并汇报无线网络状态（是一个应用进程）。

适配器（Adapter）：连接已有的 HART 设备，使其可以实现同网络中节点的无线通信。

手持设备（Handheld）：直接与 WirelessHART 网络相连，对现场设备进行配置、保持或控制。

值得注意的是，在无线 HART 网络中，网关仅承担现场无线 HART 仪表与主应用系统之间的通信，它既支持一个或多个接入点，又和其接入点都包括在每个无线 HART 网络中；另外也支持冗余网关的结构。网络管理器负责网络的组态、无线 HART 网络设备之间的通信调度、路径表的管理和无线 HART 网络健康状况的报告。这一特点与许多无线短程网规定的网关需要承担网络的组态有显著的不同，较好地解决了工业控制系统要求以冗余机制获取可靠传输的要求。

传统的 HART 协议是一种支持请求/响应和过程数据发布两类通信的令牌传送网络。将无线 HART 纳入整个 HART 的结构，就包括了附加的无线 HART 的物理层 IEEE 802.15.4—2006 和 TDMA 数据链路层。其网络层完整地规范了使用全无线网格化的网络的部署；应用层则支持 HART 的应用层。

二、物理层

与 ISA100.11a 相同，无线 HART 也采用 IEEE 802.15.4—2006 2.4GHz DSSS 的物理层构建。

三、媒体访问控制层

无线 HART 采用了 TDMA 以及跳频机制对网络访问进行控制。时间隙的长度是固定的，一系列时间隙组成了超帧，并且每个超帧都是一个连续周期循环的过程。所有设备必须支持多超帧，从超帧 0 开始计。至少有一个超帧是使能的，并且所有超帧都可以在满足这一条件的前提下，根据需要取消或使能。

当超帧激活时，其长度不能改变，但当其为非激活状态时可以改变。不同的超帧可能长度并不相同。

时间隙内的通信细节类似 ISA100，都是建立在时钟同步的基础上。ACK 不仅表示了是否接收成功，也包含了在处理包过程中是否出现了某种错误的信息。

收发双方被安排在一个时间隙内。广播报文不需要 ACK，这时有多个接收设备被安排在一个时隙内。

跳频可以避免冲突并降低多通路衰减的不良影响。其基本原理为 TSMP 以及 ISA100.11a 中都提到的 FHSS 跳频技术。

综上所述，需要将设备配置在一个超帧的一个时间隙中，并指定该时间隙的频道偏移，这样通信设备之间就能构建一个通信链路了。设备必须支持多链接，理论上，网络中的最大链路数可以由信道数与超帧中的时间隙数相乘得到。同时跳频也使得在一个时间隙内可以建立多个链接，前提是这些链接之间选用不同的信道，这也就要求设备保存一份当前时间隙网络中正在使用的信道信息。

链接以及每个链接中设备的配置由网络管理器完成。

四、逻辑链路控制

链路层协议数据单元（Data-link Layer Protocol Data Unit，DLPDU）格式、规定如图 11-23 所示。

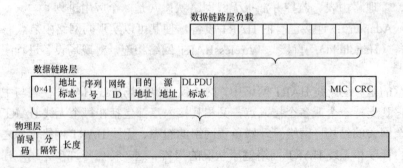

图 11-23　DLPDU 结构图

链路层报文头中的 DLPDU Specifier 域规定了链路层报文的优先级和包的类型，如图 11-24 所示。

报文类型包括五种。

（1）数据（Data）DLPDU，包含可能需要多跳转到最终目的地址的网络和设备数据，该报文的数据源和目的地都属于网络层。

（2）激活保持（Keep Alive）DLPDU，用于为相邻节点间提供便捷的连接保持。该类型用作网络保持功能，属于"命令"优先级，并且报文的 DLPDU 负

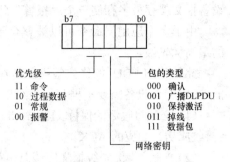

图 11-24   DLPDU Specifier 结构图

载域为空。其具体用途包括：网络时钟同步（时钟同步基于 ACK 中包含的时钟矫正值），与相邻节点保持连接，发现新的相邻节点（被允许后，节点可以周期性地发送该报文使其他节点发现自己）。

（3）广播（Advertise）DLPDU，为希望加入网络的相邻设备提供信息。邀请新设备加入网络。当设备希望加入网络时，则监听该类报文并利用其中的信息实现同网络的时钟同步，启动加入过程。

广播报文中包含了基本的网络信息：绝对时间隙计数（ASN）、加入控制信息、网络支持的安全等级以及跳频图序列。由 ASN 以及跳频图就可以计算出当前时刻使用的信道，节点利用该信道向网络管理器发送允许加入网络的申请。跳频图序列的长度由物理层决定，对于 IEEE 802.15.4—2006 2450MHz 物理层需要两个字节。

一旦网络基本信息发布之后，广播 DLPDU 列出超帧中的加入链接，每个链接已被指定好是发送还是接收链接。新加入节点假定某个设备所有的加入链接都是共享链路，在被网络管理器授权之前，其链接使用被限定在这些加入链接的范围内。通过这种限定，网络管理器可以在允许新加入设备完全加入网络前，对其进行隔离。

广播包可以在任何未使用的发送链路中发送。其他数据链路层功能都比处理广播的优先级高。

（4）掉线（Disconnect）DLPDU，用于通知相邻设备该设备准备离开网络。与此相对应，该节点必须从相邻节点列表中去除，并且所有与其相关的链路也应被删除。当收到该报文后，应及时通知网络层；掉线报文的 DLPDU 负载域同样为空。

（5）确认（ACK）DLPDU，接收到 DLPDU 源地址设备发送的报文，链路层立即返回的确认。链路层对所有非 ACK 的单播报文进行回复并将报文接收情况发送给源地址。

各报文具有四级优先级。

（1）命令（Command），任何包含与网络相关的诊断、配置或控制信息的报文都应被设定为"命令"优先级。

（2）过程数据（Process Data），任何包含过程数据（如 HART 命令集 3、9）或网络状态（如 HART 命令集 779、780）的报文都应该被设定为"过程数据"优先级。当设备报文缓存的 3/4 被占用时，"过程数据"优先级的报文要被删除。

（3）常规（Normal），除了其他三种优先级外，所有的 DLPDU 都被设定为"常规"优先级。当设备报文缓存的 1/2 被占用时，"常规"优先级的报文要被删除。

（4）报警（Alarm），包含报警以及事件驱动负载的报文应该被设定为"报警"优先级。

设备报文缓存最多存储一个"报警"优先级的报文。

由于多个应用层命令可以被整合到一个报文中，DLPDU 的优先级对应这些应用层命令的最高优先级。

此外，DLPDU 的优先级设置是在收到报文时用作基本的过滤功能。对于一个已经接收的 DLPDU，设备需要根据其优先级以及当前优先级阈值来决定对当前包是接收还是舍弃。

（1）必须接收激活保持（Keep Alive）、广播和掉线类型的 DLPDU，并生成包含"Success"（接收成功）回应的 ACK。

（2）"命令"优先级报文应该总是被接收，由本地节点解析或转发。至少要为"命令"报文保存一个包的缓存空间。

（3）"报警"优先级报文仅当为其准备的报文缓存可用时才被接收。

（4）对于其他收到的 DLPDU，将报文优先级与优先级阈值比较，并把低于阈值的报文丢弃。此外，如果设备没有该优先级的收包缓存，该报文也将被丢弃。

五、网络层

WirelessHART 网络层提供路由功能、点对点通信的安全和传输服务，它管理点对点通信设备之间的会话。当网络层通过数据链路层 TRANSMIT.indication 服务原语接收到数据包，如果该数据包的目的地是设备本身，则把该数据包从数据链路层传递到用户层；如果该数据包的目的地为其他设备，则执行路由算法，并把该数据发送回数据链路层；网络层还处理通过 TRANSMIT.request 原语接收到的来自应用层的数据。

WirelessHART 设备具有一系列状态，从休眠状态到设备可操作再到最后完全加入一个 Mesh 网络。设备状态主要包括六种，见表 11-4 所列。

表 11-4　　　　　　　　　　　　网络层状态定义表

状　态	定　　义
休眠	无线收发器关闭，设备没有 WirelessHART 网络信息
加入	设备监听网络，试图获得广播或请求加入网络信息
待验	设备已加入网络，但只允许和网络管理器通信，不允许和网关执行数据获取、控制功能或其他的通信操作
可操作	设备可以由应用程序通过网关接入，并被整合入系统的操作
暂停	设备操作被中止，但网络表格仍有效
重新同步	设备监听网络，在确认时隙时间和 ASN 之后，向邻节点发送 Keep-Alive DLPDU 以实现重新连接

六、传输层

数据链路层保证数据包成功地从一个设备传播到另一个设备，传输层则保证了点对点通信的成功完成。也就是说，传输层保证了数据包成功地经过多跳到达目的节点。传输层支持确认和非确认两种通信。

非确认通信服务允许设备发送数据时不要求确认，也不保证数据包到达目的节点的顺序。这种方法是非常有用的，比如，发布过程数据，因为过程数据是周期性传播的，新数据会定期产生，确认和重发意义不大。

相反，对于确认通信服务，传输层对设备之间传输的数据编定一个顺序并对其传输进行跟踪。这种方法适用于请求/回复通信和事件通知。当通信时延超出一定时间后，用户层自动进行重发。

11.5 EPA 无线通信技术

一、EPA 网络的无线接入

　　EPA 无线通信技术是定义在 IEEE 802.11、IEEE 802.15 基础上的。EPA 无线网络包括两种设备类型，即无线 EPA 接入设备和无线 EPA 现场设备。无线 EPA 接入设备是一个可选设备，由一个无线通信接口（如无线局域网通信接口或蓝牙通信接口）和一个以太网通信接口构成，用于连接无线网络与以太网。无线 EPA 现场设备具有至少一个无线通信接口（如无线局域网通信接口或蓝牙通信接口），并具有 EPA 通信实体，包含至少一个功能块实例。

　　EPA 无线网络包括两种类型，即无线局域网组成的微网段和蓝牙个人局域网组成的微网段。

　　1. 无线局域网组成的微网段

　　EPA 包罗两类无线局域网设备，即无线局域网 EPA 现场设备和无线局域网 EPA 接入设备。无线局域网 EPA 接入设备通常由一个无线局域网接口和一个以太网接口构成，无线局域网 EPA 接入设备符合 IEEE 802.1d 桥接协议。EPA 支持两种类型的接入：①无线局域网 EPA 现场设备间直接进行数据交换；②无线局域网 EPA 现场设备间通过无线局域网 EPA 接入设备连接以太网。

　　无线局域网 EPA 现场设备与以太网的接入模型如图 11-25 所示。

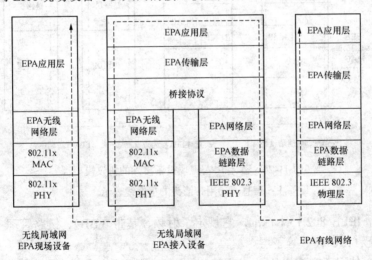

图 11-25　无线局域网 EPA 现场设备接入模型

　　无线局域网（IEEE 802.11x）物理层规定了跳频扩频（FHSS）、直接序列扩频（DSSS）和红外线三种物理层的相关规范。

　　IEEE 802.11x MAC、IEEE 802.1d 桥接协议和 IEEE 802.2 LLC 组成无线局域网接入模型的数据链路层。其中：

　　（1）IEEE 802.11x MAC 规定了 CSMA/CA 介质访问控制机制、网络连接以及提供数据验证和保密机制。

（2）IEEE 802.2 LLC 为网络层协议提供未确认无连接服务、面向连接的服务和确认无连接服务，并规定了差错控制、寻址和数据链路控制服务。

（3）IEEE 802.1d 是由 IEEE 定义的连接不同类型的局域网（有线和无线）的桥接协议。

无线局域网 EPA 现场设备间的直接通信遵循 IEEE 802.11 系列标准。

2. 蓝牙个人局域网组成的微网段

EPA 采用在 RFCOMM 上采用的 PPP 局域网接入方式，将来也可能通过其他方式接入局域网。EPA 定义了两类基于蓝牙的 EPA 设备，即蓝牙 EPA 现场设备和蓝牙 EPA 接入设备。蓝牙 EPA 接入设备通常由一个蓝牙接口和一个以太网接口构成。

EPA 支持以下两种类型的接入：①蓝牙 EPA 现场设备间直接进行数据交换，无需其他设备的转接；②蓝牙 EPA 现场设备间通过蓝牙 EPA 接入设备的连接进行互连与互操作，并可通过蓝牙 EPA 接入设备连接以太局域网。

蓝牙 EPA 现场设备接入 EPA 以太网段的协议模型如图 11-26 所示。

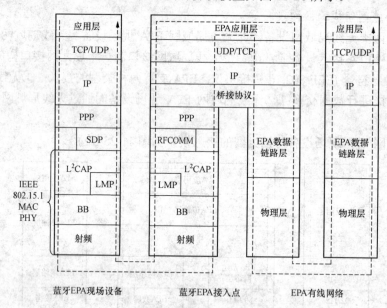

图 11-26　蓝牙 EPA 现场设备接入的协议模型

注：信息流动用带箭头的粗虚线表示。

该模型遵循 IEEE 802.15.1 标准，它规定了射频、基带（BB）、链路管理（LMP）、逻辑链路控制与适配（L^2CAP）等子层。

射频（RF）使用无需授权的 2.4GHz ISM 频段，实现数据位流的过滤和传输。同时，该层还定义了蓝牙收发器应满足的要求。

BB 管理异步和同步链路、处理数据包、寻呼、查询接入和查询蓝牙设备等。

LMP 负责控制和协商发送分组的大小，管理设备的功率模式和蓝牙设备在微网中的状态以及处理链路和密钥的生成、交换和控制。

L^2CAP 执行对高层协议的复用、组管理、数据分组的分割和重组以及协商服务质量。

RFCOMM 是基于 ETSI 标准的 TS07.10 的传输协议，它主要执行对串行接口的仿真。

SDP 为应用提供了一个发现可用协议和决定这些可用协议的特性的方法。

PPP 是 IETF 点到点协议，由 RFC 1661 定义。它运行于 RFCOMM 之上，提供鉴权、加密、数据压缩和多协议支持。PPP 连网是指采用某种网络层协议（如 IP、IPX），以实现蓝牙现场设备通过 LAP 进行网际互连。在本规范中指明采用 IP 协议。它从 PPP 层中提取 IP 分组并将其发送到有线局域网，或执行相反的过程。

蓝牙 EPA 现场设备间的直接通信遵循 IEEE 802.15.1 标准。

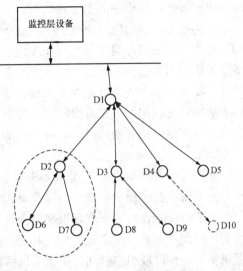

图 11-27 EPA 无线网络系统结构图

二、EPA 无线调度技术

EPA 无线（EPA Wireless）定义了一种与 EPA 有线相似的通信调度方法，以实现无线传感器网络公共信道内的确定性和实时性通信。该调度方法适用于"簇"形拓扑结构，如图 11-27 所示。其中 D1 为无线接入设备，D2～D9 为无线 EPA 现场设备，D10 为待加入设备。

如图 11-28 所示为无线网络的通信调度示意图，所有设备都按照此调度周期性地进行通信，一次周期性通信的时间称为通信宏周期。一个通信宏周期包括两个阶段，周期报文传输阶段 T_p 和非周期报文传输阶段 T_n。周期报文传输阶段用于各无线节点向网络上发送含周期数据的报文。周期数据是指与过程有关的数据，如需要按控制回路的控制周期传输的测量值、控制值，或功能块输入、输出之间需要按周期更新的数据。非周期报文传输阶段用于无线节

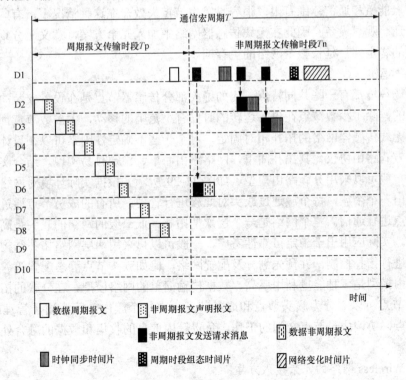

图 11-28 通信宏周期划分示意图

点向网络上发送包含非周期数据的报文。非周期数据是指用于以非周期方式在两个通信伙伴间传输的数据，如程序的上下载数据、变量读写数据、事件通知、趋势报告等。

周期报文传输阶段 T_p 被分为若干个周期报文时间片，每一个节点都被分配一个或多个时间片，各节点按照时间片分配有秩序地发送周期数据，并在周期数据发送完毕之后向接入设备发送非周期数据声明报文。非周期数据声明包含了本宏周期中该设备是否需要非周期数据发送、要发送的非周期数据的优先级、所需非周期时间片的长度、网络结构变化等信息。通信宏周期长度、周期报文阶段时间长度以及节点周期报文时间片的分配都由上位机组态软件完成。当网络结构有变化时，即有节点加入或退出时，由接入设备完成周期报文时间片的重分配。

非周期报文传输时段 T_n 分为若干个非周期报文时间片，非周期报文时间片的分配由接入设备根据收到的非周期报文声明以及是否需要时钟同步和网络结构变化发现进行分配。

分配给接入设备的非周期报文时间片包括数据非周期报文时间片、周期组态时间片、时钟同步时间片、节点发现时间片。其中，数据非周期报文时间片用于无线节点发送非周期数据报文。周期时段组态时间片用于当网络结构有变化时接入设备节点通知相应节点周期报文时间片变化信息，网络变化时间片节点发现时间片用于无线节点进行网络结构变化的发现。时钟同步时间片用于父节点通知其子节点相应的时钟同步信息，完成父节点与子节点之间的同步。

当节点对应非周期时间片到达时，接入设备发送非周期数据发送请求报文通知相应节点发送数据。

三、EPA 无线冗余接入技术

无线节点能量和通信范围有限，很容易发生节点失效，在这种情况下，有些采样数据就可能没法传递至观察设备。因此在无线传感器网络中加入冗余方案，意义十分重大，可以大大提高网络的稳定性，延长整个网络的生存期。

1. 路由模型

工业现场环境都有一些共同特点，比如绝大部分传感器节点是在设备安装的时候固定在相关设备上的，除了少数节点在设备运转的时候有小范围的移动，大多数节点都是相对静止的。因此，无线传感器网络的拓扑相对固定，对于一些不确定性因素可以在设计铺设的时候避免。分簇方式路由协议，其拓扑简单，网络路由简单、稳定且易实现。结合实际特点，工业应用现场一般可以采用分簇路由模型，如图 11-29 所示。根据实际环境对网络进行铺设及配置，规划出一个个簇，每个簇通过簇头对此簇进行管理。所有的成员节点通过簇头节点才能与网关节点进行通信。整个网络是一个层次型拓扑，低一级的网络的簇头是高一级网络中的簇内成员。实际应用出于稳定可靠性考虑，一般可以只采用两层网络拓扑结构。在设计之初，对网络进行拓扑控制，并预先划分及配置网络，比如簇头节点静态配置等。

分簇路由模型是一种能量利用率高、数据传输简单的网络模型。在分簇的拓扑管理机制下，网络的节点可以划分为簇头节点和成员节点。在每个簇内，簇头用于管理或控制整个簇内成员节点，协调成员节点之间的工作，负责簇内信息的收集和数据的融合处理以及簇间转发。

2. EPA Wireless 网络的冗余接入方案

从图 11-29 可以看到，簇头节点完成簇内成员节点的采样数据转发，并管理网络中所有

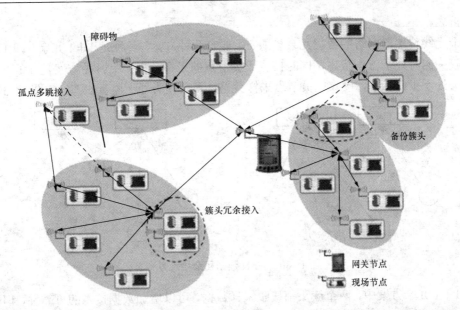

图 11-29　工业无线传感器网络冗余接入模型

节点与簇的所属关系。簇内成员节点的功能更加简单，不需要维护复杂的路由信息，减少了网络中路由控制信息数量，起到了节能的效果。但同时，也可以看到一些问题，该分簇路由模型并不像前述的 LEACH 算法那样周期性选择簇头，更新拓扑，使得网络负载均化分担。在每个簇中，簇头节点的任务非常重，其能量消耗远远大于簇内成员节点，一旦簇头节点出现故障或电能耗尽，将直接导致簇瘫痪，无法正常工作。另外，由于现场工作人员铺设应用网络并不是十分完美的，抑或工作射频环境发生变化，使得某个成员节点并不能与任何配置或非配置的簇头通信而成为孤立节点。这在工业现场尤其是一些对安全要求高的场合是绝对不允许的。如何解决这个问题，将是应用成败与否的关键性问题。

为了解决上述问题，提出了一种基于簇头冗余、边际成员节点多簇接入的分簇路由网络模型，并对孤点问题提出了一种多跳路由的解决措施，最大化提高了网络生存期，提高了网络的安全稳定性。具体改进模型如图 11-30 所示。

整个网络中的节点都是经过预先配置的。每个簇头节点都配置了自己的簇号（ClusterID），而且留有一定存储空间用于存储路由表，冗余簇头与活动簇头具有相同的ClsuterID。成员节点配置了所属簇的 ClusterID、同样留有一定存储空间用于存储特殊传输路径的路由表，比如备份簇头的 ClusterID、孤点多跳路由表等。整个网络从硬件上分为两种节点设备，即网关和现场节点。在一个簇内，有簇头节点和一般采样节点，这里将簇头分为工作簇头和冗余簇头，其他数据采集节点称为成员节点。在一些单跳通信范围的边缘地带，一个簇内的某些成员节点，不但能够与本簇簇头节点进行数据交互，还可以与其他簇头进行通信，称这类节点为边际成员节点。当某个成员节点发现自己不能与本簇簇头节点通信，并且又不是边际成员节点，则称这样的节点为孤立节点，简称孤点。另外，整个网络不支持簇头间数据转发。

通过以上改进，虽然增加了网络中路由控制信息包的数量，复杂了网络中成员节点的协议功能，但是增加了网络中成员节点数据信息接入有效路径条数，提高了数据成功转发至网关的概率，很好地解决了工业现场对稳定性和安全性的要求。当然，这种方案是性能与消耗的一个折衷。

对于无线传感器网络的数据冗余接入，主要有两种方案，一种是 1+1 冗余，即工作簇头与冗余簇头同时处于工作状态，同时接收成员节点的采样数据；另一种方案是 1:1 冗余，即工作簇头处于工作状态，接收成员节点采样数据，冗余簇头处于监听状态，如图 11-30 所示。

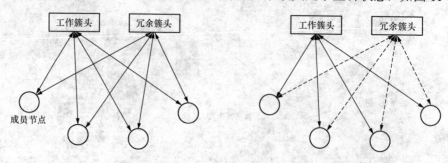

图 11-30　WSN 数据冗余接入方案

在 1+1 冗余方案中，两个簇头都接收采样数据，可以增加数据接入的可靠性，但是另一方面增加了网络能量开销，不适合节点能量有限的无线传感器网络。因此使用 1:1 冗余接入方案。

所谓簇头冗余，就是在一个簇内，除了簇头节点和簇内成员节点以外，还增配了一个冗余簇头节点。冗余簇头节点与处于工作状态的簇头节点的特性完全相同，具有相同的簇配置。当处于活动状态簇头节点能量过低或者出现故障而无法继续工作时，冗余簇头将被激活来接管网络，并与原活动状态簇头交换路由信息及通知成员节点。此后，冗余节点还将向网关节点发送电池更换信息或故障报警信息。工作簇头和冗余簇头具有相同的簇 ID，不一样的节点 ID。

边际成员节点在组网之初，处理一切收到的组簇报文（组簇报文都是以广播形式发送），将与配置簇 ID 相同的簇头设置为工作簇头，将与配置的簇 ID 不同的簇头作为自己的备份转发簇头，简称备份簇头（非冗余簇头，冗余簇头在本文专指工作簇头的备份）。图 11-31 显示了边际成员节点多簇接入的示意图。当其所配置的簇头失效时(遇到障碍物或射频环境改变)，作为边际成员的节点将启用备份簇头进行数据转发。

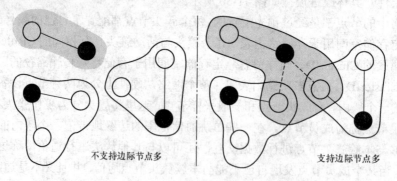

图 11-31　边际节点的多簇接入示意图

对于孤立节点，一般在网络铺设或者射频环境变化时会出现。而此时又不是边际成员节点，没有备份转发簇头，因此成为孤点。当某个节点被判定为孤立节点时，将触发多跳路由机制，选择一个与其相邻的成员节点作为路由器进行数据转发。

思 考 题

（1）无线网络通信和有线网络相比，有怎样的优点和缺点？

（2）CSMA/CA 协议和 CSMA/CD 协议有什么具体的区别？为什么 CSMA/CA 发送包的同时不能检测到信道上有无冲突，只能尽量"避免"？

（3）简述 IEEE 802.15.4 的调度机制。

（4）Zigbee 无线协议的特点是什么？它是通过怎样的手段来降低功耗的？

（5）比较 Zigbee 和 Wi-Fi 在技术上的异同。

（6）ISA100、无线 HART 调度机制与 IEEE 802.15.4 调度机制的联系和区别有哪些？

（7）EPA 无线协议区别于其他协议的特点是什么？

（8）EPA 无线调度与其他调度机制的区别有哪些？

（9）相对于商业无线协议如蓝牙、Wi-Fi 等，ISA100、无线 HART、EPA 无线技术针对工业环境做出了怎样的设计，使其可以更好地应用于无线自动化网络？

（10）简述工业无线网络技术未来的发展趋势和面临的挑战。

参 考 文 献

［1］ IEC 61158 (all parts). Industrial communication networks — Fieldbus specifications.

［2］ IEC 61588—2004. Precision clock synchronization protocol for networked measurement and control systems.

［3］ IEC 61784-1. Industrial communication networks — Profiles — Part 1: Fieldbus profiles.

［4］ IEC 61784-2. Industrial communication networks — Profiles — Part 2: Additional fieldbus profiles for real-time networks based on ISO/IEC 8802-3.

［5］ IEC 61784-3. Industrial communication networks — Profiles — Part 3: Functional safety fieldbuses — General rules and profile definitions.

［6］ IEC 61784-4. Industrial communication networks — Profiles — Part 4: Profiles for secure communications in industrial networks (in preparation).

［7］ IEC 61784-5 (all parts). Industrial communication networks — Profiles — Part 5: Installation of fieldbuses — Installation profiles for CPF x3.

［8］ IEC 61784-5. Industrial communication networks — Profiles.

［9］ IEC 61918. Industrial communication networks — Installation of communication networks in industrial premises.

［10］ ISO/IEC 8802-2, Information technology — Telecommunications and information exchange between systems — Local and metropolitan area networks — Specific requirements — Part 2: Logical link control.

［11］ ISO/IEC 8802-3:2000. Information technology — Telecommunications and information exchange between systems — Local and metropolitan area networks — Specific requirements — Part 3: Carrier sense multiple access with collision detection (CSMA/CD) access method and physical layer specifications.

［12］ ISO/IEC 8802-11. Information technology — Telecommunications and information exchange between systems — Local and metropolitan area networks — Specific requirements Part 11: Wireless LAN Medium Access Control (MAC) and Physical Layer (PHY) specifications.

［13］ ISO 15745-3. Industrial automation systems and integration — Open systems application integration framework — Part 3: Reference description for IEC 61158 based control systems.

［14］ ISO 15745-4:2003. Industrial automation systems and integration — Open systems application integration framework — Part 4: Reference description for Ethernet-based control systems Amendment 1 (2006): PROFINET profiles.

［15］ IEEE 802.1AB. IEEE Standard for Local and metropolitan area networks Station and Media Access Control Connectivity Discovery.

［16］ IEEE 802.1D. IEEE Standard for Information technology — Telecommunications and information exchange between systems — IEEE standard for local and metropolitan area networks — Common specifications — Media access control (MAC) Bridges.

[17] IEEE 802.1Q IEEE Standard for Information technology — Telecommunications and information exchange between systems — IEEE standard for Local and metropolitan area networks — Virtual bridged local area networks.

[18] IEEE 802.3—2002: IEEE Standard for Information technology — Telecommunications and information exchange between systems — Local and metropolitan area networks — Specific requirements — Part 3: Carrier Sense Multiple Access with Collision Detection (CSMA/CD) Access Method and Physical Layer Specifications.

[19] IEEE 802.3ab. Information technology — telecommunications and information exchange between systems — local and metropolitan area networks — Specific requirements. Supplement to Carrier Sense Multiple Access with Collision Detection (CSMA/CD) access method and physical layer specifications — Physical layer parameters and specifications for 1000 Mb/s operation over 4-pair of category 5 balanced copper cabling. type 1000BASE-T.

[20] IEEE 802.11g. IEEE Standard for Information technology — Telecommunications and information exchange between systems — Local and metropolitan area networks — Specific requirements — Part 11: Wireless LAN Medium Access Control (MAC) and Physical Layer (PHY) specifications — Amendment 4: Further higher data rate extension in the 2,4 GHz band.

[21] IEEE 802.11h. IEEE Standard for Information technology — Telecommunications and information exchange between systems — Local and metropolitan area networks — Specific requirements — Part 11: Wireless LAN Medium Access Control (MAC)and Physical Layer (PHY)specifications — Amendment 5: Spectrum and transmit power management extensions in the 5 GHz band in Europe.

[22] IEEE 802.11e. IEEE Standard for Information technology — Telecommunications and information exchange between systems — Local and metropolitan area networks — Specific requirements — Part 11: Wireless LAN Medium Access Control (MAC)and Physical Layer (PHY) specifications — Amendment 8: Medium Access Control (MAC)quality of service enhancements.

[23] IEEE 802.11i. IEEE Standard for Information technology — Telecommunications and information exchange between systems — Local and metropolitan area networks — Specific requirements — Part 11: Wireless LAN Medium Access Control (MAC)and Physical Layer (PHY)specifications — Amendment 6: Medium Access Control (MAC)security enhancements.

[24] IEEE 802.15.1. IEEE Standard for Information technology — Telecommunications and information exchange between systems — Local and metropolitan area networks — Specific requirements — Part 15: Wireless medium access control (MAC) and physical layer (PHY) specifications for wireless personal area networks (WPANs).

[25] RFC 768. User Datagram Protocol.

[26] RFC 791. Internet Protocol.

[27] RFC 792. Internet Control Message Protocol.

[28] RFC 793. Transmission Control Protocol.

[29] RFC 826. Ethernet Address Resolution Protocol.

[30] RFC 894. A standard for the Transmission of IP Datagrams over Ethernet Networks.

[31] RFC 1112. Host Extensions for IP Multicasting.

［32］RFC 1122. Requirements for Internet Hosts – Communication Layers.

［33］RFC 1123. Requirements for Internet Hosts – Application and Support.

［34］RFC 1127. A Perspective on the Host Requirements RFCs.

［35］RFC 1213. Management Information Base for Network Management of TCP/IP-based internets: MIB-II.

［36］RFC 1305. Network Time Protocol (Version 3).

［37］RFC 2131. Dynamic Host Configuration Protocol.

［38］RFC 2236. Internet Group Management Protocol. Version 2.

［39］RFC 2328. OSPF Version 2.

［40］RFC 2544. Benchmarking Methodology for Network Interconnect Devices.

［41］RFC 2988. Computing TCP's Retransmission Timer.

［42］阳宪惠. 工业数据通信与控制网络. 北京：清华大学出版社，2003.

［43］阳宪惠. 现场总线技术及其应用. 北京：清华大学出版社，1999.

［44］邬宽明. 现场总线技术应用选编. 北京：北京航空航天大学出版社，2003.

［45］邬宽明. CAN 总线原理和应用系统设计. 北京：北京航空航天大学出版社，1996.

［46］甘永梅. 现场总线技术及其应用. 北京：机械工业出版社，2004.

［47］刘泽祥. 现场总线技术. 北京：机械工业出版社. 2005.

［48］JimGeier. 无线局域网. 王群，李馥娟，叶清扬，译. 北京：人民邮电出版社，2001.

［49］禹帆. 蓝牙技术. 北京：清华大学出版社，2002.

［50］郑文波. 控制网络技术. 北京：清华大学出版社，2001.

［51］蒋挺，赵成林. 紫蜂技术及其应用. 北京：北京邮电大学出版社，2006.

［52］JohnRose. Wi-Fi 安装、配置和使用 802.11b 无线网络. 王海涛，汤平杨，译. 北京：清华大学出版社，2004.

［53］邬宽明. 现场总线技术应用选编. 北京：北京航空航天大学出版社，2003.

［54］冯冬芹，黄文君. 工业通信网络与系统集成. 北京：科学出版社，2005.

［55］陈得池. 微处理器与现场总线技术. 长沙：中南工业大学出版社，2003.

［56］饶运涛. 现场总线 CAN 原理与应用技术. 北京：北京航空航天大学出版社，2007.

［57］侯维岩，费敏锐. PROFIBUS 协议分析和系统应用. 北京：清华大学出版社，2006.

［58］广州周立功单片机发展有限公司. DeviceNet 规范简介，2004.

N